网络空间安全国际前沿

编 委 会

“十四五”国家重点出版物出版规划项目

网络空间安全国际前沿

工业系统网络安全

[法] 让-玛丽·弗洛 / 编著

朱红松　吕世超 / 译

中国科学技术大学出版社

安徽省版权局著作权合同登记号：第 12212010 号

图书在版编目(CIP)数据

工业系统网络安全/(法)让-玛丽·弗洛(Jean-Marie Flaus)编著；朱红松，吕世超译. --合肥：中国科学技术大学出版社，2025.6
(网络空间安全国际前沿)
"十四五"国家重点出版物出版规划项目
ISBN 978-7-312-05693-2

Ⅰ. 工… Ⅱ. ①让… ②朱… ③吕… Ⅲ. 工业控制系统—网络安全 Ⅳ. TP273

中国国家版本馆 CIP 数据核字(2023)第 094100 号

工业系统网络安全
GONGYE XITONG WANGLUO ANQUAN

出版 中国科学技术大学出版社
安徽省合肥市金寨路 96 号，230026
http://press.ustc.edu.cn
http://zgkxjsdxcbs.tmall.com
印刷 合肥市宏基印刷有限公司
发行 中国科学技术大学出版社
开本 787 mm×1092 mm 1/16
印张 20
字数 411 千
版次 2025 年 6 月第 1 版
印次 2025 年 6 月第 1 次印刷
定价 88.00 元

序

网络安全是我们这个时代的主要关注点之一。网络攻击的风险伴随着数字系统的网络化而诞生，互联网进一步增加了攻击风险。这些风险涉及所有类型的网络设备和设施。网络攻击可以由个别黑客实施(根据黑客的道德水平(如果他们有)，可以将其划分为白帽、灰帽和黑帽)，也可以是某个国际犯罪组织所为，抑或是国家对抗行为。

攻击的目的多种多样，有的是扰乱、迫害，甚至摧毁，有的是窃取信息，有的是威胁、恐吓、勒索、报复、敲诈，有的则是单纯的武力威慑。现在有无数网络攻击的例子，工业系统，无论大小，都无法避免遭受各种各样的攻击，尽管它们因其具体特点，并且长期与外界隔绝(如著名的空气隔离)而被特别保护。

在工业领域，攻击成功的后果可能是非常严重的，因为不仅要保护工业信息系统和工业数据的安全，更重要的是要防止控制过程遭受严重的干扰或破坏。这些破坏可能导致制造商(无论其规模大小)的停工停产，并对环境、财产，甚至人员造成损害，后果非常严重。很容易想到，一旦网络攻击影响到能源、交通、饮用水等重要基础设施的正常运转，将会是一种怎样的灾难景象。

因此，工业领域面临一个不容忽视的现实问题，每个管理者都有责任评估其负责的装置所面临的风险，并采取适当的保护措施。但是，很多工业管理者并不清楚应该采取的措施和组织方式。即便管理者们承认风险的现实存在性，仍然很难发现风险根源、评估风险大小、承认风险可能造成的后果。

然而，长期以来，工业企业已经习惯于处理功能安全、组件和组件故障风险，以及可能影响基本功能的操作员操作错误。对这些安全风险的理解催生了各种国际标准，如电气、电子、电子可编程系统的功能安全标准 IEC 61850，专门针对工业部门的 IEC 61511(基于国际自动化学会(ISA)制定的 ISA-84 标准)。由于功能安全威胁不是故意为之，因此可以从实验和经验数据在一定程度上概率性地解决。

就网络安全而言，我们可以知道安全威胁可能来自于外部，也可能来自于内部，但却不知道威胁以何种形式、何种规模、何种概率出现。对于故意威胁，威胁评估就变成了一个纯粹主观的评估过程：高估风险，可能会为公司制定过度保护方案，损害公司竞争力；低估风险，则可能使公司陷入不能容忍的风险之中。

此外，攻击技术也在不断发展和改进。20 世纪 90 年代，我们可以简单通过指纹匹配检测病毒，但现在我们必须面对逻辑复杂的恶意软件，这些软件能够与外部世界通信，能够自我生长和传播到更大范围，还能够远程控制各种设施。一些恶意软件是为特定目标设计的，如 2015 年末和 2016 年针对乌克兰电网的攻击软件，而另一些恶意软件则没有明确目标，例如 WannaCry（永恒之蓝）和 NotPetya 这两款勒索软件，这些恶意软件对包括法国在内的许多国家的工业设施造成了严重破坏。

企业可以通过给勒索软件缴纳赎金来恢复经营，事实上这已经成为非常普遍的做法。同时，它们还可能由于无知而成为分布式拒绝服务攻击（DDoS）的帮凶，因为企业任何连接在网络上的设备，尤其是那些长期连在互联网上，本身又缺乏足够保护的安防摄像头、打印机、智能小盒子等，都可能被僵尸网络“招募”，通过远程操控参与一次大规模的网络攻击。

工业物联网的发展极大拓展了系统的攻击面，因为海量的异构设备接入网络，以至于无法对每个设备单独监控。由此我们不得不对这些设备的来源、使用条件，以及信息存储和交换方式保持警惕。

在工业界工作的人们常常对如何处理安全问题感到困惑，但同时规范和监管要求又逼迫他们必须做点什么。根据 2013 年 12 月 18 日发布的《军事规划法》（*Military Programming Act*）和 2015 年 3 月 27 日发布的相关法令要求，法国国家网络安全局（ANSSI）要对关键操作员的信息系统的安全负责。通过 2018 年 2 月 26 日的法律和 2018 年 5 月 23 日的法令，《欧洲网络和信息安全（NIS）指令》正式成为法国法律，要求所有基本服务运营商履行网络信息安全的义务。

还有一种方式是让保险公司出面给工业企业施加压力，通过对防御措施不到位的企业收取更高投保金，促使它们适当投入来部署防护措施。

鉴于此，让-玛丽·弗洛（Jean-Marie Flaus）的这本书非常及时，并且满足了工业界的基本需求。这是一本非常有价值的工具书，能够让人更好地了解网络安全问题和解决方案。让-玛丽·弗洛是格勒诺布尔-阿尔卑斯大学（University of Grenoble Alpes）的教授，肩负教学与科研双重职责，同时还是生产系统管理与控制系设计、优化和生产科学（G-SCOP）实验室的负责人。G-SCOP 实验室是 2007 年在格勒诺布尔，由格勒诺布尔技术学院（Grenoble-INP）和格勒诺布尔-阿尔卑斯大学联合创立的多学科交叉实验室，以应对工业部门变革带来的科学挑战。网络安全显然是挑战之一。

作者在书中以教师和实践者的眼光来阐述工业系统网络安全。作者采用刻意说教的方式撰写本书，旨在提供一种对工业领域所面临的威胁的性质和范围的全面理解。本书的目的不是发出毫无意义的警报，而是为所面临的风险提供尽可能客观的评估方法，通过对照功能安全分析揭示的可能风险，尽可能完整、统一地识别所面临的工业风险。

同时，让-玛丽·弗洛还是一名实践者，这一点从其在风险管理研究所(IMDR)领导"工业装置和物联网的网络安全"小组的工作可以看出。只要初步确立了一种威胁和脆弱性，作者就会紧跟着提出解决这些威胁和脆弱性应遵循的方法，给出可使用的规范性标准。标准的结构通常被认为是复杂难解的，让-玛丽·弗洛在不失要义的情况下清晰讲解了两个最重要标准的理念和方法：ISO 27000 系列标准和 IEC 62443 系列标准。后面一组标准是作者在 ISA 99 委员会中十几年工作的成果总结，目前即将完成。IEC 62443 标准是专门用于工业控制系统的唯一规范性文本，它有两方面重要价值：一方面，标准根据控制系统在整个生命周期中所扮演的不同角色，把履行安全义务的主体划分为产品开发商/制造商、集成服务提供商、运营商、维护服务提供商；另一方面，标准把技术措施和组织管理措施联系起来，综合二者通过风险分析来实现一个给定的安全级别。

正如让-玛丽·弗洛所指出的，组织管理与技术必须齐头并进。如果没有定义防火墙的操作方法和规则配置，那么安装防火墙是没有意义的。相反，"政策和程序"虽然复杂完备，但如果没有技术支持，将毫无意义。

读者会发现，本书不仅描述了传统和最先进的保护技术，而且在保护技术基础上，给出了为每个工控装置构建适配的信息安全管理系统的规则和方法。为了让信息安全管理系统足够完备，不仅需要从"防护"角度考虑，而且要在入侵"预防"和"早期检测"这个层面上采取行动，特别是要发现正在进行攻击准备的异常流量。因为不能排除"攻击成功"这个假设，所以必须要考虑如何遏制它，通过适当的深度防御发现它，并从基本服务开始，恢复系统的正常运作。

让-玛丽·弗洛在书中的表述清楚而准确，避免陷入抽象的思辨。在风险低且不能证明复杂分析更有效、更合理的情况下，让-玛丽·弗洛也会给出简化方法来管理风险。

这本书既可以摘取其中部分章节进行详细阅读，也可以完整通读，无论哪一种阅读方式都不会让你感到无聊，而且能让你学到很多东西。这是一本适合每个制造商放在身边，并随时咨询的参考书，也是一本对所有网络安全专业人员非常有价值的书，可以让他们更好地理解问题和解决问题。

Jean-Pierre Hauet
国际自动化学会法国分会主席
国际自动化学会 ISA 99 委员会成员

目　录

第0章

绪　　论

0.1　什么是工业网络安全?

当前,越来越多"人造"的物理系统通过计算机系统来控制。汽车、日常设备、工业生产系统、供水供电系统等自主系统都是计算机控制的典型实例。这些系统中的大多数会以某种方式连入互联网。

这类设备的计算机安全性正在成为工业界关注的重要问题。在如今被称为工业4.0的"未来工厂"这个大背景下,情况尤其如此。工业4.0被称为第四次工业革命,其特点就是系统的网络化程度越来越高,数字技术与制造过程的融合也越来越深入。

新闻报道过很多吸引眼球的网络攻击事件,如窃取他人身份信息,让一些系统或网站无法正常工作,或者试图通过加密数据封锁工作站以换取赎金。

工业设施的控制系统也会遭受攻击,或者是因为计算机攻击连带影响到控制系统,如2017年赛门铁克公司发现的魔窟病毒(WannaCry)(Symantec,2017;May et al.,2018),或者直接攻击工业系统,导致电厂关闭和重大运行损失。震网病毒(Stuxnet)(Falliere et al.,2011)是一个典型的例子,其目的是破坏伊朗浓缩铀生产能力,还有一个例子是崔坦攻击,该攻击的目的是让安全系统失效。第4章介绍了近期(2020年)发生的其他攻击。

这些攻击可能造成的潜在破坏非常巨大,从简单的产量下降,到材料损失、人员伤亡,甚至是非常严重的信息损失。工业系统网络面临的安全风险已经变得非常显著,潜在破坏力巨大,且发生频率高。

长期以来,这种风险被忽视了:因为工业设施基本不与企业网络或者互联网连接,工业控制系统(ICS)看起来好像已经受到了保护。然而,随着技术、用途和需求的不断变化,工控系统实际连接了其他网络,如为了将生产数据传输到公司的IT系统,或者是为了使用远程维护或自动下载更新功能。同时,工业通信协议采用通用标准的趋势也增加了控制系统的脆弱性。工业系统可以被视为与世界其他地区完全隔离的想法(即所谓"物理隔离"),在当今已经变得越来越不现实。

造成这种结果的原因是大多数技术和协议设计之初基本不存在网络攻击，尽管它们并不十分安全，但基本没有被攻击的风险。工业系统中的系统和设备比传统计算机系统使用时间更长、更换率更低，现在许多老旧的工控设备仍在使用这些协议，这就导致工业设施的寿命也成为风险加剧的一个潜在因素。除了协议因素，最近基于工业物联网技术的工业系统，其安装的复杂性和灵活性也引入了新的风险因素。

工业系统的安全风险非常真实，不容忽视，必须加以控制。与其他领域一样，工业领域不存在零风险，我们必须确保将其安全风险控制在可接受的水平。为此，要对风险进行评估并采取适当的必要措施。不同工业系统的实际情况和问题有所不同，所以要采取的措施也会有所不同。措施不能局限于技术手段，还必须在风险管理计划（第 3 章）中充分考虑。措施方案可以保持简单，但必须全面，还要考虑到人员和组织管理问题。此外，正如前面所说，由于不存在零风险，所以制订恢复计划、业务连续性计划（BCP），甚至危机管理计划都是非常有用的。这些措施将通过检测系统和警报链来实现。当然，整个方案还必须考虑成本效益比。

0.2　从信息安全到网络安全

信息系统（IS）安全包含与信息系统风险控制相关的所有方面，旨在保证：

——信息系统处于最佳运行状态，以获得最好的服务质量；

——任何不可接受的破坏，都不会使对信息系统部件的影响超出既定水平；

——任何非预期的操作，都不会直接或者间接地给公司其他部门以及合作伙伴带来不可接受的损害（超出既定水平的损害）。

“cyber”这个术语是希腊单词“Kubernêtikê”的前缀，意思是“导致（lead）、治理（govern）”。1948 年，Norman Wiener 引入“cybernetics”一词，将其定义为人机通信与控制的一门科学（控制论）。“cyber”由此成为与计算机相关的词缀，“cyberspace”一词也因此用来表示互联网在自然空间的延伸，我们称之为网络空间。

网络安全（cybersecurity）关注的是连接互联网系统的计算机安全，属于网络空间范畴。网络攻击（cyber-attacks）是指网络空间中的计算机攻击，以及已经存在的信息系统威胁。

由于语言上的滥用，我们经常用网络安全指代与计算机安全相关的所有东西。

0.3 工业系统中是否真实存在风险?

观点 1:“网络攻击(cyber-attacks)与工业系统或者信息物理融合系统(cyber-physical system)完全不相关。”

大多数攻击都会与传统信息系统相关。这些攻击是无休止的,并且制造攻击的工具人人都可以得到。有组织网络犯罪(cybercrime)的手段和方法增长迅速。

针对工控系统的攻击数量并不多,但攻击者一般都有非常专业的工业系统知识,并且具备实现量身定制攻击的能力。

这是否意味着与工业系统网络安全相关的风险较低? 答案当然是否定的。风险水平取决于损害的严重程度以及发生的可能性。对于工业或核设施而言,破坏可能是灾难性的,并可能影响到社会民众。工控系统造成损害的概率至少与 IT 管理系统在同一个水平,因此其风险水平非常高。[①] 不过有一点可以确信,工业系统监管义务的发展和演化过程已经足够清晰,由此形成各种形式的法规政令,如法国的军事规划法(Military Programming Act,LPM)、欧洲的网络和信息安全(Network and Information Security,NIS)指令、美国的关键基础设施保护法(Critical Infrastructures Protection Act,CIPA)等。

观点 2:“系统与互联网隔离,所以它是安全的。”

很长一段时间,人们都相信,不连接互联网足以避免计算机盗版带来的任何风险。我们经常会探讨“物理隔离”的神话。然而现实情况要复杂得多:

——首先,即使系统彼此不连接,它们仍然可能成为恶意技术操作的受害者。Stuxnet 就是一个被证明的例子,攻击者使用 USB 钥匙完成了对系统的渗透。

——工业网络经常连接到企业 IT 网。IT 系统可能被攻陷并被植入恶意程序,工控网络是其攻击的下一个目标,而很多工控网络对此几乎没有任何还手之力。

——在一些工业网络中,有时会存在直接与互联网的连接。这些连接可能只是为了维护和配置临时建立,并且或多或少得到过企业管理者的默认。这是一个现实存在的漏洞。

此外,工业系统迫切需要向信息系统或者云端上传数据,加之系统的生产商需要通过升级互联网和远程维护系统,继续隔离工业系统变得越来越不切实际。

---

① 译者注:风险与发生概率,以及发生后的损害程度、影响范围成正比,工控系统造成的损害远高于信息系统,所以其风险也显著高于信息管理系统。

观点 3:“赌注很低。”

一种普遍存在的想法是如果生产设备不使用具有危险性的机器或操作过程,风险会非常低。

对于这一类设施,风险造成的环境破坏和人员伤亡比较有限。但是,对于公司来说,风险影响可能非常巨大,因为攻击可能导致生产停滞很长一段时间,或者导致生产的产品不合标准,甚至可能造成生产设备的彻底损坏。在风险分析过程中,经济损失的后果必须计算在内,要开展成本效益分析,以确定需要采取何种水平的网络安全措施。

观点 4:“工作站只要安装了杀毒软件,并且配置一个防火墙,就安全了。”

使用杀毒软件是最基本的防护措施,但它只能保护运行在 Windows 或者 macOS 操作系统下的计算机。然而,在工业系统中,有很多设备运行在实时操作系统、嵌入式 Linux 系统,甚至专用系统上。因为没有适合这类系统的杀毒软件,所以很多工业设备一直处于危险当中。

补充一个工业杀毒软件的问题:即使配置了杀毒软件,工业的计算工作站也经常不能及时更新病毒库。

防火墙的短板也非常好理解:第一,过滤规则不总是能配置得完美无缺;第二,即使数据流很有限,防火墙也不能防住所有攻击。在第 4 章描述了一个实例:2015 年,乌克兰遭受攻击的电能管理系统是有防火墙保护的,但在攻击发生时,防火墙并没有发挥保护作用。

观点 5:“我们使用虚拟专用网(VPN),所以没有问题。”

另外一个普遍存在的想法是 VPN 能够为网络提供有效防护。这种观点也是不对的,我们可以从两方面进行说明:

第一,很多 VPN 采用了过时的技术,本身就很脆弱。2016 年一项高技术网桥安全研究(High-Tech Bridge Security Research 2016)声称,77%的 VPN 网络还在使用 1996 年发布的 SSLv3 版协议,甚至还有用 SSLv2 版的 VPN 网络,而很多标准,如支付卡行业数据安全标准(PCI DSS)或者 NIST SP 800-52(参见第 6 章)已经明确禁止使用这两个版本的协议。

第二,即使很好地配置了 VPN 网络,如果一台连接 VPN 的工作站失守,也会导致整个 VPN 网络的沦陷,因为 VPN 传输的数据是加密的,防护设备很难对攻击进行过滤,攻击会变得更容易。

观点 6:“信息系统安全(Information System Security,ISS)成本太高,并且会为此牺牲效率。”

一种普遍的观点是信息系统安全成本高昂,并且引入大量的操作限制,从而导致与工控系统操作方法不兼容。

这种限制在工控系统使用大量异构设备时显得更为严重，尤其是在使用者已经习惯了使用灵活操作方法的情况下。例如，移动终端的使用越来越普遍，在系统控制非常靠近操作现场的时候，使用移动终端非常方便。

在现实中，工业系统的信息系统安全必须能够适应这种挑战，开展风险分析，对比风险与代价，包括减少风险所采取措施的代价，以及采取措施导致的操作限制引发的代价。当然，安全是一项很难通过投资回报分析来评判的支出项。安全的投入与潜在的损失更相关，例如，系统不可用，则可通过产量来衡量损失；系统被损毁，则可根据重建的代价来衡量损失。

至于操作上的限制，重要的是与使用者协商解决，并且充分考虑实际情况。我们必须支持新的操作模式，而不是试图过度限制用户。

0.4 工控系统的脆弱性

计算机系统对于网络攻击和物理攻击都是非常脆弱的。通过直接或者间接连接到互联网的工控系统，如我们所看到的，同样非常脆弱。

考虑到历史、文化差异等因素，工控系统甚至比传统计算机系统更加脆弱。

通常情况，工业设施会运行比较长的时间。10年以上的系统随处可见。此外，工业设备的主要工作是持续操作生产系统，并且要避免必须停机或者造成停机的所有情况。此外，因为特殊，一些应用协议采用了比较古老的、不安全的设计方法。

但是随着时间的推移，工控系统已经高度互联。首先，生产和供应链管理过程与关键管理软件相结合，生产数据也广泛用于商业计算；其次，为了更快响应异常情况，需要采用远程维护和监视手段；最后，尽管对工业设施进行隔离，但仍然需要进行远程监控（如水处理厂、配电厂等）。

工业系统存在很强的特异性，它一般从产品功能的角度考虑，采用不同的商用货架产品（Commercial Off-The-Shelf，COTS）进行集成，而很少会考虑产品的安全性。一些产品部件不是非常安全，很多情况下并没有经过完备的安全测试。产品的软件、操作系统或者防火墙升级非常困难，所以也很少升级。最后，在设备层面，认证管理也很困难，经常使用缺省密码，从不修改。

用户经常意识不到工业系统的脆弱性，具体表现在：很多物理接口（如USB，RJ45）没有保护，很容易通过接口直接访问设备。甚至有时候，用户在没有获得官方授权的情况下把设备连接到互联网，理由是维护或者远程访问。

此外，工控系统经常用于生产过程控制，此场景的惯用原则是生产优先，不接受任何修改运行设备可能带来的风险。所以，一般不会进行定期的软件升级，认证管理也不会像 IT 系统中那么严格，甚至认证密码都是共享的。

最后，在很多情况下，工业企业没有工业控制系统安全管理的政策，导致对分包商和利益相关方的管理不受具体措施的约束；也没有用户访问权限管理政策，无法确定用户访问系统的方式，也无法阻止离职雇员访问系统。

0.5 网络安全和功能安全

工业设施和物理信息融合系统可能因为故障或者操作失误，导致有害操作或者系统故障。研究这些风险属于“功能安全”（或“操作安全”）的范畴。

功能失效的原因很多，有技术因素、人为因素，也有组织因素。在技术发展初期，电气因素、电子因素，或者可编程电子组件的因素特别受关注。标准 61508（第 8 章）描述了一种针对潜在故障的风险分析方法。主要思路是用一段时间内发生故障的概率水平来刻画一个工业设施。这种方法结合故障影响分析方法，就有可能评估一个工业设施或者系统的风险等级，从而满足一些给定的目标。

功能安全在 IEC 61508 协议中定义，它不包括计算机安全的内容，因为在标准制定的 2002 年，人们还不认为计算机安全是一个值得重视的风险。直到最新的一次更新，标准才开始提到计算机安全的问题。必须指出的是，信息系统安全还没有被非常明确地包含在被称为“危险研究”（hazard studies）的工业设施风险分析中。

物理系统的信息安全和操作安全通过完全不同的方法进行管理：信息系统安全风险管理过程在 27000 系列标准（第 6 章）中描述，所使用的风险分析方法有 EBIOS 或者 OCTAVE 等方法（第 9 章）；工业过程的风险分析方法主要是第 8 章中见到的 PHA、HAZOP、FMEA、LOPA，以及标准 61508 中定义的方法。

对于信息系统安全，物理世界对信息系统的影响，主要考虑供电故障或者过热等问题。反过来，信息系统对物理世界的影响（图 0.1 中从右到左的箭头方向）一般不考虑，因为信息系统只处理信息。

对于自动工业系统或者重要基础设施等信息物理系统，信息系统对物理世界的影响是存在的，并且可能会导致非常严重的破坏后果。对于这类系统，信息系统和物理世界不是完全独立的，需要同时协调考虑。

事实上，尽管这类恶性事件发生的原因各不相同，但产生的后果和破坏大多是一样的，由于过程失控造成财产、人身和环境的损失。举个例子，一个功能安全的可编程逻辑控制器（PLC）发生故障可能是操作错误和系统故障共同作用的结果。无论是哪一种情况，其后果都会导致工业设施的损坏。

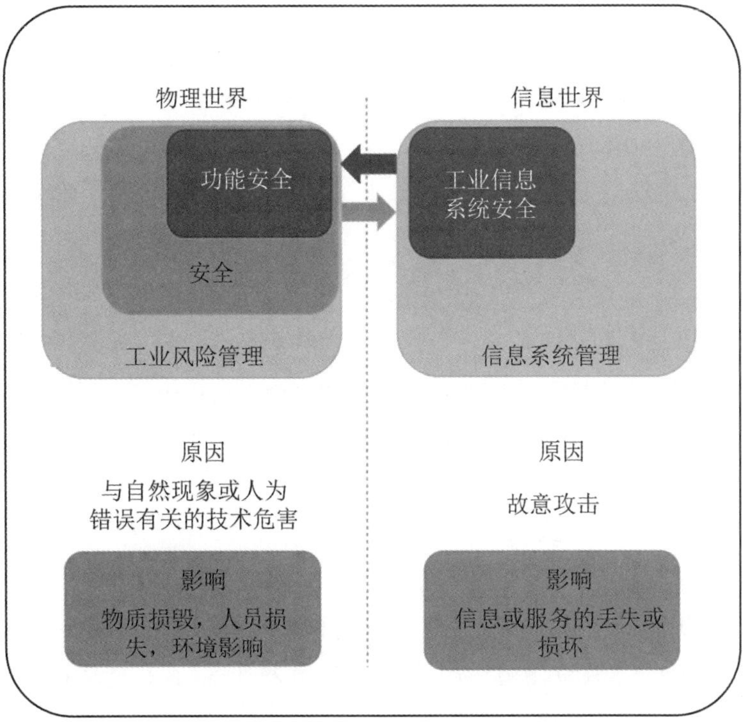

图 0.1　功能安全和信息系统安全的关系

IEC 62443 标准旨在重新定义功能安全相关概念（第 7 章），使其与网络安全保持一致，包括安全完整性等级（Safety Integrity Level，SIL）等概念。对于风险分析，已经开始建议采用统一的概念（第 9 章）。

0.6　网络安全认识的演化

大规模自动化系统的实践源于 1971 年 Intel 公司微处理器的发明。该专项发明直接推动了个人计算的发展，工控系统的发展紧随其后。工控系统最早以点到点的电缆连接在一起。直到 1990 年，承载 TCP/IP 协议的以太网通信技术开始广泛使用，主流的工业协议都“包裹”在 TCP/IP 协议中进行传输，逐渐发展成为现在我们熟知的工控系统的模样。

那个时候，工控系统面临的主要是性能问题，没人会想到，计算机安全在工控系统中会像今天这样备受关注。

第一个计算机病毒可以追溯到 20 世纪 80 年代。1986 年，Basit 和 Amjad Farooq

Alvi 两兄弟编写了一个叫作 Brain 的病毒感染了个人电脑(Personal Computer,PC)的启动扇区。Brain 病毒被认为是 MS-DOS 最早的病毒。1998 年,R. Tappan 编写的 Morris 蠕虫在互联网中广泛传播。Norton 反病毒软件在 1990 年发布,是第一批反病毒软件的典型代表。病毒的进化速度非常快,同样在 1990 年,第一个多态病毒出现(Chamelon,由 R. Burger 编写)。

早在 2000 年后的第一个十年中期,工业控制系统的病毒问题开始出现(如 2004 年的 Abshier 病毒,2005 年的 Woodridge 病毒)。爱德华国家实验室监督的实验项目(2007 年由 Meserve 主持)——极光(Aurora)在 2008 年证实了通过网络攻击破坏能量发生器(energy generator)的可能性。

从 2010 年开始,各种法规和法案开始在很多国家及地区出现,主要有:

——2013 年美国的《国家网络安全和关键基础设施保护法》;

——2013 年法国《军事规划法》的 22 条;

——2016 年德国的《IT 安全法》;

——2016 年欧洲的《国家信息安全指令》。

另外,从 2010 年开始,网络安全主题的指南和图书开始大量出版(Macaulay,Singer,2012;Knapp,Thomas,2015),配套的工具也开发出来,提高了工业设施的信息系统安全(ANSSI,2012a;Stouffer et al.,2015)。

然而,各国对风险的认识仍然有限,采取的措施也很滞后。好在,随着网络攻击变得越来越常见,越来越引人注目,在新项目中对网络安全的考虑逐步增多,尤其是在 2018 年监管机构提出明确要求以后,网络安全成为必不可少的部分。

0.7 本书的结构

本书组织如下:

第 1 章,提出工业控制系统的不同元素,监控与数据采集系统(Supervisory Control And Data Acquisition,SCADA)和工业互联网(Industrial Internet of Things,IIoT)系统。

第 2 章,表述工控系统的体系架构、SCADA 系统和 IIoT 系统组网的不同特点。

第 3 章,提出信息安全和风险管理的基本概念。

第 4 章和第 5 章,详细讲述攻击原理,分析工控系统的脆弱性。

第 6 章和第 7 章,提出标准和规范,用一章来专门讲 IEC 6443 参考标准。

第 8 章,提出操作安全的一些有用概念。

第9章，关注风险分析方法，如IBIOS方法，以及一些更专用的针对工业系统的方法，如Cyber APR，Cyber HAZOP和cyber-bowtie等方法。

第10章，给出一些保护工控系统的方法和工具：设施库存、架构安全，以及安全专用技术装备等，如入侵检测系统（IDS）、单向网闸（data diodes）和安全IIoT组件等。在附录1中解释了密码的概念，在附录2中介绍了用于物联网的区块链技术。

第11章，提出一种工控系统安全的综合方案。该方案基于上述提到的标准和方法，同时给出了简单版本和详细版本。

第1章

工业控制系统的组成部分

1.1 概述

1.1.1 定义:自动系统和信息物理融合系统

本书主要关注广义上的自动化系统,它由计算机系统、获取物理量的传感器,以及作用于控制系统的执行器构成。

这类自动化系统可以在工业生产设施中找到,其控制功能由可编程逻辑控制器(PLC)或者一组连接对象执行。这类系统在楼宇自动化、供水/配电网络、运输系统中也广泛使用。系统包含构成信息系统(IS)的计算机部分和物理部分,本书将这种系统称为信息物理融合系统(CPS)。

1.1.2 定义:信息系统(IS)

信息系统(图1.1)通过一组资源(硬件、软件、人员、数据和过程)组织在一起,以获取、处理和存储组织内部或组织之间的信息(以数据、文本、图像和声音等形式存在)。

许多信息系统只处理信息,另外一些则会影响到物理世界。本书对后者更感兴趣。

1.1.3 定义:工业信息系统(IIS)/工业控制系统(ICS)

工业信息系统(IIS)或工业控制系统(ICS),是指由信息系统和用于控制、测量的专用设备构成的系统。

传统IIS系统的体系结构如图1.2所示,该体系结构被称作监控与数据采集系统(SCADA),或者分布式控制系统(DCS)。

基于物联网(Internet of Things,IoT)的工业信息系统[①]的体系结构如图1.3所示。该系统基于云构建,并引入了新的组件和协议,本书将在随后的部分中描述。

---

① 译者注:该系统后面称为工业物联网,记为IIoT。

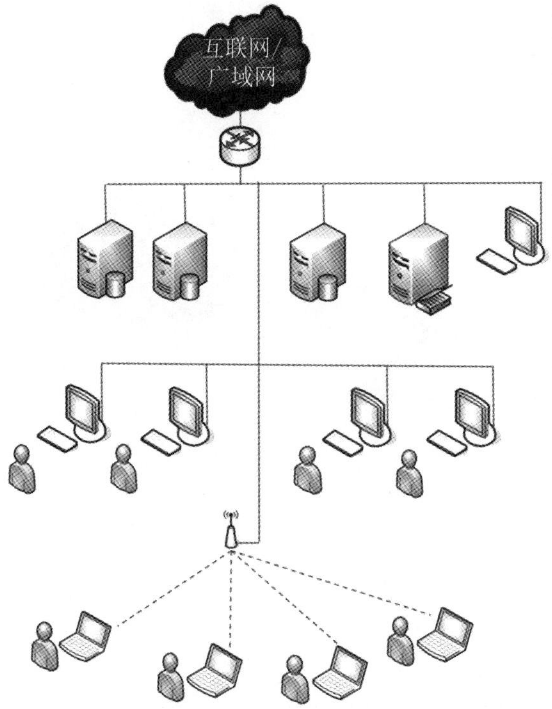

图 1.1　信息系统

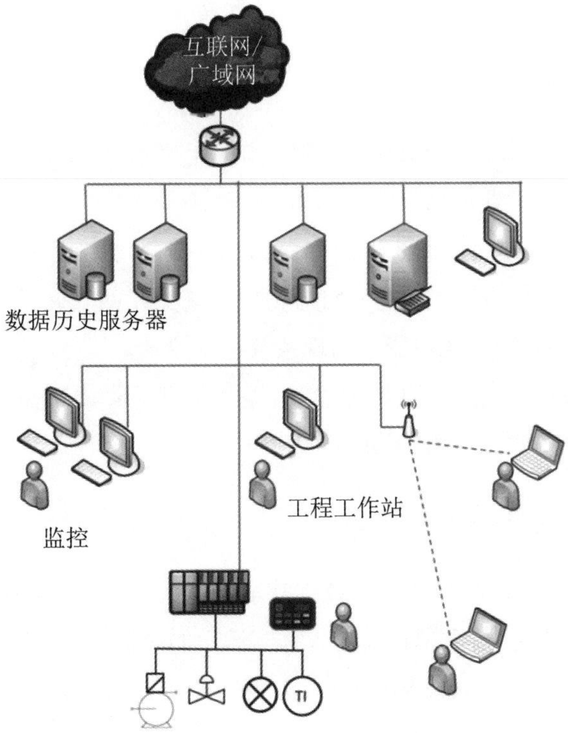

图 1.2　工业信息系统

通常，ICS 系统包含管理信息系统元素、专用设备，以及控制命令程序这类专用软件。这些专用设备和软件用于确保控制的实时性，归档刻画工业装置运行和报警的日志数据。

因此，本书将使用 ICS 这个术语来代表所有用于控制物理系统的计算机系统。

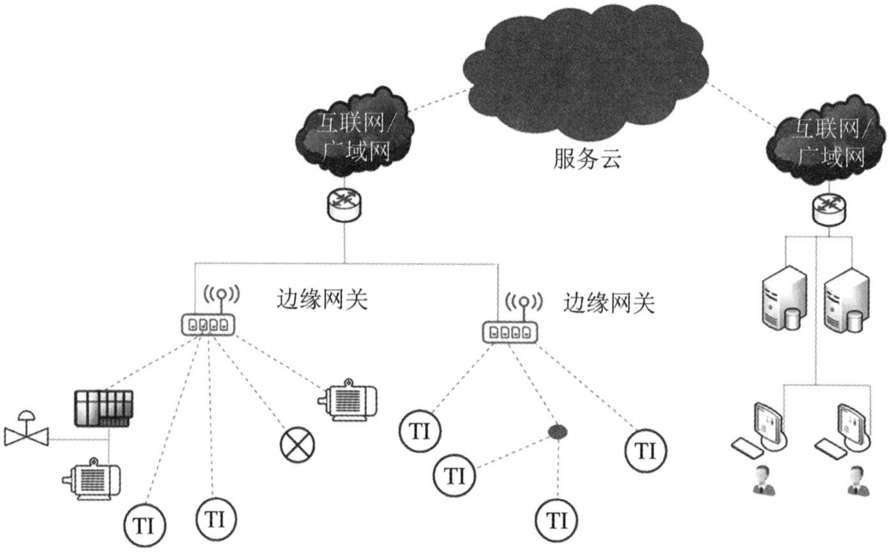

图 1.3　IIoT 信息系统

1.1.4　定义：IT 和 OT 系统

信息技术（Information Technology，IT）和操作技术（Operation Technology，OT）这两个词经常用于区分管理信息系统和 ICS。

IT 系统，如前所述，专门用来处理和存储信息。IT 系统由计算机、软件、网络，以及人机界面（HMI）等组成。OT 系统是专门与物理系统交互的软硬件系统，通过传感器捕捉物理系统的变化，同时通过执行器对物理系统进行控制。

工控系统依赖各种不同的信息处理设备，但因为它还集成了额外的、作用于物理系统的设备，因此通常将其归为 OT 领域。

1.1.5　定义：SCADA 系统

SCADA 系统是用于控制自动化和数据获取的系统，如图 1.4 所示。它使得对工业装置进行集中控制成为可能，并提供符合人体工程学的人机交互界面。

SCADA 系统由一些运行在 Windows 下，安装了带有图形交互专业软件的工作站构成，这些专业软件可以显示概要曲线和趋势曲线。这些工作站通过网络与 PLC、输入输出,以及远程人机交互等直连到物理系统的设备进行互联。SCADA 系统还包括一些服务器、路由器,以及其他有用的专用仪器。SCADA 系统是一种 ICS,但并非所有 ICS 都是 SCADA 系统。

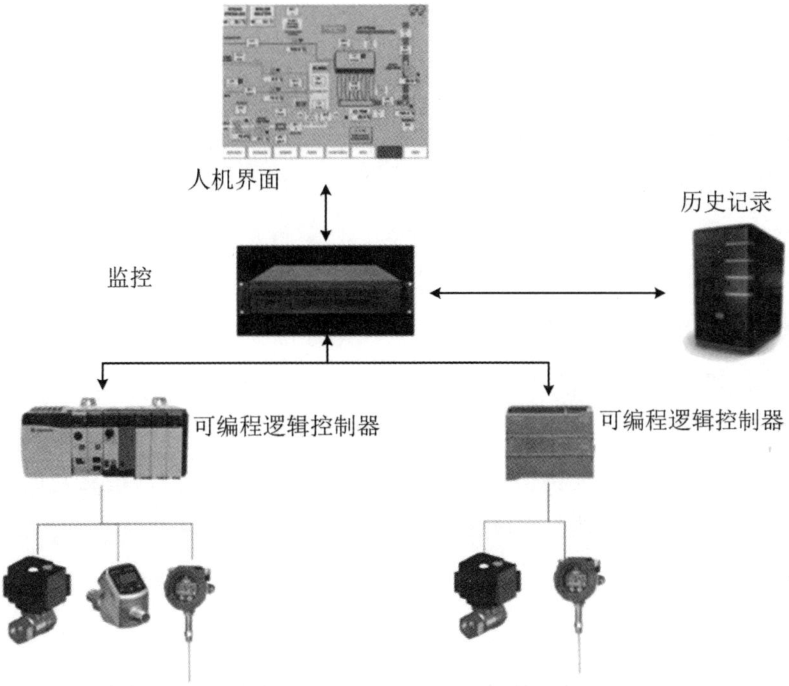

图 1.4 最小功能 SCADA 系统

1.1.6 定义:分布式控制系统(DCS)

DCS 由一组连接在同一网络中的控制系统和一个中控单元构成。整组控制系统往往出自同一个生产商。历史上,这种结构和异构的 SCADA 系统非常不同,但随着技术的发展,这种差异越来越模糊。

1.1.7 定义:工业物联网(IIoT)

IoT 是互联网的扩展。互联网是信息交换的全球网络,物联网在此基础上,将一些植入物理世界的对象连接在互联网上。IIoT 是应用在工业领域中的物联网。这些或多或少拥有自主能力的对象将改变整个工业界。本书有时也会讨论到未来工厂或者工业 4.0。IIoT 技术的潜力巨大,同时,这种互联技术所面临的挑战也同样巨大。

1.1.8 不同类型的 ICS

ICS 在很多工业领域和关键基础设施中都会使用,但在制造领域(化工、楼宇管理系统等)和分配领域(水、能源等)的用法却有明显差异。

在第一种情况中[①],装置在地理上是可定位的。制造过程可以是:

——连续的:制造过程是连续的,只有在需要生产其他不同质量产品,或者完成既定产量时,过程才会改变。这种制造过程在化工生产或者石油工业中可以找到。

——批量的:制造过程分成不同步骤,每个步骤对给定数量的材料进行生产。批量处理过程由独立的开始、结束步骤和中间步骤组成,在每个中间步骤中可能会保持短暂的稳定状态。典型的批量制造过程有制药和食品加工。

——离散的:这类系统通常在单独一台设备上,或者一连串的机器上,通过一系列步骤完成最终产品的生产。电子与机械零件的组装、零件加工等过程是典型的离散型制造过程。

在分配领域,ICS 主要用来控制分散在不同地理位置的资产,资产甚至会分布在数千平方公里范围,如供水系统、废水收集系统、能源管理系统等。

如上所述,ICS 既包括与传统信息系统相类似的元素,如工作站、服务器、网络设备、打印机、存储、备份系统等,也包括一些管理物理系统交互、提供人机交互的特殊设计元素,如 PLC 控制器、远程终端单元(RTU),以及采集系统。

1.2 从 PLC 诞生到 SCADA 系统

直到 20 世纪 60 年代末,工业制造系统才实现了通过机械/机电中继系统进行控制和监管。1968 年,通用电气公司的工程师 Dick Morley 提出 PLC 的概念,研制了一款叫作 Modicon(MOdular DIgital CONtroller)的 PLC 产品。有意思的是,Morley 的初衷是要做小型计算机的替代物,尽管当时小型计算机价格已经开始下降,但其编程方法对于工业系统的控制来说还是太复杂了。IT 和 OT 两个世界之间文化差异就根植于 PLC 的诞生。

1973 年,随着 084 模型(图 1.5)进化到 184 模型,设备间通信成为可能。第一个开发出来的通信协议是 Modbus 协议,用于 Modicon PLC 设备间的通信。正是因为 Modbus 协议的出现,自动机得以与其他自动机通信,实现从很远的地方控制机器。1974 年,Intel 公司生产出了首批微处理器 8080,1975 年 Modicon 出了第一个基于该微处理器的 PLC 版本——284。

很快出现了从基于微型计算机的中心站监管 PLC 设备的需求。这一需求引出了一

---

① 译者注:制造领域。

个由 PLC 设备和一个配备 HMI 的系统构成的系统结构，其中 PLC 直接连接到运行自动程序、执行 PID 控制算法的传感器和执行器，HMI 系统则用于展示被控系统的概览、各种变量演化趋势，将数据存档到大容量存储器，以及将控制程序发送到 PLC 上。SCADA 的所有主要功能在这个结构中均有所体现。

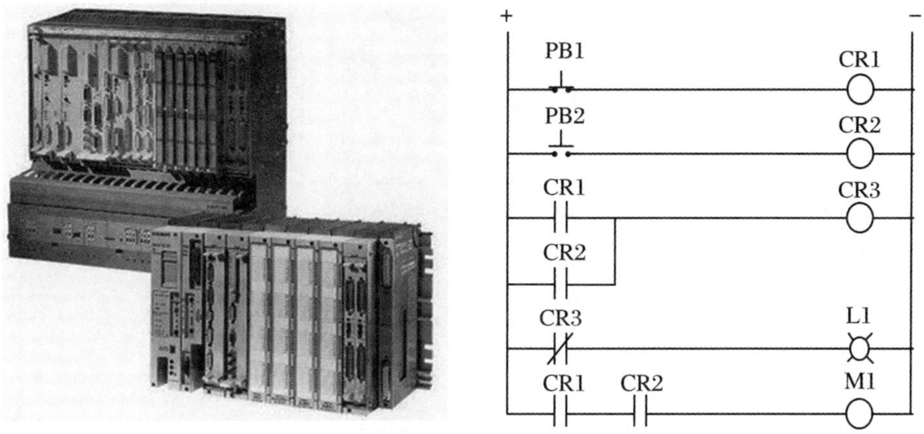

图 1.5　Allen Bradley——Modicon 084

随后，ICS 变得越来越复杂，甚至可能分别部署在几个站点上。随后出现的解决方案可划分为同构和异构两种。同构解决方案采用一个制造商的控制设备（DCS 模式），异构解决方案则包含来自不同制造商的 PLC 控制器、工作站、监管软件等（SCADA 模式）。传统上，同构解决方案在过程工业中使用更普遍，而异构解决方案则在制造工业中经常使用。随着技术的不断进步，两种解决方案的差异变得越来越小，所以本书总体上只讨论 SCADA 系统。

1.3　可编程逻辑控制器（PLC）

可编程逻辑控制器（PLC）在系统自动化中提供了一项基本功能，通过执行预定义的操作序列，或根据固定设定点（set point）控制和调节数量值，实现根据所测量的数量值修改、触发或调整物理系统动作。这些功能属于基本过程控制系统（Basic Process Control System，BPCS）功能，与物理系统实时并行运转。不能实时响应物理系统变化可能使其陷入非预期发展状态的风险，这也意味着系统有潜在的脆弱性。

通常情况下，PLC 包含处理单元、内存单元、供电单元、输入输出接口和通信接口（图 1.6）。PLC 可以连接编程设备，编程设备可以是专用的控制台，不过更常见的是一台 PC

工作站。如上所述，PLC 是一个精心裁剪过的计算机系统，目的是使其实现起来更容易。

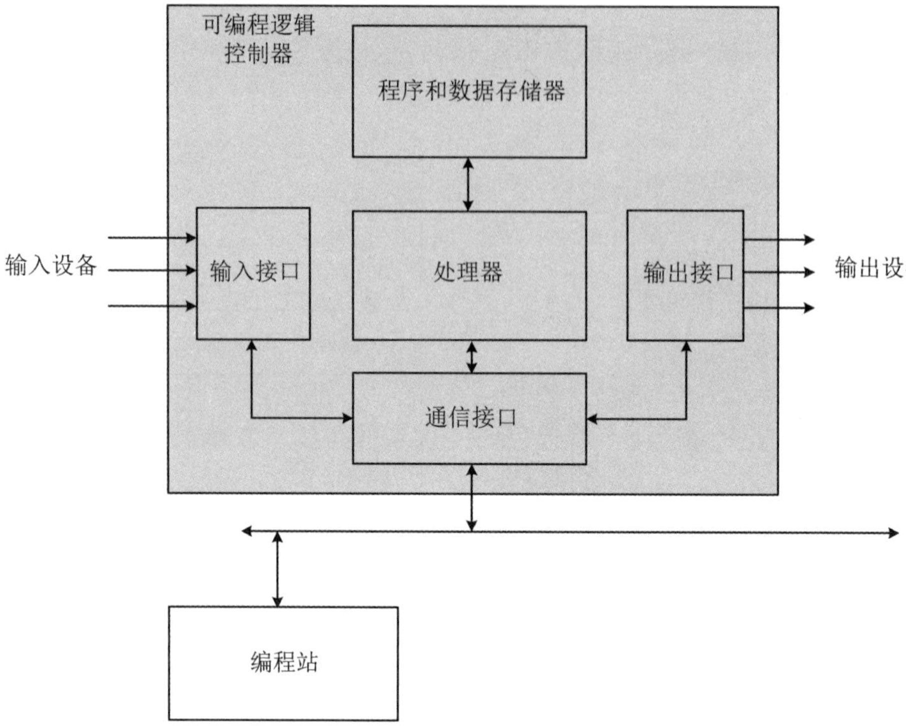

图 1.6 PLC 控制器的系统架构

PLC 的系统结构非常像一台没有 HMI 的微机系统：

——基于微处理器的中控系统负责运行程序，读取输入信号，写入输出信号。

——存储器中存储 PLC 操作系统、系统控制程序和相关数据。

——编程设备用于上传程序到 PLC 存储器，也用于访问 PLC 的特定数据区。

——输入模块用于从被控系统获取信号。这些信号可以表示开关值，例如，指示一个开关设备是处于打开状态，还是关闭状态；信号还可以表示在一定范围内变化的连续值，例如，指示温度值。这些信号可以作为电子信号或计算机信号，通过使用专用协议的现场总线[①]进行接收和发送，如即将在第 2 章介绍的 EtherCat，CAN，Modbus，Profibus，Profinet，Ethernet/IP 等。

——输出模块实现一个反向操作，将 PLC 计算得到的输出值转化为一个电子信号或者计算机信号。

——通信接口使 PLC 可以与其他 PLC，SCADA，或者编程工作站等设备通信。如

① 现场总线是一种计算机总线（数字），如果与更高等级的工业网络连接，就存在被计算机方法攻击的潜在威胁。电气连接需要电气设备去读取和改变物理量的值（模拟），一般脆弱性较少。

今,通信接口一般采用以太网接口。

从功能角度看,PLC 是控制和调节物理系统的基本装备,主要调控两类特征的物理系统:

——连续系统的调节;

——时序系统的自动化。

第一种情况,旨在使一个物理量逐渐演变为一个期望的样子(或常数)。系统在相对较短的时间内,以一种连续方式测量被控量,然后计算出一个或者多个用于物理系统的动作值,使被控量向期望值靠近。例如,温度(被控物理量)可以通过打开热传递流体阀(动作)进行调节,使其达到期望温度。

第二种情况,PLC 设备主要根据一个开关(on-off)输入来执行动作,它既可以根据测量的物理量执行动作,例如,如果容器满(开关量)则关闭阀门(动作);也可以根据测量和生产配方,按顺序控制设备执行动作。

无论哪一种情况,PLC 以固定周期(10～100 ms)执行操作,在每个执行周期里,PLC 先读取输入值,将其拷贝到输入内存(IM),然后执行程序,将结果输出到输出内存(OM),并且把这些值发送给物理设备(如图 1.7 所示)。物理设备的状态镜像存储在 PLC 的内存中。这个执行周期还包括保证系统正常运行的各种操作,如 I/O 模块的完整性测试、用户程序的防篡改验证、基于看门狗的系统阻塞验证,以及与远程模块、编程站和 HMI 接口的通信操作等。

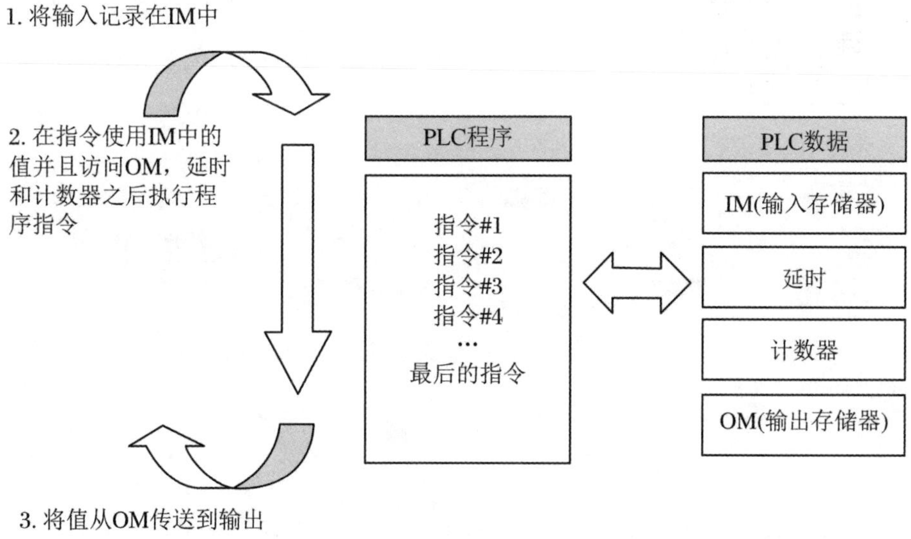

图 1.7 执行周期

为了简化 PLC 控制器的使用,尽可能与第 0 章中提到的机电系统保持一致,定义了多种专用语言。这些语言将在 IEC 61131/3 中描述，具体包括：

——梯形图(Ladder Diagram，LD)(如图 1.8 所示)；

——功能模块图(Functional Block Diagram，FBD)；

——序列功能图(Sequential Function Chart，SFC)(如图 1.8 所示)；

——结构化文本(Structured Text，ST)，接近于 PASCAL 语言；

——指令列表(Instruction List，IL)，接近于汇编语言。

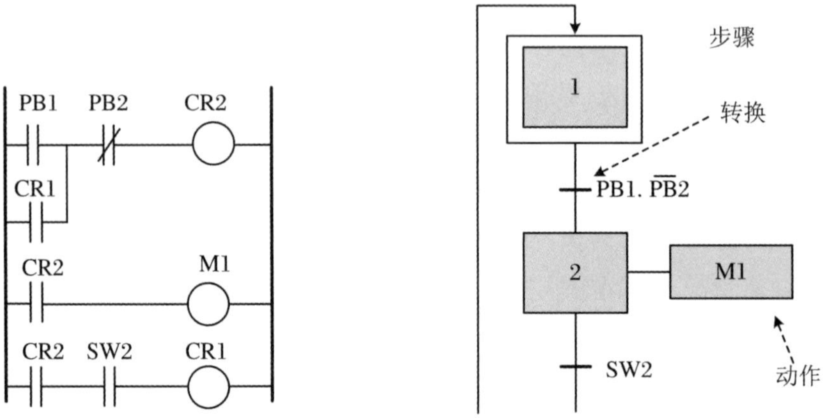

图 1.8 LD 和 SFC 语言的实例

IEC 61131/3 编程语言工具如图 1.9 所示。

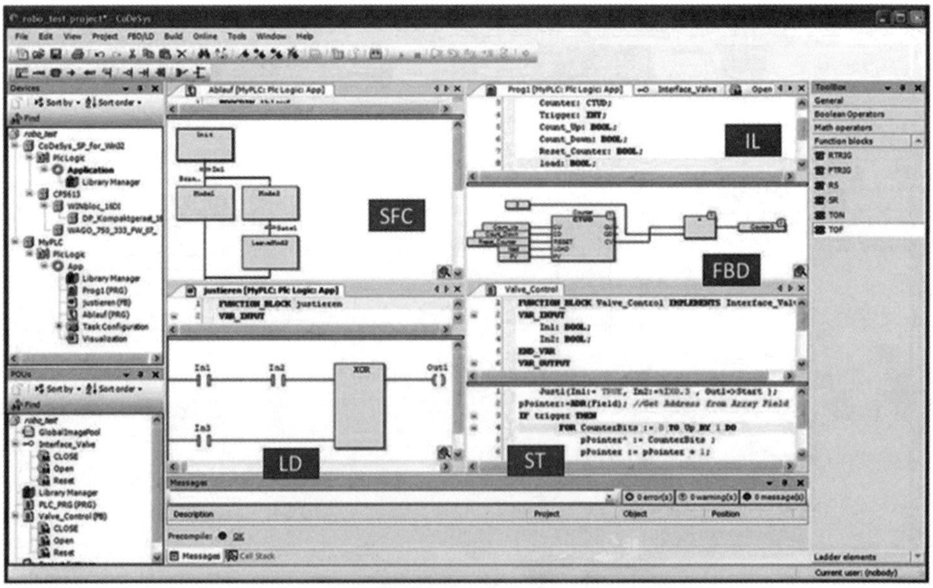

图 1.9 IEC 61131/3 编程语言工具

恶意代码可以直接用这些语言编写(Govil et al.，2018)，同时上传程序到 PLC 不是非常安全,因此编程就成为一个主要的脆弱点。

这些语言可以由 PLC 解释执行,也可以在开发站上直接编译成执行代码再上传到 PLC 执行。在需要考虑网络安全时,就应该要求在 PLC 上设计一个底层计算机系统来执行这些控制代码。大多数在市场上能找到的设备都采用商用操作系统,无论是 PLC, RTU,安全仪表系统(Safety Instrumented System,SIS),还是 DCS 系统。下面给出主要制造商使用的操作系统:

——施耐德公司 Quantum 系列产品:使用 VxWorks 操作系统;

——西门子公司:从 2014 年开始使用 VxWorks 操作系统;

——罗克韦尔旗下的 Allen-Bradley 公司:PLC5 系列采用 Microware OS-9 操作系统,Controllogix 系列则采用 VxWorks;

——艾默生的 DeltaV 系列产品:使用 VxWorks 操作系统。

这些操作系统的漏洞在使用它们的设备中也存在,针对操作系统的恶意代码同样会影响使用这些操作系统的制造商。例如,ICSA-15-169-01 漏洞(TCP 可预测漏洞)影响到了 VxWorks 操作系统,互联网上有超过 10 万个各种设备使用了该系统[①],例如网络路由器、波音 787 梦幻客机、加那利大型望远镜(Gran Telescopio Canarias)等。

1.4 主终端单元和智能电子设备

远程遥测单元(Remote Telemetry Unit,RTU)是一个微处理器控制的电子设备,它将物理系统连接到主系统上,如 PLC 控制器、主终端单元或者 SCADA 系统。RTU 传送遥测数据给主系统,同时从主系统接收消息来控制物理系统,通信方式通常采用调制解调器、蜂窝连接、广播或者使用长距离通信技术。RTU 通常采用太阳能板供应,其电能供应是受限的,这也是此类系统必须遵守的约束条件。

RTU 也会被称作远程控制单元。从网络安全的角度,这类系统有与 PLC 设备相似的脆弱性,并且对链路上的脆弱性非常敏感。同时,它们经常部署在偏远位置,因此还存在物理脆弱性。[②]

在配电领域,用于控制配电系统的远程控制单元被称为智能电子设备(Intelligent Electronic Device,IED)。例如,用于控制断路器、变压器等。

---

① 参见 www.shodan.io。

② 译者注:物理脆弱性是指攻击者可以物理接触到设备,能够对设备软硬件进行逆向深度分析。

1.5 可编程自动化控制器

可编程自动化控制器(Programmable Automation Controller,PAC)这个术语在2000年早期引入。PAC是具有扩展能力的PLC设备,可以提供更多处理能力:支持更多的PID控制回环;支持先进的控制能力(模糊控制、预测控制等),批量控制模块,甚至是专用的业务模块等。PAC还拥有更好的连接能力,能够管理类似RTU的远程模块。

随着技术发展,PLC变得越来越复杂,PLC和PAC之间的界限也变得越来越模糊。PAC这个术语更多用于IIoT系统架构中。

1.6 工业PC

工业个人电脑(工业PC)是一种硬件加固的个人电脑,通常采用适应工业环境的机箱(如机架式、无风扇等)。工业PC通常有大量的I/Os(输入输出),并且一些工业PC还会有一些特殊可能性,比如模拟接口。工业PC可以使用传统操作系统,也可以是一个专用的定制化系统,如嵌入式Windows操作系统,或者一种实时操作系统(如VxWorks或者FreeRTIS等)。

1.7 安全仪表系统

安全仪表系统(Safety Instrumented System,SIS)(Goble,Cheddie,2005)被定义为一种包含传感器、逻辑处理和执行器的系统(图1.10),主要用于:

——确保工业过程在特定条件被打破以后,仍然能够自动地回归到一个安全状态;

——当满足特定条件(授权功能)时,能够让控制过程安全地运行;

——采取措施以减轻工业危险导致的恶劣后果。

鉴于SIS对设施安全的重要性,设计SIS系统是要让系统失败的概率降低到一个给定的值之下,这个值根据失控导致系统损害的严重程度来设定。这种方法作为功能安全研究的一部分将在第8章介绍。

从技术的角度，SIS 由对硬件进行增强和冗余设计的专用 PLC 创建。例如，Triconex[①] 是市场上销售的这类设备的一个品牌。SIS 实现的功能对于设施的安全至关重要。如果 BPCS 系统[②]没能让系统保持在安全状态，SIS 必须采取适当动作。这与物理系统纵深防御的一种保护级别相对应，如图 1.11 所示。

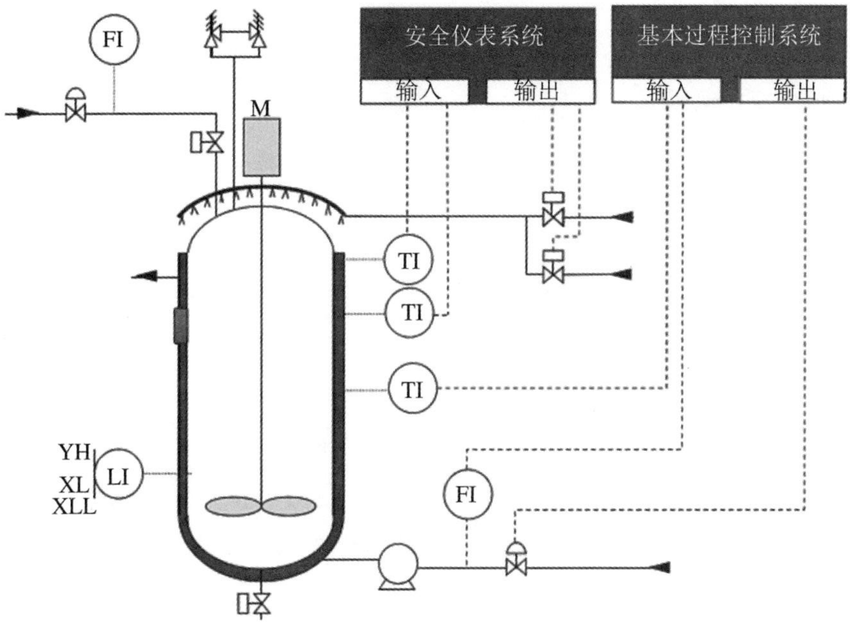

图 1.10　安全仪表系统

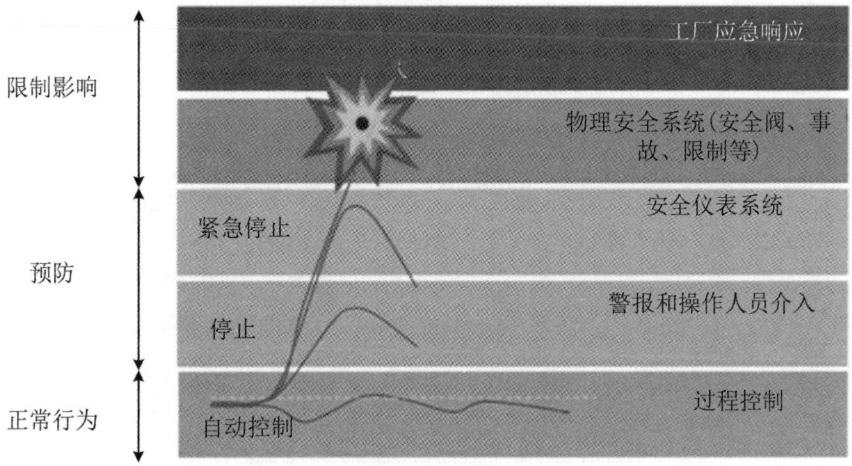

图 1.11　依据保护等级的 SIS 的地位

---

① 施耐德营销的品牌。

② 译者注：原著中缩写“BCPS”应该出现了笔误，此处修改为“BPCS”。

因此，SIS在网络安全中要给予特别关注。由于该系统能够把物理系统带回稳定、安全状态，给网络攻击者带来特别大的挑战。简单的服务拒绝攻击会显著增加系统的安全风险，因为在BPCS功能异常事件发生时，由SIS触发的安全动作可能被服务拒绝攻击阻断，从而导致重大损失的发生。

必须强调，SIS也可能成为攻击目标，从而造成生产系统的意外停机。事实上，由于SIS接管控制系统的控制权，攻击者就有可能通过攻击SIS系统来压制正常控制系统的动作，进而导致系统停机。

因此，在ICS中保护SIS是首要事项。

1.8　人机界面(HMI)系统

人机界面(Human-Machine Interface，HMI)系统是ICS的基本部件。HMI系统可以让用户以可视化方式监视系统如何工作，下发必要的动作指令。过去，ICS一旦建造完成，所有指示器、刻度盘和调节按钮挂满整个墙面。现在，随着技术的发展，这些监控仪表已经被图形屏幕所取代。比人体工程学更重要的问题是，这些HMI系统使用的软件和站点也是漏洞的来源之一。HMI系统能够监视系统不同物理量的值和变化趋势，也能通过启动过程序列或改变设定点来控制系统。攻击者可能通过这些接口恶意操作控制系统，因此通过物理操控或远程连接来管理这些站点是网络安全需要关注的要点。

HMI设备分为几种不同类型：第一类是PC工作站(图1.12)，运行在传统操作系统上，如Windows，使用软件来展示概略图和趋势曲线。这些软件经常用在SCADA监管站点上。这类HMI设备的漏洞是传统计算机的漏洞。

图1.12　运行在PC工作站上的人机交互系统

第二类HMI是带有触摸屏的专用单元(图1.13),运行在嵌入式操作系统(嵌入式Windows)上。这类HMI设备通常在空间上相互隔离部署,并靠近物理系统。其网络安全问题与嵌入式系统类似,问题之一是如何有计划地、安全地进行设备升级。

HMI系统直接与PLC和工控系统的服务器交互。使用的连接和协议也是漏洞来源之一。

图1.13　为HMI使用的专用单元

1.9　历史数据

在控制系统中,无论是中心化的DCS,还是异构的SCADA工业系统,存储一定量的数据信息是非常有价值的,例如,从不同传感器上收集的历史演化数据,以及设定点、报警、设备状态的历史演化数据。这些数据通常存储在经过时序数据访问优化的专用数据库上。这种数据库软件由提供完整ICS解决方案的公司运营,如ABB、霍尼韦尔、施耐德、西门子,或者有一些专业从事这方面软件的公司,如Panorama① 和AspenTech② 等。

从网络安全的角度看,应该注意的是,要同时提供从IT侧和OT侧访问这些数据库的能力,并且必须要考虑这一方面,因为这种访问能力引入了IT和OT两类网络的高效连接。

---

① 参见https://uk.codra.net/panorama/。
② 参见http://home.aspentech.com/。

1.10 编程和参数设定站点

PLC实时控制物理系统。执行程序是在为某种品牌PLC提供的开发环境中编写出来的。例如,西门子S7系列的PLC程序,是在PC上运行的STEP7开发环境中开发出来的;而对于施耐德的PLC,Modicon系列使用Unity Pro环境,Quamtum系列使用Concept环境,而Twido系列则使用TwidoSuite环境。

这些开发环境软件支持很多功能,包括至少支持使用一种IEC1131-3语言编写控制程序,支持上传或者下载PLC控制程序,从PLC内存中读取数据,执行各种基本操作,如停止或者重启,支持设置时间、配置控制器和自动化参数,例如PID控制模型的比例常数和定时器(Flaus,1994)。

这些开发站点和PLC的通信连接,都是攻击者感兴趣的攻击通道。能够使用开发系统、拦截与PLC通信的恶意软件,可以非常轻松地控制整个系统。① 这些工作站一般运行在Windows上,因此也存在很多传统计算机工作站的漏洞。

1.11 工业物联网

物联网的概念(Minerva et al.,2015)与信息物理融合系统(Cyber-Physical Systems,CPS)的概念很相似,美国国家标准技术研究所(NIST)(Cyber-Physical Systems 2017)将其定义为一种智能系统,也包括连接物理和计算机组件、实现组件互动的网络。

工业物联网(Industrial IoT,IIoT)设备是物联网中连接物理世界的端点。从以下几方面刻画此类设备:

——采集和控制能力:这些能力保证其能够与物理世界交互。不同类型的传感器可以测量很多物理量(温度、压力、位置等),也可以结合模数转换器进行采集。反过来,数模转换器用于控制执行器(开关、马达、泵等物理设备)或者不同输出设备(LED指示灯、显示器、喇叭等)。

——处理和存储的能力:拥有一个相对较强的处理器,结合随机访问存储器(RAM)和非易失存储器(Flash)。

——连接:物联网设备能够与网络连接,既可以是传统有线或者Wi-Fi网络,也可以

① 这也是震网病毒可以在PLC上实现的原因。

是更专业的网络，如低功耗广域网(LPWAN)(第 2 章中介绍)。

——能量管理：不是所有设备都连接电源，很多设备靠电池工作，比如一些孤立的传感器，或者一些人机交互设备，如开关。电能也可能来自于邻近的能量收集器，但依然是有限的。

——安全元素(Secure Element，SE)，通过安全存储设备来实现物理安全的能力：这是一种防篡改的硬件元素，能够保护本地应用、存储保密和加密数据。①

——加密能力：这项能力取决于处理器的计算能力，是否有专用电路，是否有能量管理等。

许多直接可用(ready-to-use)设备被称为商用货架产品(Component Off-The-Shelf，COTS)，如微控制器、单板机等。这些货架组件被设计成片上系统(System-on-a-Chip，SoC)，集成了上面所讲的大部分能力。SoC 的可用算力相对较高，主频从 100 MHz 到几吉赫兹，Flash 存储器在 1 MB 到 32 MB 之间，RAM 存储器至少 128 KB。

IIoT 设备必须是唯一标识的。标识系统根据所使用的网络类型可分为：

——在制造过程中存储在设备上的唯一标识；

——计算机标识，如 IP 地址或者 MAC 地址；

——电信领域的标识：SIM 卡标识和手机号；

——无线射频标识(RFID)或者近场通信标识(NFC)。

这些设备通常独立部署，物理脆弱性非常大。因此，设备暴露在逆向工程攻击或物理攻击之下，例如，在第 4 章描述的辅助信道攻击。

1.12 网络设备

ICS 中不同组件之间的信息传递是由网络设备保障的，各种工控设备通过有线或者无线的网络设备进行连接。

值得注意的是，网络设备也是基于操作系统运行的，或者是专有操作系统，或者是 Linux 派生操作系统(如 DD-WRT)，因此与其他类设备②一样脆弱。

1.12.1 交换机和集线器

交换机是大多数企业网络的基础。交换机可以让不同的联网设备相互通信。它们

---

① 译者注：保密数据(confidential data)是从需求角度表示数据的重要性，需要进行保密；加密数据(cryptographic data)是指用加密算法加密过的数据。

② 译者注：其他类设备包括通用计算机设备，打印机、摄像头等物联网终端设备等。

管理网络上的数据流，把一个接收的网络报文只传递给指定的目标设备。每个连接在交换机上的网络设备可以用它的网络标记，允许交换机在最大化网络安全性和效率的前提下确定数据流的走向。

有些交换机可以远程管理，由此带来潜在的脆弱性。有些交换机可以拷贝一份流量给入侵检测设备。[①]

1.12.2 路由器和网关

路由器是一种网络设备，在多个计算机网络之间传递数据包。路由器执行互联网流量管理功能。一个数据包通常通过网络从一个路由器传送给另一个路由器，直到传送到目标节点。路由器构建了一个互联的网络（网络之间的网络）。

路由器会连接两个以上的不同网络。当一个数据包从一个网络到达路由器时，路由器会读取数据包中的网络地址（IP）信息，以确定最终的目标。然后，路由器使用其路由表中的路径指示信息，将数据包传递给下一跳路由器或者最终的目标设备。路由器起到一个调度员的作用，分析通过网络传送的数据，为传输的数据包选择最佳的路径，并把它们发出去。

网关是将一个网络与一个或多个网络连接在一起，并在必要时进行协议转换的设备。网关最基本的任务是作为"缺省网关"（default gateway）使用，路由器会把所有在本地路由表找不到路径的数据包发送给网关。

现在，网关负责管理局域网（LAN）与互联网的连接，因此和路由器功能相似。几十年前，网关的主要任务是在两类不同的网络（不同通信协议）之间进行协议翻译，例如在以太网和令牌环网之间交换数据。

1.12.3 防火墙

防火墙是在网关、路由器，或者专用设备这个层次上，对输入、输出流量进行过滤的设备。它是一个工作在 OSI 协议模型第 3、4 层的包过滤器（参见 2.2.4 小节），通过一组预定义的规则来决定让哪些数据包通过、阻断哪些数据包，以及对哪些数据包实施重定向。

防火墙通常是一个实现在 Linux 网关或路由器上的专用软件模块。工业防火墙也可以实现在专用设备上。

---

① 译者注：流量拷贝使用的是端口镜像功能，目前绝大多数商用交换机均支持该功能。

1.12.4 IoT 网关

IoT 网关是一个物理设备，或一个软件，连接云和 IIoT 设备（聚合节点、传感器和 PAC 设备等）。所有传输到云，或者从云传输出来的数据都会经过网关（可以是专用硬件设备）。IoT 网关也被称为"智能网关"。

网关会有一些计算能力，对即将上传到云端的数据进行初步的处理（雾计算，第 2 章）。这样可以大大减少上传到云的数据。

IoT 网关的另外一个优势是，它可以为 IoT 网络及其所承载的数据提供额外的安全。因为网关同时管理双向信息，所以一方面它可以通过加密手段保护发送到云端的数据，另一方面它可以过滤云端传送下来的数据流，以保护 IoT 的终端设备免受恶意的外部攻击，提供入侵检测能力。

最后，网关还可以在 IoT 设备加入网络时验证其权限。

1.13 数据处理平台

IoT 网关最终会连接到平台，平台负责接收、存储和使用数据。在云端有很多平台可以使用，有些由通用运营商提供，有些由领域专用运营商提供。

这些平台能够管理数据传输，运行分析软件，管理存储，提供利用这些数据的服务（图 1.14）。

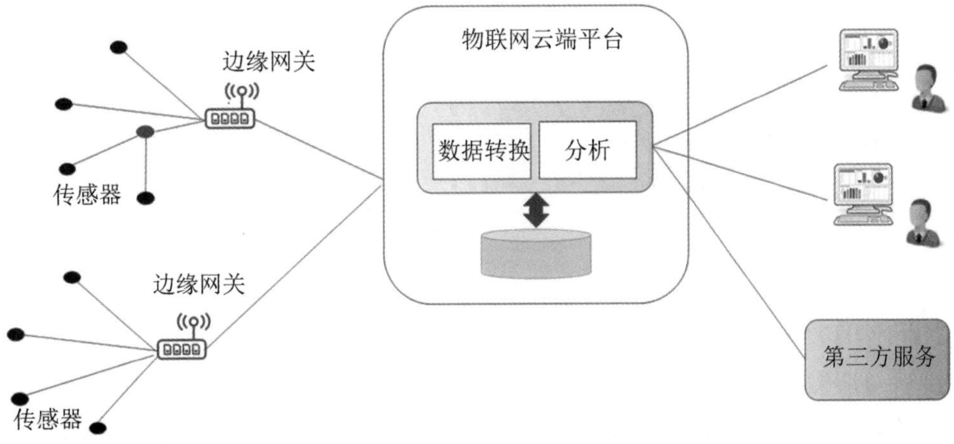

图 1.14　IoT 平台

1.14 工业控制系统的生命周期

ICS的生命周期对控制网络安全非常重要。工业装置的生命周期相当长，这就意味着不得不维护和管理老旧设备，这可能存在安全问题。另外，制造流程的大幅改变引起ICS的显著改变，也可能引发网络安全后果。因此，在ICS的全生命周期内管控安全非常必要(PA Consulting Group，2015)。一种经典的做法是将ICS的生命周期划分为四个主要阶段：规格定义阶段、设计集成阶段、运行维护阶段和退役阶段(图1.15)。

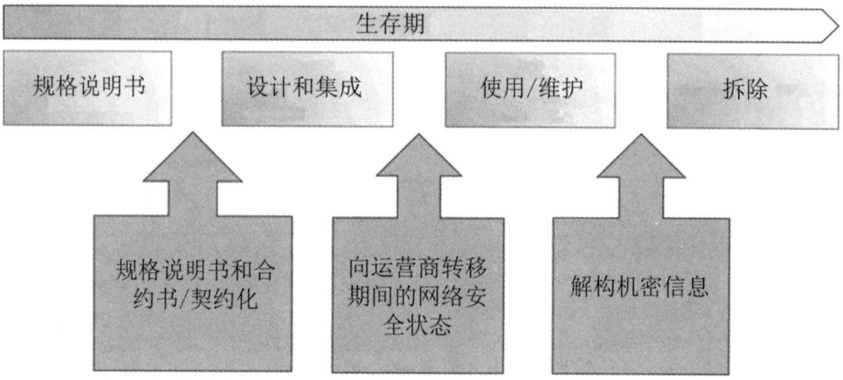

图1.15　生命周期

在规格定义阶段，以规范的方式定义要求。在这个阶段的大多数时间里，系统由外部服务商进行设计。在这种情况下，安全要求必须明确地包含在规范和合同中。

设计集成阶段必须考虑安全，特别是针对下面几点：

——关键资产的划定；

——安全架构的定义；

——安全区和管道的定义；

——满足安全能力设备的选择；

——保护设备的基本功能的定义；

——在适度水平的安全条件下，实现预防性、治愈性维护操作的可能性；

——考虑物理安全(通过关键设备的位置)；

——定义利益相关方的职能。

建议在这个阶段的最后开展渗透审计和测试过程。

这两个阶段之后，系统在调试过程中转移到操作人员。在这一步骤中，建议做一次符合系统网络安全等级的彻底清查，保证可用的方法都能够将系统维护在一个可接受的水平（ANSSI，2013a）。对于关键系统，还需要经过批准。

ICS 随后进入运行阶段，这个阶段的网络安全必须遵循一套方案进行控制，如第 8 章和第 11 章中给出的方案。

在退役阶段，特别是在半退役阶段，网络安全依然非常重要。事实上，在这个阶段，职员姓名和地址、口令、技术规范或者配置信息，以及客户数据等机密信息可能因为疏于防范而被恶意人员得到。

第 2 章

工业控制系统的架构与通信

2.1 网络架构

2.1.1 Purdue 模型和 CIM 模型①

ICS 的典型系统架构通常包含几种网络(如图 2.1 所示),可区分为:

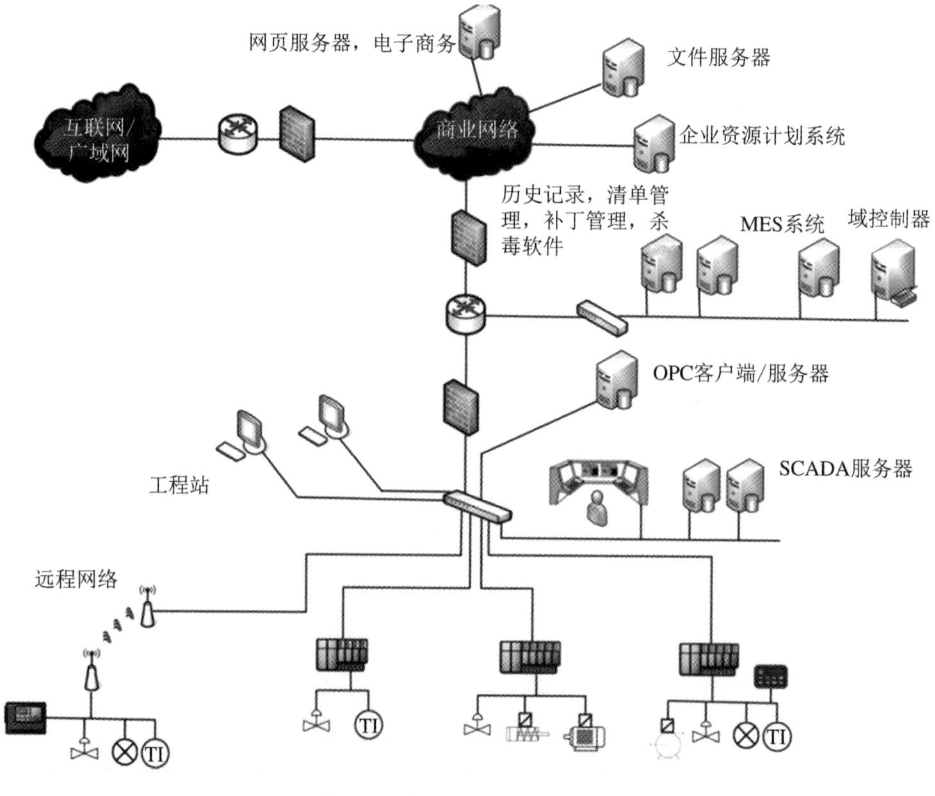

图 2.1 典型工控系统网络架构

① 译者注:原文"Purdue model and CIM model"不易理解。规范的写法"Purdue Reference Model for CIM"可译为"计算机集成制造普渡模型",或者"面向计算机集成制造的 Purdue 模型"。

——现场总线网络：用于连接传感器、执行器与 PLC；

——控制网络：用于连接 PLC 及其关联设备，例如 HMI 设备和监管系统；

——生产网络：用于连接由站点、生产运行系统（MES）和历史服务器组成的各种控制网络；

——企业网络（或者 IT 网络）。

人们提出了很多模型构建这种系统结构，以分层结构进行组织。这些模型均对实际情况略微作了简化，将系统分解为不同层次，尽管分层不总是非常清晰，但这种分解非常有用，是系统划分区域的基础。

第一种模型是 Purdue 模型（Williams，1994）。它引入了五个层级（图 2.2）[①]：

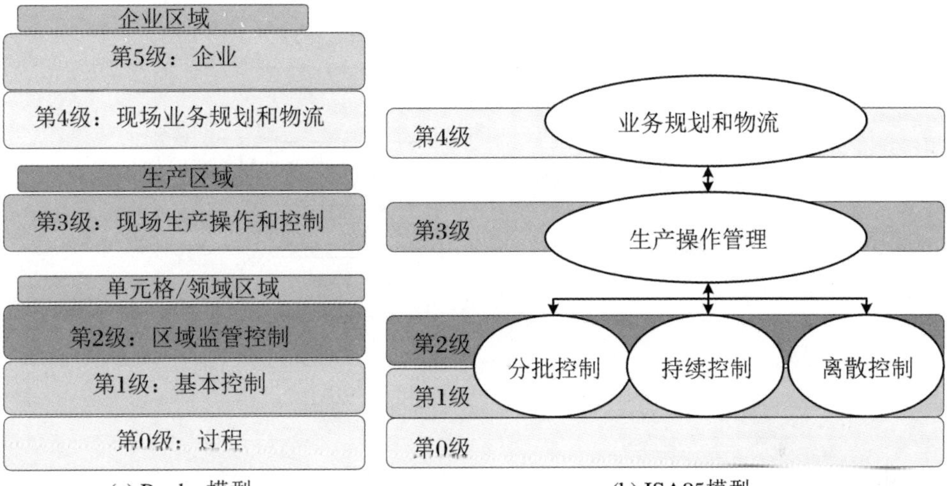

(a) Purdue模型 (b) ISA85模型

图 2.2

——第 0 级（物理过程）：这个层级对应于生产系统。传感器和执行器都部署在这一层级。

——第 1 级（本地控制或基本控制）：这个层级包括涉及物理过程的检测、监视和控制等功能。这些功能由 PLC、RTU 等信息处理系统完成。RTU 从传感器读取数据，执行算法（如果需要），并存储物理系统的状态。这些功能可以实现连续控制、离散控制、序列控制和批处理控制。IEC 62443 模型（图 2.3）明确给出在层级 1 中的安全仪表系统（SIS）和保护系统。SIS 主要负责监视过程，并且在超出安全范围后自动返回到安全状态。这个层级还具有在即将发生危险情况时向操作员发出警告的功能。

——第 2 级（监管控制）：这一层级的主要功能涉及对物理过程的监视和控制。这一

① 译者注：图 2.2 中 Purdue 模型第 4 级和第 5 级在很多版本中合并为一级。本书后续的解释将两者合并为第 4 级，作为业务系统。

层级的主要设备包括监控与数据采集系统(SCADA)和分布式控制系统(DCS)的人机交互系统。

——第3级(运行管理):这个层级包含生产预期产品的流程管理功能。这些功能涉及批量管理系统或MES、历史数据库、全范围站点优化或质量管理系统。局部监管系统也属于这个层级(图2.3)。

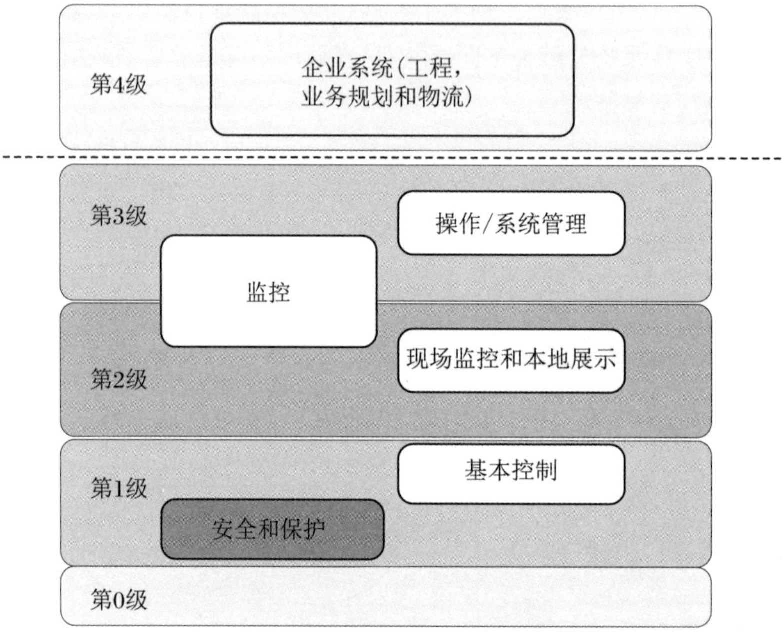

图2.3 IEC 62443模型

——第4级(企业业务系统):这个层级包括涉及生产运行管理和过程运行管理等功能。企业资源规划(ERP)是在这个层级使用的主要系统。ERP管理基本生产计划、原材料的使用、运输和库存水平。通常情况下,ERP系统给MES提供生产订单列表,MES将按需求执行订单任务,控制操作流确保可追溯,并向ERP提供原材料消耗、生产效率,以及所制作出来的产品的质量。

Purdue模型为公司控制系统的层次化表示提供了参考模型。该模型可以让最终用户、系统集成商和OEM供应商轻松地将其产品集成到企业级。例如,图2.4给出的模型是由思科和罗克韦尔自动化联盟提出的适配方案,该方案将Purdue模型集成到他们自己的汇聚以太网(Converged Ethernet)或汇聚厂级以太网(Converged Plantwide Ethernet,CPwE)架构中。与图2.5中的初始版本相比,适配方案在第3级和第4级之间定义了非军事化区(DeMilitarized Zone,DMZ),将公司工业网络(OT网)与办公网(IT网)隔离开。

该架构一般作为实现安全架构的基础(参见第10章)。

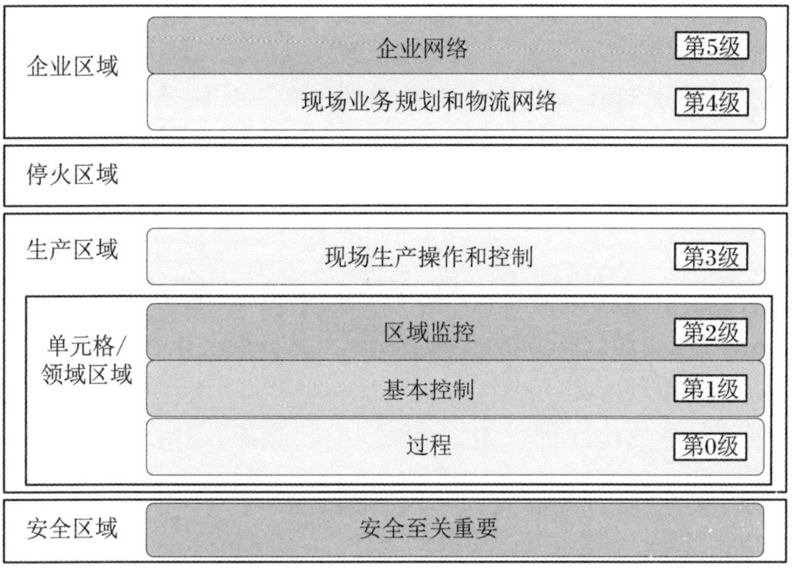

图 2.4　汇聚厂级以太网(CPwE)模型

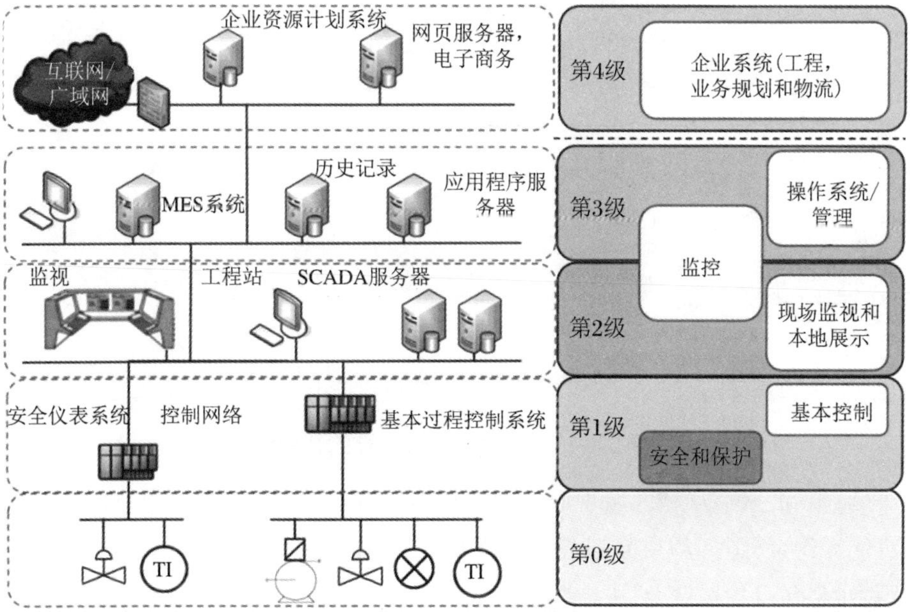

图 2.5　基于 CIM 体系架构的早期部署模型

2.1.2　工业物联网体系结构

物联网(IoT)是由互相连接的计算机设备组成的系统。每个 IoT 对象都有唯一的身份标识，能够让数据在没有人与人，或人与机器交互的情况下实现在网络上的传送。

在工业环境下，IoT 对象部署在物理系统附近，完成采集数据或控制执行器的工作。这些基本对象可以与被称为"汇聚节点"或网关的设备交换数据，网关作为中继设备将数据通过互联网传送到处理和存储平台。这些数据和服务可以被各种用户使用。

IoT 对象不是直接连接在互联网上，而是先构建成一个子网，再统一接入互联网。子网使用的协议通常是专用的，在距离和能耗上比互联网的 TCP/IP 协议栈更适合 IoT 网络(参见 2.2 节)。

工业物联网(IIoT)的发展趋势是把底层任务(测量、动作)和算法任务分离，算法层面的工作则由一个可以远程访问的平台完成。工业物联网设备主要包括传感器、执行器和可编程自动化控制器(PAC)。

IIoT 系统的体系架构(Lin et al.，2017；Voas，2016)(如图 2.6 所示)构建了三个层级：

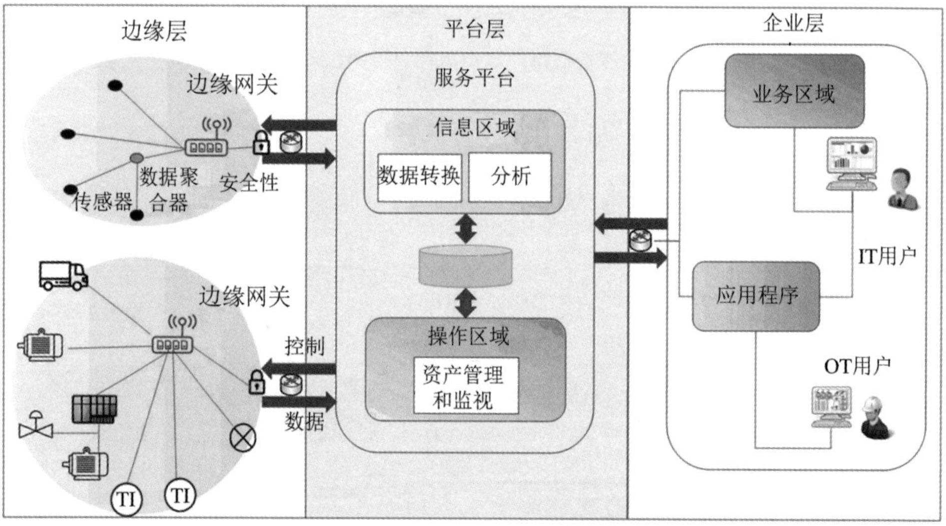

图 2.6 工业物联网(IIoT)的系统架构

——对象、汇聚节点和区域中心的组合层级。在这个层级，不同类型的网络满足不同约束(能耗约束、距离约束)，以保证连接到传统 IP 数据网络的对象和设备之间的通信。这些对象和设备被称为"边缘设备"。

——处理和存储平台对应的层级。在这个层级，传输通过传统计算机网络完成，存储[①]是在云端的存储和数据处理平台中完成。

——数据应用层级。数据可以被公司的不同部门使用，尤其是操作用户(OT)要使用该数据控制和维护工业装置。

---

① 译者注：这里的存储应该包括存储和处理。

可以看出，IIoT 系统结构中设备不是简单地连接到互联网，而是要通过一组具有一定重要数据处理能力的网关来实现与互联网的连接。这些网关还能实现各种 IIoT 协议（参见 2.2 节）与 IP 协议之间的转换。

数据可以在几个不同层级进行处理：

——云计算是指在存储平台层级对数据进行处理。

——雾计算是指在本地网络网关（IoT 网关）上对数据进行处理。

——边缘计算则是指在与物理系统关联的设备上对数据进行处理。例如，为了保证响应时间，不受通信故障影响，在 PAC 上实施的计算处理。

处理层级的选择依赖于必要的响应能力、传输的数据量，以及本地数据是否足够完成处理。①

不同层级的处理目标可以在智能照明系统中进行说明，该系统的操作基于人的运动。当检测到人的运动时，运动数据要上传处理，从而控制灯的开关。这种处理更适合在本地处理（在外围，边缘计算）。而根据亮度来控制的照明开关则需要更全局性的数据，所以通常更倾向于在网关上处理（雾计算）。而运营智能照明系统的公司可能想要监视灯的能量效率和生命周期，智能照明系统使用的概览数据则要上传云端进行计算并生成使用报告。

这类支持本地计算（边缘计算和雾计算）的基础设施特别适合 ICS，反射式功能在本地完成，而更高级的处理则放在云端去做。

2.2 不同类型的通信网络

2.2.1 拓扑

不同计算机设备之间交换信息通过有线连接、无线连接或者通过大存储（U 盘、硬盘等）来实现。前两种情况称为计算机网络。②

构建一个网络的第一步是定义工作站之间如何连接。一般有几种不同的拓扑结构：星形（Star）、总线（Bus）、网状（Mesh，部分连接或者全连接）和环形（Ring）（图 2.7）。有的拓扑结构易于实现计算机间的连接，有的拓扑结构则更鲁棒，不易产生连接故障。

---

① 译者注：不同层级的计算处理不同范围的数据，边缘层级处理单个设备的数据，网关层级处理一个 IIoT 子网的数据，而云层级处理的是全局的数据。

② 我们有时候把第三种情况叫作“隐秘网络”。

在工作站网络中最常见到的拓扑结构是星形拓扑，通过一个叫作“交换机”的中心设备互联。总线拓扑中仪器设备之间相互连接，传感器网络和执行器网络采用这种结构。环形拓扑用于工业网络，因为这种结构可以提供一定的冗余，实现自愈功能。网状拓扑则可以提供更好的鲁棒性。

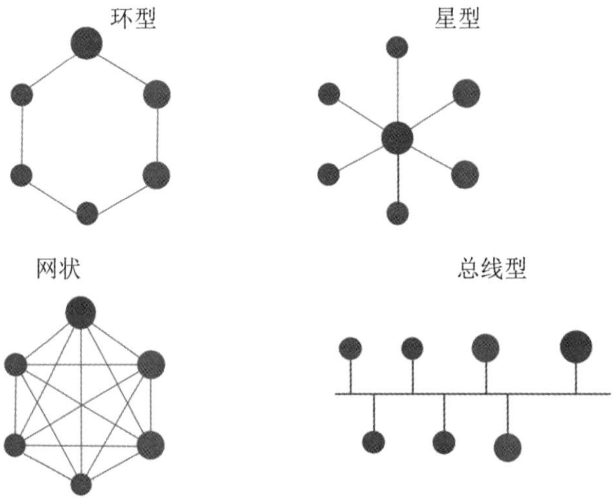

图 2.7 经典网络拓扑

图 2.8 中的混合拓扑形态在 IIoT 体系结构中出现过，每个 IIoT 设备子网都以星形或者网状拓扑连接到一个网关，网关又通过一个星形的配置连接到一个更高层的、连接到云的网络或者互联网。

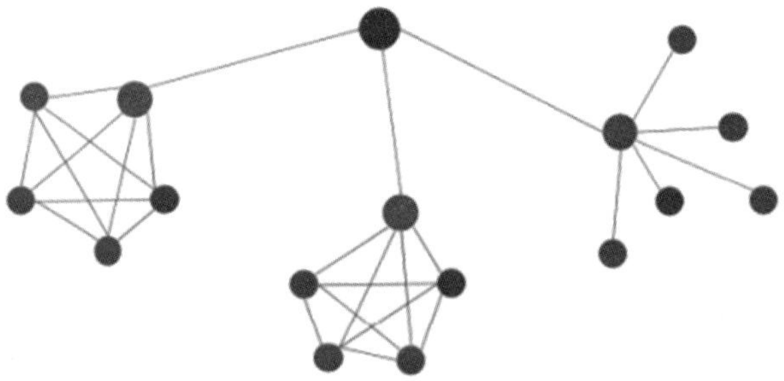

图 2.8 混合网络拓扑(IIoT)

2.2.2 网络类型

根据网络的范围和最大吞吐量可以把网络划分为几种不同的类型：

——局域网(Local Area Network，LAN)。局域网通常是一个企业网络，部署在一幢大楼，一层楼，或者一个房间中。在现代网络中，大多数计算机连接在由一台或者多台交换机组成的局域网中。几个局域网可以通过路由器或者虚拟专用网(VPN)进行互联(参见2.2.3小节)。一个局域网可以通过有线连接,也可以通过无线连接。无线连接通常使用Wi-Fi协议。

——个域网(Personal Area Network,PAN)。个域网是覆盖很小区域的网络,通常以人为中心,几十米的范围,采用经典蓝牙(Bluetooth)/低功耗蓝牙(Bluetooth Low Energy,BLE)、IEEE 802.15.4、Zigbee或者ISA100.11a等协议,后续会详细介绍。

——低功耗广域网(Low-Power Wide Area Network,LPWAN)。低功耗广域网是一个可以覆盖10千米的网络,常见的协议包括LoRaWAN或SigFox,带宽非常有限,但通常功耗极低。

在网络通信领域中还经常会遇到下面一些缩略词:

——体域网(Body Area Network,BAN)。体域网设备通常直接接触人体,如医疗设备或者一些数字化小装置。

——广域网(Wide Area Network,WAN)。连接几个国家或者全球网络,例如互联网。

——城域网(Metropolitan Area Network,MAN)。在一个都市范围内,经常包含多个局域网。

工业控制系统使用的网络本质上是有线或者无线连接的局域网。PAN网络用于将类似传感器这样的终端设备接入到与局域网连接的网关上。

在IIoT系统中,也有LPWAN类型的网络,把携带低能量资源的传感器连接在一起,不过传输速率不高。

2.2.3 虚拟专用网(VPN)

VPN是一种依赖已经存在的公共基础设施(如Internet)的网络,在其基础上增加了一套基于加密和/或认证的安全机制。几乎所有VPN都提供安全访问整个网络的能力。依赖强大的密码学,VPN还可以保护系统抵御间谍的活动和操纵。VPN工作在TCP/IP协议栈的第3,4,或者第7层上(如图2.9所示)。附录1将详细描述VPN加密安全机制是如何工作的。

VPN的典型协议(栈)包括IPsec,PPTP和OpenVPN。通常情况下,这些协议用于企业连接驻外机构,也用于临时雇员。VPN连接可以认为是安全的,但连接的源端或目的端主机则未必,它们有可能被恶意代码污染。因为VPN通信是加密的,所以是否发生了可疑的信息交换很难检测。VPN的使用也不能解决所有问题。

2.2.4 开放系统互联模型(OSI)

OSI 模型是一个规范通信系统内部功能的概念模型，将通信系统划分成若干个抽象层。OSI 模型一共定义了七个抽象层(图 2.9)：

——物理层：通过物理、电子、有线、光或者射频的传输方法保障信息传输功能。

——数据链路层：提供从节点到节点的数据传输功能(在两个直接连接的节点之间)，还负责管理物理层的通信纠错。链路层管理媒体访问控制地址(Media Access Control，MAC，该地址唯一标识一台机器，或者机器的一个网络接口)。

——网络层：负责数据包(packets)的传输，包括在不同路由器之间寻找路径。网络层管理逻辑寻址机制(IP 地址)。

——传输层：传输层协调主机之间数据传输，通常使用 TCP(Transmission Control Protocol)或者 UDP(Unified Datagram Protocol)。传输层负责管理错误情况下的重传机制。

——会话层：当两台设备(计算机或者服务器)需要交换数据时，必须先建立一个会话以保存当前传输的状态信息，这项工作在会话层完成。会话层的功能包括会话配置、会话协调(如决定系统接收应答消息需要等待多长时间)和会话终止等。

——表示层：表示层负责准备数据，通常是将数据从应用程序格式转换到网络格式。换句话说，该层为应用或网络“交付”数据。一个表示层的典型实例，为安全传输提供数据加解密过程就在这一层(第六层)实现。

——应用层：为与用户直接交互的应用程序提供服务(如 HTTP，FTP，SMTP 等)。

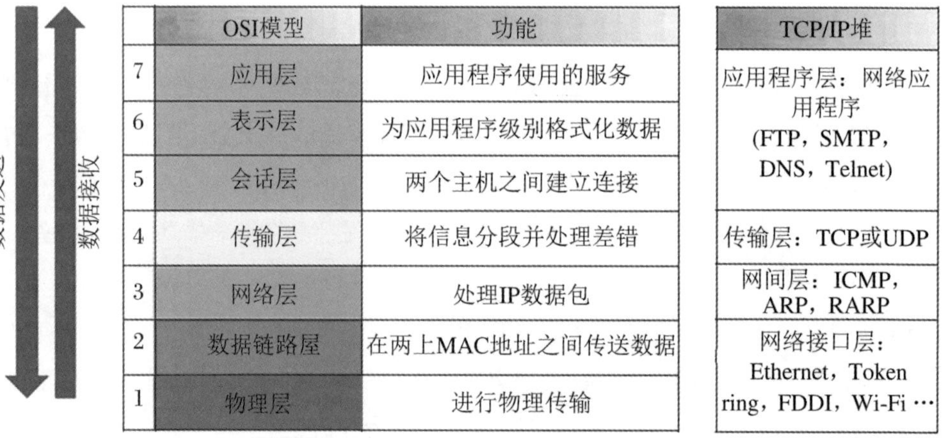

图 2.9 OSI 模型与 TCP/IP 协议栈

2.3 传输网络

2.3.1 以太网协议

多年来,以太网协议已经成为有线通信协议的标准。以太网协议位于第二层,用各种互联设备的MAC地址来传输数据。IEEE 802.3标准定义了以太网协议标准,采用载波侦听多路访问/冲突检测(Carrier Sense Multiple Access/Collision Detection,CSMA/CD)协议来共享对网络的物理访问信道。以太网协议在某种意义上不是一种实时传输协议,因为它无法确保传输成功。

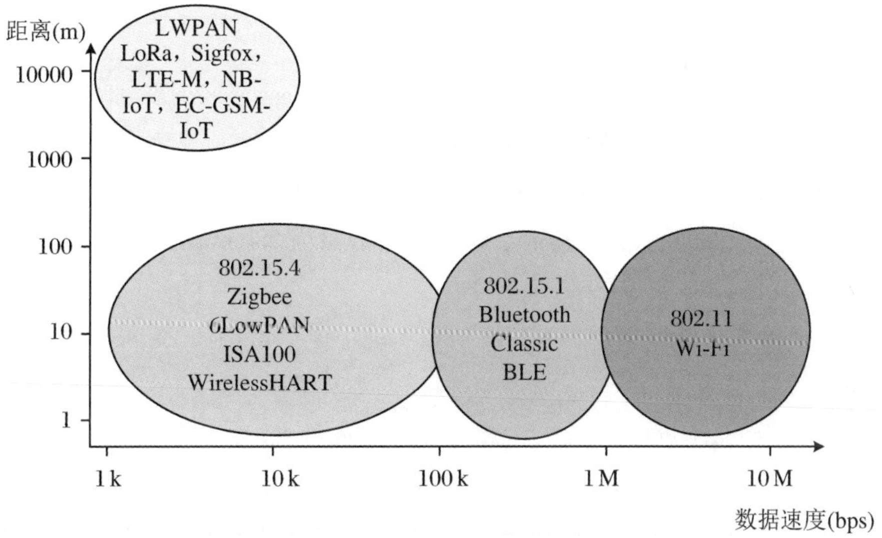

图2.10 不同无线通信解决方案[①]

2.3.2 Wi-Fi协议

Wi-Fi是由IEEE 802.11协议定义的一组通信协议,它支持构建一个无线局域网。Wi-Fi局域网的物理传输介质是无线电波。Wi-Fi协议处于OSI模型的第二层,一般与TCP/IP搭配使用。

① 译者注:此图对比了Wi-Fi、802.15.1、802.15.4以及其他LWPAN等无线通信协议的传输距离和带宽。

Wi-Fi 协议能够将计算机、通信对象,甚至外围设备连接到宽带网络:带宽从 802.11 b 定义的 11 Mbps(实用环境达到 6 Mbps),到 802.11 a/g 定义的 54 Mbps(实际环境达到 25 Mbps),甚至达到 2013 年制定的 802.11 ac 标准定义的 1.3 Gbps。

在没有障碍物的情况下,室内传输距离可以达到几十米。

2.3.3 IEEE 802.15.1(蓝牙)标准

蓝牙通信系统诞生于 1990 年,由 IEEE 802.15.1 标准定义,工作在 2.4 GHz 自由频段,能够以主从模式实现设备连接的一种鲁棒的通信解决方案,其传输距离在几米到几十米之间,V2.1 版本的蓝牙设备吞吐量最大可达 2.1 Mbps。被称为高速蓝牙的 V3.0 版本基于 802.11 Wi-Fi 标准,最大带宽可达 24 Mbps。这个版本支持 IP 帧传输。

低功耗版本蓝牙(BLE)是为物联网设计的蓝牙标准。BLE 版本在 2016 年以版本 V5.0 被采纳,通信距离增加到 300 m,吞吐量为 2 Mbps。

2.3.4 IEEE 802.15.4 网络

802.15.4 是 IEEE 为连接物体而定义的一种通信协议①。它是为低速率无线个域网(LR WPAN)家族设计的无线网络。该协议定义的网络是短距离、低速率网络,用于低能耗的设备连接。通信距离大概在几十米范围内,吞吐量为 250 kbps。协议可以为 Zigbee 解决方案提供底层(ISO 第二层)通信支持。

802.15.4 标准在很多专用协议和 IP 协议实现中使用②,例如 Zigbee 协议和一些工业解决方案:

——WirelessHart,2007 年由一个超过 210 个成员、被称为哈特通信基金会(Hart Communications Foundation,HCF)的联盟提出;

——ISA100.11a,2009 年由 ISA 提出,并被一个代表 250 个公司的委员会批准。

这些解决方案增加了一些可以提供更好鲁棒性、可用性和实时性能的机制,以适应工业应用的要求。这些机制包括网状网络、确定性网络等。ISA100.11a 标准确保兼容 6LoWPAN 协议,该协议定义了 802.15.4 与 IPv6 协议之间的适配层(参见 2.6.1 小节)。

这些协议被 IIoT 现场网络用作物体与集线器之间的通信协议(图 2.11)。

---

① 译者注:连接物体即指物联网实现物体和物体之间的连接。

② 译者注:有些专用协议不定义专门的链路层协议,而是直接应用已有的标准协议。如 Zigbee 协议的链路层引用的就是 802.15.4 标准。

2.3.5 低功耗广域网(LPWAN)

LPWAN、协议族为带宽需求小、能量受限设备的联网而设计。在这个协议族中，最熟知的两种解决方案就是 LoRa 和 Sigfox 系统。

这两个网络系统的通信距离可达 10 km，流速率非常低。例如，Sigfox 的带宽在 100 bps左右，LoRa 的带宽在 0.25～50 kbps 之间。它们主要用于能量受限的传感器网络。

2.3.6 蜂窝网络

同一时期还定义了大量用于 LPWAN 网络的蜂窝网络标准，包括：

——LTE-M(Long-Term Evolution)标准，另一被熟知的名字是增强型机器类通信(Enhanced Machine Type Communication，eMTC)，是 4G 市场中的 LTE 标准的一个低能耗、低速率版本；

——NB-IoT 标准，最大吞吐量 60 kbps，地位接近 LoRa 和 Sigfox 的蜂窝网络标准；

——EC-GSM-IoT 标准，基于 GSM(2G)标准，支持数据传输速率在 70 ～350 bps 之间。

5G 标准的设计做了很多改进，最大的改进莫过于低能耗、低延迟(小于 1 ms)和达到 10 Gbps 的高带宽。

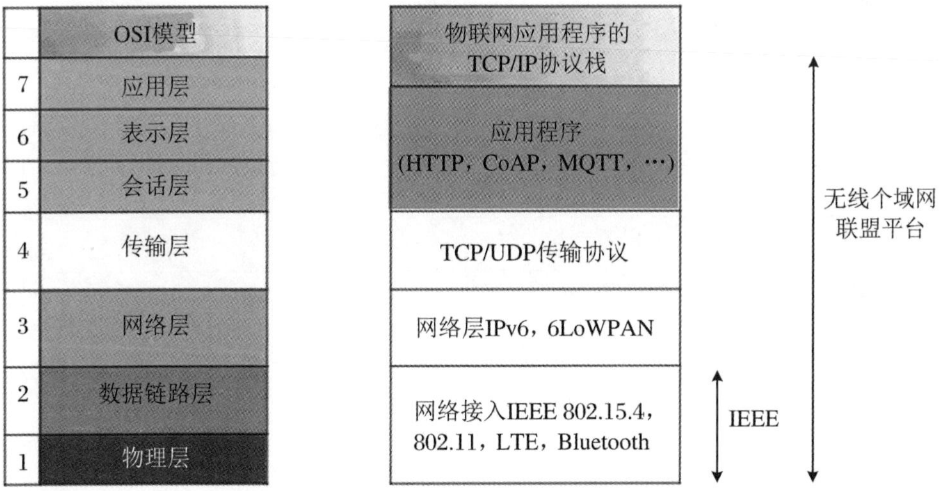

图 2.11 IIoT 协议和 OSI 模型

2.4 互联网协议

2.4.1 互联协议(IP)

IP 是互联网使用的主要协议之一。目前使用最广泛的是 IPv4 版本。与以太网类似,IP 协议是一个无状态协议(没有会话/上下文信息),这意味着协议不知道任何协议包之间的关系。IP 协议用于定义第三层协议的源主机和目的主机,用于发现通信主机之间(最快)的路径,为数据包(图 2.12)寻路,以及用互联网控制消息协议(Internet Control Message Protocol,ICMP)处理通信错误。例如,目的主机不可达引发的错误等。

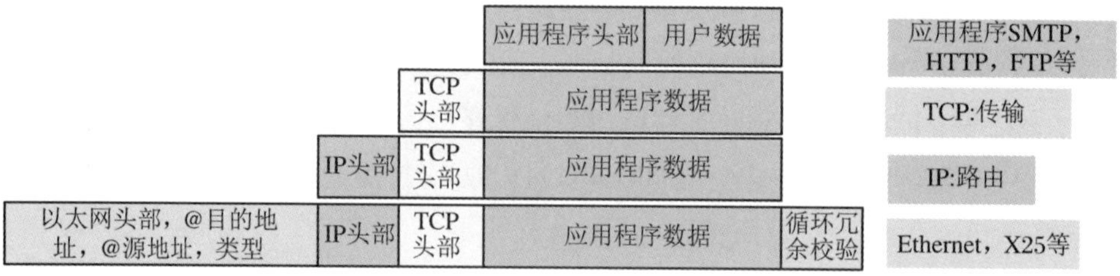

图 2.12 数据包

一个 IP 帧包含源端、目的端、技术信息和承载的数据等信息(如图 2.13 所示)。IPv4 地址由 4 个字节定义(例如,192.168.1.12①)。

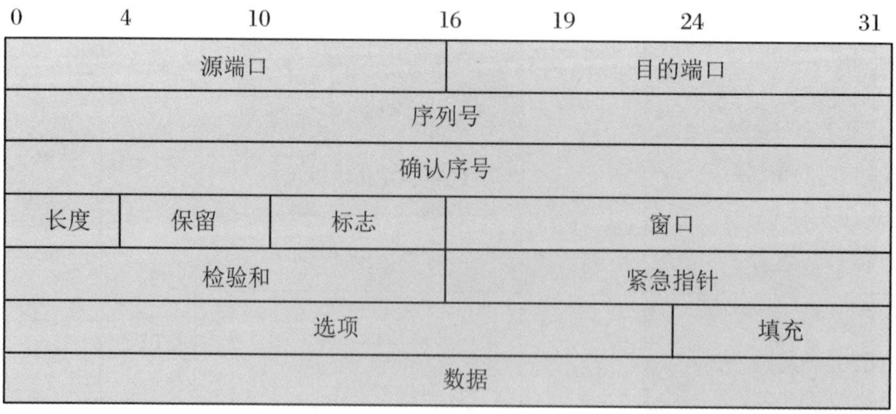

图 2.13 IP 帧

① 译者注:原文的 IP 地址例子有错误,这里删除了最后一个“.”。

2.4.2 传输控制协议(TCP)

TCP 层提供会话管理。一个新的 TCP 会话通过三次握手建立(图 2.14),这会引入一个众所周知的脆弱点。TCP 会对所有数据包进行编号,以确保它们能够按照源端系统发送的顺序逐一处理数据包。目的主机会在正确接收(通过校验和校验)数据包以后给源端主机发送一个确认信息(Acknowledgement,ACK)。最后,TCP 协议授权使用会话协商的端口。发送实例使用的端口被称为源端口,目标主机上的接收端口被称为目的端口。通常,应用协议,如 HTTP、FTP、IRC 等,都会有一个小于 1024 的缺省端口。例如,HTTP 服务一般会在 80 端口进行监听。

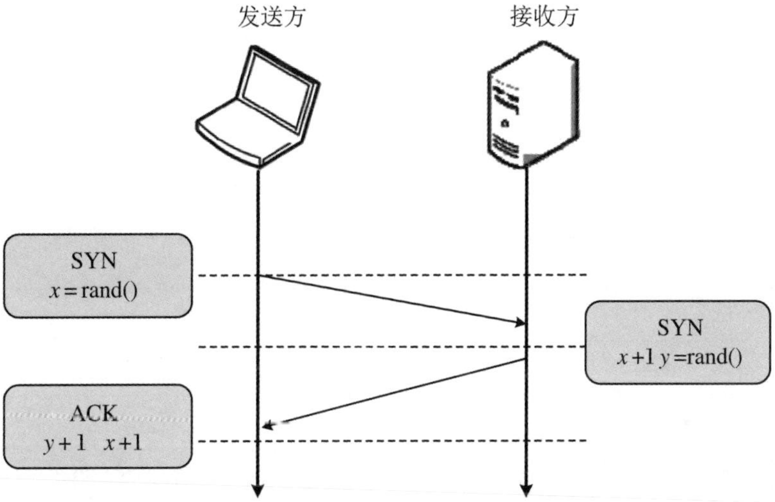

图 2.14 TCP 会话建立的三次握手

三次握手的操作过程如下:

——SYN 过程:想要与服务器建立连接的客户端首先发送一个 SYN(synchronized)数据包给服务器。SYN 包的序列号设置为随机数 x。

——SYN-ACK:服务器给客户端回应一个 SYN-ACK 响应确认。响应确认数据包中的 ACK 字段等于 SYN 数据包序列号加 1,即 $x+1$,而 SYN-ACK 数据包的序列号设置为另外一个随机数 y。

——ACK:最后,客户端发送一个 ACK 响应数据包给服务器,确认其接收到 SYN-ACK 数据包。这个 ACK 数据包的序列号设置为所接收 SYN-ACK 包中 ACK 字段,即 $x+1$,而其携带的 ACK 字段则定义为所接受的 SYN-ACK 数据包序列号加 1,即 $y+1$。

SYN 洪水攻击的作用机理是恶意客户端不给服务器发送其想要接收的 ACK 包。恶意客户端要么不给服务器发送其所期望的接收响应确认包,要么篡改其发送 SYN 数据包中的原 IP 地址，强制服务器发送 SYN-ACK 给这个伪造的 IP 地址。由于伪造的 IP 地址对应的主机没有发送过 SYN 请求包，所以不会发送 ACK 响应服务器的 SYN-ACK。服务器为了获得 ACK 回应不得不等待一段时间，类似于网络拥塞导致服务器没能收到 ACK 数据包。然而，在一次攻击中，由恶意客户端制造的这种半开放连接消耗了服务器资源，最终导致服务器可用资源耗尽，无法继续提供服务。

2.4.3 统一数据报协议(UDP)

UDP 与 TCP 类似，是一种传输层协议。但与 TCP 不同的是，UDP 没有会话这个概念，因此被分到无状态协议这一类。另外，UDP 不保证数据包顺序，也不处理丢包，只是通过端口标识程序的服务地址。一个典型的 UDP 头如图 2.15 所示。UDP 主要用于流传输服务，如广播或者互联网电视，不过它最广的用途还是 DNS 服务。UDP 的优点是其传输速度比 TCP 要快很多。

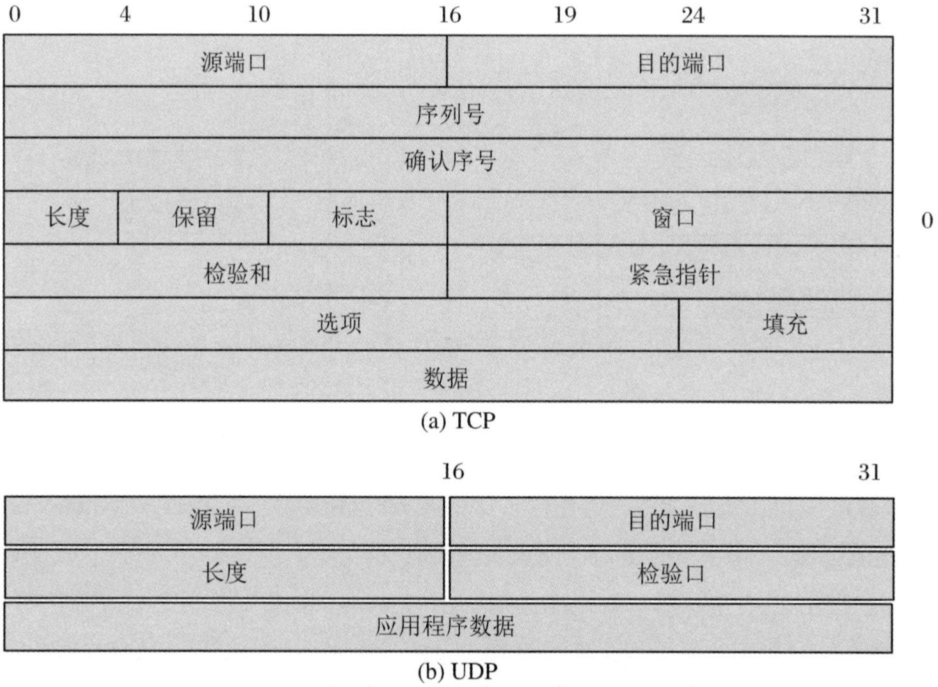

图 2.15 TCP 和 UDP 帧结构

2.4.4 地址解析协议(ARP)

地址解析协议(Address Resolution Protocol，ARP)是用在第 2 层(Ethernet)和第 3 层之间的协议。该协议用于在 MAC 地址和 IP 地址之间建立对应关系。反向地址解析协议(RARP)则相反,用于查询某个指定MAC地址对应的IP地址。当一个源主机试图和一个目的主机通信时,它首先会向所有网络中工作站发送一个请求包,询问目的主机IP地址的MAC地址。而拥有该IP地址的机器(目的主机)将回应一个ARP响应包给源主机,该响应包包含〈IP_address,MAC_address〉信息。在发送响应数据包后,目的主机会在其ARP缓存(地址翻译表)中创建一个条目,记录它所接收到的ARP请求包中包含的源主机的IP地址和MAC地址。而源主机在接收到ARP响应帧以后,首先会更新其ARP缓存,然后构造链路层帧头,再将等待发送的IP层数据包加载到链路层帧中,最后通过局域网发送到目的主机。对ARP协议的攻击可以通过截断通信,修改ARP请求和响应帧中的信息,从而导致ARP表损害(缓存污染)。

2.4.5 互联网控制消息协议(ICMP)

互联网控制消息协议(Internet Control Message Protocol,ICMP)定义在RFC 792文档中,是与IP协议在操作上紧密集成的一个协议。ICMP消息通过IP数据包传送与网络故障相关的信息。当然,因为ICMP使用IP协议承载,所以ICMP数据包的传输也是不可靠的,因此主机不能依赖接收的ICMP数据包处理网络问题。ICMP协议最主要的用途是通过ping命令发送一个ICMP-echo请求来检测一台计算机是否可达,同时测量网络时延。其他ICMP消息包括错误信息(主机不可达、网络不可访问)、拥塞消息(路由器接收太多数据包、超时等),或者重定向信息(指示主机有另外一条更好的路由可以到达目的主机)。

2.4.6 IPv6协议

IPv6是IP协议的最近一个版本。它是IPv4的改进版,主要针对IPv4地址耗尽和安全等缺陷进行重新设计。IPv4地址长度32比特(4个字节),IPv6地址修改为128比特,大约有3.4×10^{38}个地址,更加适应物联网的发展。为了更好理解这个地址空间的大小,这个地址空间相当于每个人有至少几百亿亿个IP地址。IPv6地址的典型形式如下:

4440:1023:AABA:0A01:0055:5054:9ABC:ABB0

安全是通过在IPv6协议中集成IPsec(附录1)机制实现的,这就意味着两个设备之间可以自动创建一条安全隧道进行通信,而不需要任何特别的干预。

另外,IPv6的协议包头也做了改进,更短①并且没有校验和,这让路由变得更加

① 译者注:这个表述存疑。IPv4包头长度为20～60个字节,通常为20字节,IPv6包头长度固定为40字节。IPv6使路由更高效的原因有二:一是固定地址长度使查表更快;二是地址聚合引入前缀匹配机制。

容易。

邻居发现协议(Neighbor Discovery Protocol,NDP)和安全邻居发现协议(SEcure Neighbor Discovery,SEND)用于替换 IPv4 的 ARP 协议。这两种协议可以免受中间人攻击。

协议广播功能(发送消息给所有设备)也被弃用。

最后,因为有足够的地址,每个设备都可以关联一个地址,所以不再使用地址翻译机制和 IPv4 定义的私有网络概念(如 192.168.0.0 到 192.168.255.255 定义的私有网络)。出于安全的原因,IPv6 拥有与 IPv4 私有地址等价的唯一本地地址,该地址不能全局路由。这样,单纯配置本地地址的设备对外网来说就是不可见的。

IPv4 和 IPv6 两个版本可以在一个网络中共存。

2.5 工业协议

2.5.1 介绍

ICS 设备用很多协议交换信息。一些是为特定应用领域设计的,如石油化工工业的控制系统、建筑领域的控制系统、配电领域的控制系统、汽车领域的控制系统等。

通常,在 ICS 系统中,最重要的传感器和执行器,以及 1 级处理系统之间的数据传输[①],传输距离从几米到几百米,甚至可以跨越更远的距离与遥测系统通信。在这个层级的网络,我们要讨论现场总线这个概念,如 Modbus,Profibus,Asi-bus,DeviceNet 等协议。现场总线的传输一般通过 RS232 或者 RS485 链路,射频链路或者 GSM 蜂窝链路。值得注意的是,现场总线还可以直接通过 PLC 的引脚上的电信号传输,而不使用计算机协议(参见第 1 章)。

在更高级别,1 级和 2 级系统之间需要在处理单元(如 PLC,RTU 等)和管理系统之间传递信息。这个级别的常用通信协议有 Modbus,Profinet,Ethernet/IP 或者基于 OPC-UA 的交换协议。这里,OPC 是对象连接嵌入处理控制协议(OLE Process Control),UA 是统一体系架构(Unified Architecture)。数据通过以太网传输,可以是经典的非确定性以太网版本,也可以是所谓的实时版本。在 2 级以上的系统,数据交换通常使用传统计算机协议,如以太网/Wi-Fi 和 TCP/IP。

20 世纪 90 年代以来,出现了一种协议融合的趋势。首先是以太网 802.3 的使用,然

---

① 译者注:参考 2.1 节网络体系结构中 Purdue,IEC 62443 等工业控制系统模型。

后是在实时性要求不高的情况下广泛使用IP协议，也可以使用Wi-Fi设备。IP网络设备到处可以购买、容易部署、成本低，且为管理员所熟知。这种技术融合有助于将生产系统与公司IT系统连接起来，实现更好的生产管理。值得一提的是，这种融合不局限于工控系统和业务管理的融合，语音（VoIP）、电视、视频监控和很多业务都在使用IP网络。不过这种融合也显著增加了企业脆弱性，更容易遭受网络攻击。

现场总线协议不使用TCP/IP或者局域网协议，对来自互联网的攻击相对鲁棒①，如下面提到的执行器/传感器接口（AS-i）。类似地，使用局域网协议而不使用TCP/IP协议的网络，如Profinet RT网络，在一定程度上也不那么脆弱。

2.5.2 Modbus协议

Modbus是最古老的工控协议之一。它是1979年提出，用于PC自动化通信的一种串行通信方式。在20世纪90年代，Modbus使用量增长迅速，为了更好地与现代系统集成，1999年，Modbus为TCP/IP网络推出了一个版本，叫作Modbus/TCP。目前，Modbus仍然是在很多包含关键基础设施的、不同类型的工业企业中使用最广泛的通信协议之一。Modbus被定义为一种应用协议（如图2.16所示），所以允许使用不同的底层传输通道。有三种Modbus的实现方式：

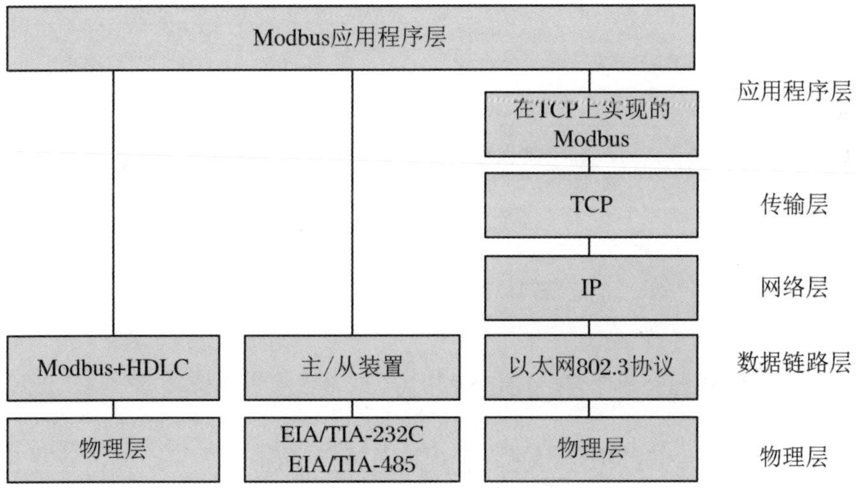

图2.16 Modbus和OSI通信协议栈

——在RTU设备的RS232或者RS485串行链路上承载Modbus协议，采用ASCII字符传输（每个字节被编码为两个十六进制字符），物理层可以使用电缆、光纤、射频等各

① 除非你可以定制一种特殊硬件设备。

种传输介质；

——在 HDLC（高级数据链路协议）上承载 Modbus + 协议，物理层采用高速令牌网；

——在局域网上使用 Modbus TCP/IP 协议。

通常，TCP/IP 版本的 Modbus 在 1 级和 2 级系统之间使用，即用于 PLC 和管理主机之间的信息交换，而 RTU 版本的 Modbus 则主要用于 0 级与 1 级系统中 PLC 设备之间，以及智能电子设备（IEDs）与 PLC 设备之间的连接。当然，统一到 TCP/IP 版本是未来的发展趋势，即使是在最低级别系统中。

Modbus 协议对所有实现都是通用的。它是一种主从式协议（Master-Slave），“主设备”控制通信连接，“从设备”响应请求。协议非常简单：没有接入网络的过程，不检测最大响应时间，不诊断“从设备”的状态。基本功能允许读写“从设备”内存中的数据，每个数据帧包含 1 个功能码和该功能关联的数据。

Modbus 协议不安全，帧内容（如图 2.17 所示）很容易解析，也很容易被修改。另外，因为有些命令可以在广播模式下（发送给所有接收者）发布，所以很容易制造服务拒绝攻击。当 Modbus 承载在 TCP/IP 网络时，其漏洞更让人担心。

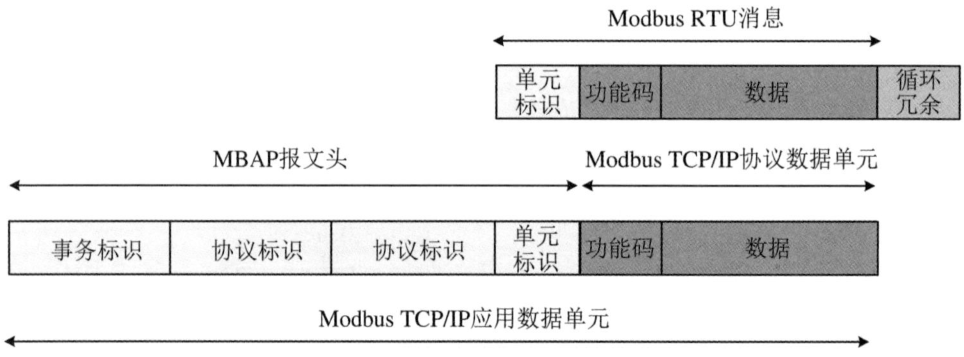

图 2.17　Modbus 帧结构

2.5.3　Profibus 和 Profinet 协议

Profibus（PROcess Field BUS）是一种现场总线通信标准，它是由德国教育和研究部在 1989 年联合一些研究所和工业企业（包括西门子）推动制定的。该协议在 RS485 线缆或者光纤上以串行方式通信。Profibus 与 Modbus 相似，也是一种主从式协议，但更复杂一些，多了入网过程和时间验证机制。

Profibus 主要用于把现场设备连接到 PLC 设备上，不存在可以通过 TCP/IP 发起攻击的漏洞。

Profinet 是一种基于 Profibus 标准，但物理层接口放弃了 RS485 标准，转而采用以太网标准，并采用循环令牌系统来提供实时功能的通信标准。Profinet 在给定周期的一个时间片段中修改了协议，而在剩余的时间片段中则保留传统的 802.3 以太网协议（如图 2.18(b)所示）。Profinet 提供全功能的 TCP/IP 数据传输能力，让应用程序可以在无线网络和高速传输中使用该协议。使用 Profinet 的设备主要是为了可靠性和实时通信。图 2.18(a)给出了 Profinet 的协议架构。

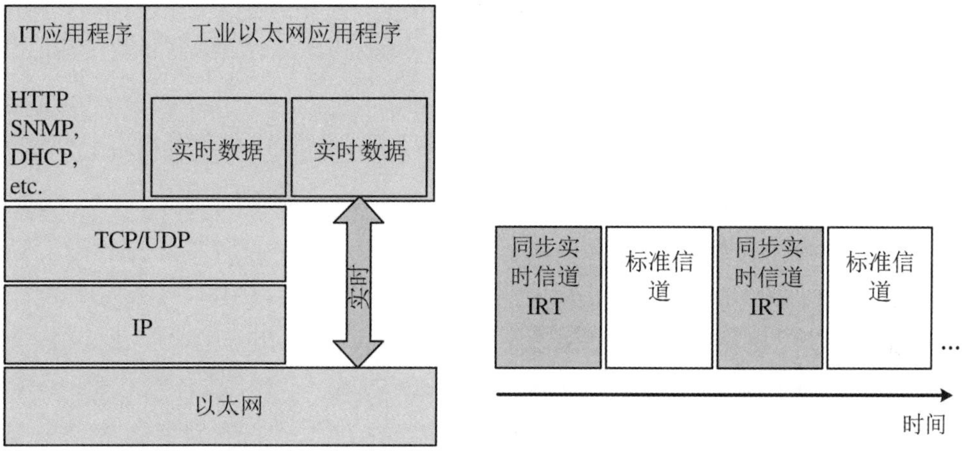

(a) Profinet协议架构　　(b) 以太网时分复用

图 2.18

Profinet 本身没有安全特性。加入协议的功能都是为了提升系统的可用性和运转的可靠性。为了避免对 Profinet 网络的潜在攻击，有必要划分一个网段进行保护，如使用 VPN 或者引入一个 DMZ 区（参见第 10 章）。

2.5.4 执行器/传感器接口(AS-i)

在 1990～1994 年之间，AS-i 由 11 个德国和瑞典企业组成的联盟定义和开发。目的是提供适用于传感器和执行器连接的现场总线。该系统基于一个简单的非屏蔽双导电体电缆进行设计，这对电缆能够在传送数据的同时提供 24 V 电力供给。AS-i 接口使用线性拓扑和主从协议，定义了响应时间门限。在总线上，只能有一个主设备和一个电源。AS-i 接口定义了“主设备请求”“主设备暂停”“从设备响应”和“从设备暂停”四种消息。从设计结构上可以看出，AS-i 接口不能工作在 TCP/IP 网络上，因而不是一个最易受攻击的协议。

2.5.5 高速可寻址远程转换协议(HART)

高速可寻址远程转换协议（Highway Addressable Remote Transducer，HART）在

20世纪80年代后期就已经存在。该协议是一个双向通信协议,为智能仪表和主机系统之间提供数据访问能力。协议由HART通信组织(HCF)管理。最初设计的协议是运行在一个4~20 mA的有线链路上,后来这个协议发展升级为无线HART协议(WirelessHART)。

根据IEEE 802.15.4标准(参见2.3.4小节),WirelessHART是一种运行在2.4 GHz射频频带内的安全网络技术。协议使用网络管理器管理节点间的通信,使用安全管理器管理身份认证过程。HART协议栈包含4层:物理层、数据链路层、传输层和应用层。

安全服务由数据链路层(第2层)和网络层(第3层)提供,以便获得相当于有线联网方案的安全等级。所有消息都加密。

2.5.6 DNP3和ICE60870

DNP3是1993年开发出来的通信协议,在美国和加拿大的电力部门广泛使用。这个协议很少在欧洲使用,因为欧洲有一个替代协议IEC-60870-5-101或者IEC-60870-5-104(同一个协议的两个版本)。DNP3是一个包含三层的协议,运行在数据链路层、传输层和应用层。该协议在1998年修订,以支持在TCP或者UDP数据报中封装IP网络数据包。

DNP3以最大化系统可用性为设计目标,很少强调机密性和数据完整性因素。数据链路层通过循环冗余校验方法来检测传输错误,除此之外,没有在以太网协议这一层级设计额外的安全措施。在应用程序层级,DNP3的一个变体协议增加了身份认证选项,解决了几个安全问题,防止了身份被窃取、消息被恶意人员篡改等。

2.5.7 控制器网络协议(CAN)

控制器网络协议(Controller Area Network,CAN)是由博世(Bosch)公司开发的,现在由ISO 11898标准描述。协议部分定义了OSI模型中的第1层(物理)和第2层(数据链路)服务。

CAN协议的数据传输基于生产者/消费者模型。当数据由CAN设备传输时,它会关联到由身份ID字段指示的设备。这个ID字段在保证全网唯一的基础上,还要提供消息的优先级。所有其他CAN设备监听发送者信号,但只接收发给自己的消息。

CAN协议是一个串行协议。协议帧包含ID字段、最多64比特的数据字段,再加上各种同步和验证字段(图2.19)。协议广泛应用在汽车领域:现在生产的大部分型号汽车都使用CAN协议。协议相对来说不太安全,遭受过很多著名的攻击,例如,2015年发生的吉普车黑客攻击(Miller,Valasek,2015)。

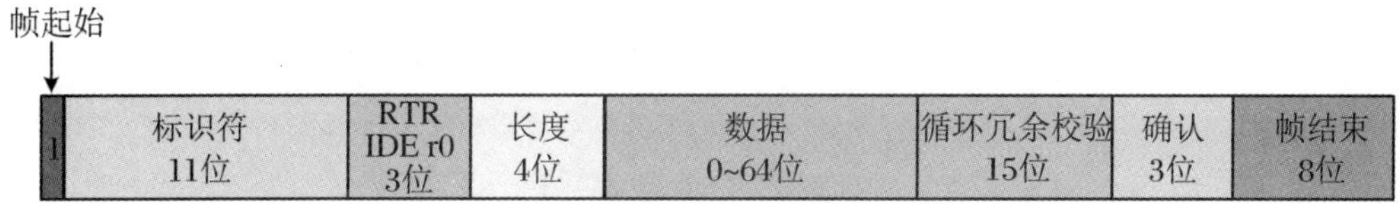

图 2.19　CAN 协议帧

2.5.8　Ethernet/IP 和通用工业协议(CIP)

通用工业协议(Common Industrial Protocol,CIP)是由开放设备厂商联盟(Open Device Vendor Association,ODVA)为工业过程自动化开发的协议。CIP 协议包括一组用于控制、安全、同步、配置和信息的服务和消息,这些服务和消息可以集成进以太网和互联网(图 2.20)。为了实现不同类型网络的相互通信和集成,提出了大量 CIP 的适配版本:

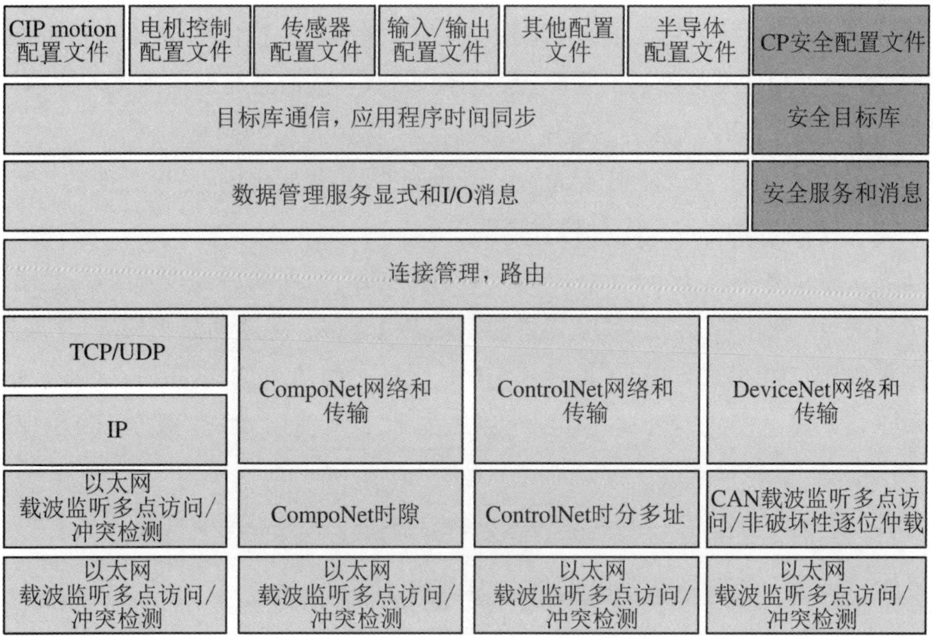

图 2.20　通用工业协议

——Ethernet/IP:将 CIP 适配到 TCP/IP 的协议版本;

——ControlNet:集成并发时分多址(Concurrent Time Domain Multiple Access,

CTDMA)[①]的 CIP 适配版本,为严格实时应用系统提供确定时间数据通信;

——CompoNet:适配时分多址(Time-Division Multiple Access,TDMA)技术的 CIP 版本;

——DeviceNet:适配 CAN 控制器的 CIP 版本。

CIP 协议采用面向对象模型。每个对象包含属性数据(data)、服务命令(commands)、连接和行为(对象与服务的关系)。CIP 提供了大量对象,覆盖了自动化过程中通用要素的典型通信与功能,例如输入或输出设备,模拟的或数字的人机交互设备(HMIs),以及运动控制设备等。配置文件可以定义一个公共通信对象是否在一个设备中实现。

CIP 通信基于生产者/消费者模型,可以是单播通信,也可以是多播通信。单播通信对应显性消息,多播通信则对应隐性消息。

尽管 CIP 使用了形式化模型,但出于安全考虑,它并不隐示或者显示地定义任何机制。另外,协议定义了标识设备所需的对象,这便于发现网络中的设备,但同时也为攻击者提供目标。因为协议还定义了通用应用对象用于设备间交换信息,所以入侵者能够管理和操控大量使用这类对象的工业设备。不仅如此,一些消息与通信加密不兼容,如实时消息和多播消息,CIP 无法为其提供加密机制。

Ethernet/IP(工业协议的 IP 标准)是 20 世纪 90 年代制定的,是以太网的一种 CIP 封装。命令、数据和消息以 CIP 帧格式提供。

作为一种 CIP 协议,Ethernet/IP 为 TCP/IP 通信定义了两种连接方法,一是用 TCP 提供的显式消息连接,二是用 UDP 提供的隐式消息连接。显式消息采用客户-服务器,或者请求-响应连接模式。PLCs 设备和 HMIs 设备之间的消息、诊断消息,以及文件传输都属于显式消息模式。通常,Ethernet/IP 在 TCP 下使用 44818 端口,UDP 下使用 2222 端口。

尽管 Ethernet/IP 比类 Modbus 协议更新一些,但仍然存在安全问题。

2.5.9 OPC:对象连接嵌入处理控制协议

OPC 不是工业通信协议,但它利用对象连接嵌入机制(Object Linking and Embedding,OLE)却成为了基于 Windows 工业控制系统的一种可行的通信解决方案。OPC 协议为使用 Windows 工作站的 ICSs 提供了通信能力。

OPC 最初使用分布式组件对象模型(Distributed Component Object Model,

---

① 为了管理同步传输,以太网使用非确定性的、带有冲突检测的载波侦听多路访问协议(Carrier-Sense Multiple Access with Collision Detection,CSMA/CD)。

DCOM)。尽管已经有了升级版本 OPC-UA(Mahnke et al.,2009),但是许多 OPC 协议系统现在也还在用这种模型。升级版允许使用基于 HTTPS 的 SOAP 协议,因此更加安全。OPC-UA 版本现在有很多开源实现[①],并且可以用在不同操作系统上。

使用 DCOM 和远程过程调用(Remote Process Call,RPC)使 OPC 协议在遭受攻击时表现得非常脆弱,也正因为 OPC 协议基于 OLE,它也会被所有 OLE 漏洞影响。此外,因为 OPC 协议运行在 Windows 操作系统之上,也会受到操作系统漏洞的影响。OPC 协议很难给工控系统打补丁,所以虽然很多漏洞已经被发现并且发布了补丁,但这些漏洞在一些工控系统中仍然可以利用。

IPC-UA 定义了一种安全模型(Armstrong,Hunkar,2010),体系架构更安全(图 2.21),因此建议部署 OPC-UA 版本,放弃传统 OPC 协议版本。

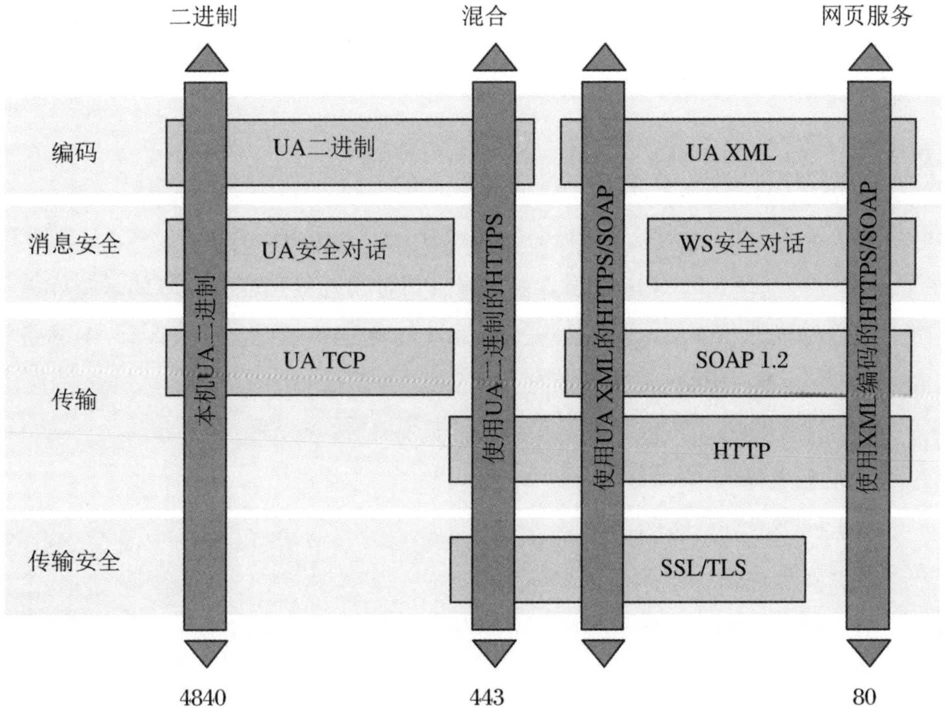

图 2.21 OPC 协议体系架构

① 参见 https://github.com/open62541/open62541/wiki/List-of-Open-Source-OPC-UA-Implementations。

2.5.10 其他协议

还有很多其他协议，例如 Powerlink Ethernet（以太网的另一个实时版本）、EtherCAT（Ethernet for Control Automation Technology，控制自动化技术的以太网）和 KNX（专用于楼宇控制）。这些协议的细节可以在 Zurawski（2014）中找到。

2.6 IoT 协议

很多协议为物联网（IoT）系统设计。第一个协议是 6LoWPAN，位于网络层和 OSI 模型的链路层，其他协议大多在应用层，例如消息队列遥测传输协议（Message Queuing Telemetry Transport，MQTT）和资源受限应用协议（Constrained Application Protocol，CoAP），位于 OSI 模型的第 7 层（如图 2.11 所示）。

2.6.1 6LoWPAN

6LoWPAN 协议由互联网工程任务组（Internet Engineering Task Force，IETF）制定，名字是 IPv6 和 LoWPAN 的缩写。协议设计目标是让处理能力有限的设备能够用互联网协议进行无线通信。6LoWPAN 是 Zigbee 的竞争协议，允许 802.15.4 设备使用 IPv6 进行通信。6LoWPAN 的主要特征如下：

——包分片和重组，因为 802.15.4 协议帧只有 81 个字节①；

——IPv6 包头压缩；

——本地网络的分片路由；

——数据安全功能。

应用的实例是智能计量表。另外，6LoWPAN 在家庭自动化应用中非常有前景，如自动照明或者温度自动调节等。

2.6.2 消息队列遥测传输协议（MQTT）

MQTT 是一种互联网设备的发布/订阅消息传递协议，主要用于资源受限对象在低带宽、高延迟、不可靠的网络上的消息交换。在符合上述特征的环境下，MQTT 是一个理想的机器到机器通信协议（machine-to-machine，M2M）。

---

① 译者注：IPv6 的包头有 40 个字节，再去除 802.15.4 帧头长度，能承载的数据很少，协议利用率低。

MQTT是1999年开发的协议，但随着物联网规模的指数级增长，以及与低功耗的智能设备连接和通信的需要，MQTT最近逐渐进入商用市场。考虑到带宽和处理器限制，MQTT被设计成一种低负载协议。

MQTT是一种发布/订阅协议。它允许客户端作为消息发布者，也可以作为消息订阅者，或者兼具两种角色。协议的通信可靠性通过一个管理所有传输消息的代理设备来保证。这种发布/订阅模型允许客户进行一对一，一对多，或者多对多的通信。

协议传输的每个消息都有一个成为“话题”（topic）的地址。例如，话题的名字可以是“temperature”。名字空间以一种树形结构来定义，例如：plant1/compressor/valve1/temperature。

注册一个订阅过程允许使用通配符（发布过程不允许），协议允许用户同时观察整个分支的数据变化，例如：plant1/compressor/+。这条订阅请求允许订阅compresssor下所有分支的消息。

运行过程如下：当在valve1对象的温度值发生变化时，对象会给代理发出一个消息。所有订阅者都可以收到这个带有新温度值的消息。

2.6.3 CoAP协议

CoAP是IETF受限资源环境工作组（Constrained Resource Environments，CoRE）制定的协议，用于资源受限系统，可以被视为一种轻量级的HTTP协议。

与HTTP协议类似，CoAP也是一个文档传输协议。CoAP包长远小于HTTP流。编码是为了节省空间。数据包生成很简单，所以也不需要消耗多少内存就可以解析出来。CoAP通过UDP协议传输，而不是TCP协议。CoAP客户端和服务器通过无状态数据报文进行通信，并且允许使用UDP广播和多播广播。CoAP跟踪一个客户端/服务器模型。客户端向服务器提出请求，服务器返回应答。客户可以读、修改、创建和删除服务端资源。

CoAP协议通过一个简单代理与HTTP、RESTful-Web协议进行互操作。因为CoAP基于UDP数据报文，协议可以用在使用短信服务（SMS）和其他包通信协议的场景。

2.6.4 其他协议

先进消息队列协议（Advanced Message Queuing Protocol，AMQP）可以被看作MQTT的一种改进版。但这个协议用得并不广。协议由银行界设计旨在保证服务器之间的安全交易；该协议适用于物联网，尤其满足关键应用的需求。

DDS是一种为实时系统设计的数据分发服务，这种服务被对象管理组（Object

Management Group，OMG）定义为标准。协议适用于 M2M 的数据交换，同时允许实时数据的可靠、高效交换和互操作。协议工作在发布/订阅模式。DDS 协议满足金融交易、空中交通控制、智能电网管理和其他大数据应用。

可扩展消息与表示协议（Extensible Messaging and Presence Protocol，XMPP），是为 IETF 即时消息交换定义的一组开放客户端/服务器协议。使用该协议的有 Apple、Cisco、Microsoft 和许多工业玩家。该协议可以作为 IoT 体系架构的一部分，工作在平台和 HMI 设备之间。

第3章

IT 安全

3.1 安全目标

本章第一部分介绍信息技术(IT)安全目标,并针对 ICS 系统详细解读其安全目标。第二部分给出涉及风险概念的一些有用的、准确的定义。然后,描述风险分析的原理,根据影响评估和发生概率来分析风险。最后一部分给出评价过程,并展示如何将这个过程融入"计划、实施、检查、改善"(Plan,Do,Check,Act,PDCA)循环管理模型,持续改进过程。

在第 9 章中给出风险分析的不同方法。ICS 常用的风险管理方法在第 11 章中描述。

3.1.1 AIC 评判标准

信息安全领域通常认为必须保障系统的三种属性:服务可用性(Availability,A)、软件和数据的完整性(Integrity,I)和信息的机密性(Confidentiality,C),即所谓的 AIC 准则。这些准则通常被看作安全功能要实现的目标。

第一条准则(服务/信息的可用性)的重要性是非常容易理解的。当需要访问工作站或者移动手机上的 Web 服务时,所有人都能清楚地认识到这一点。[①]

对不同的上下文和用户来说,该准则的重要性略有不同:如地图服务,对于定位一个纪录片中提到的地点并不重要,但对于一个夜晚迷失在外国城市的人来说,就非常重要。

对于工业系统或者信息物理融合系统的信息服务可用性来说,必须针对三种服务功能分别讨论:

——第一种:实时性或近实时控制功能;

——第二种:安全功能;

——第三种:分析整合与 IT 领域相关的生产数据的功能。

缺失第一种服务功能可能导致系统宕机和生产中断。这与传统计算机系统遇到的

① 译者注:一旦服务不可用,人们就访问不到需要的网页,无法工作,也无法娱乐。

情况类似。对于第二种服务功能，可用性的缺失可能导致系统失控，危及人身和财产安全，破坏性非常严重。对于最后一种类型，如果失去分析整合生产数据功能的能力，将面临与传统信息系统类似的情况。

可用性的满足要通过设计来保障，一方面要兼顾设备的可靠性和冗余性，另一方面要采取适当的安全措施。在不可用性事件发生时，制定一个业务连续性的预案可以确保服务连续性，但这可能需要降低质量要求。

第二条准则关注数据和软件的完整性。该准则旨在保证数据和软件，无论是在恶意行为、人为错误、材料失效，抑或自然条件下，都不会改变。完整性的丧失可能导致信息的破坏或者部分信息的改变。

数据完整性是基本要求。不考虑恶意算计的因素，数据完整性一定可以保证避免任何形式的信息损坏。

传统机制包括完整性检查、制作复制品或备份、使用存储系统的冗余配置（如使用配置 RAID 机制的硬盘）或者处理系统的冗余配置（通过冗余单元的投票机制）等。数据完整性可以通过数字签名机制来证明（参见附录 1）。

对于 ICS 系统，完整性还涉及工业设备，也就是说，设备的配置、运行在设备上的程序，以及内存中的数据都要保证完整性。

这里需要考虑如下几种不同类型数据的完整性：

——设备的配置和程序，如可编程逻辑控制器（PLC）或者采集系统；

——监控与数据采集系统（SCADA）与历史数据系统（Historian System）[①]的配置；

——存储在 PLC 内存中的数据，实时更新，代表信息物理融合系统的状态；

——永久存储的数据，来自于信息物理融合系统（历史）参数的测量值。

第三条准则是“机密性”。机密性是指数据秘密性的维持，通过保护读取过程来实现。机密性采用认证和访问权限管理方法控制谁可以读取数据。机密性还可以通过加密数据来实现（参见附录 1）。

还有一条补充准则也经常用到，这就是演变的可见性（Evidence of Evolution，E），这条准则与如下性质相关：

——可溯源性（traceability）：是指资产的所有权，能够在给定的置信度水平下发现资产变化的过程（初始所有权及后续所有权转移）；

——可追溯性（accountability）：是一种能力属性，是指在给定的置信水平下，将一个动作（Action）赋予[②]一个实体（Entity，机器或者人）的能力；

---

① 译者注：Historian System 通常是指以序列化的方式实时采集并存储记录的数据系统。

② 译者注：对于发生的信息安全事件，可以根据这种“赋予”关系追溯到导致事件的机器或人。

——防抵赖性(non-repudiation):是一种与动作或者事件相关联的属性,该属性保证一个事件一旦发生就不能再否认。例如,一次计算机通信过程中涉及的一个人或者任何其他实体,不能否认曾经接收或者发送过一个消息。

一般情况下不考虑这条准则。与前三条准则相比,这条准则没有那么重要,并且很难建立合适的机制来跟踪、证明信息的增加、删除或者更改。

对于ICS系统,可追溯性在一些特殊应用领域至关重要,如制药或者健康等。

为了保证系统和数据的安全性,需要使用一些附加功能来保证只有持有权限的人才能访问服务或数据,如身份识别和认证授权等功能,同时保证这些人只能修改授权的数据。这些附加的身份识别和认证授权功能可以确保:

——数据的完整性(不合法修改)和机密性,因为只有授权的人才可以访问、修改这些数据;

——可追溯性,因为只有通过身份认证的人才能实施动作。

因此,掌握计算机系统安全包含在一定置信水平下确保满足这些属性。

为ICS系统定义的AIC安全需求与IT管理系统不完全相同,特别是在优先考虑哪些需求方面很不一样。事实上,对于一个IT系统,机密性经常是优先的,而对于ICS系统来说,情况并非如此(如图3.1所示)。另外,完整性和可用性的判定依据在两种系统中代表的含义也不同。程序和数据的完整性在工控系统中一方面确保人员和财产的安全,另一方面保证系统的性能。对于可用性而言,信息系统是要保证安全仪表系统的安全性,而工控系统则是要保证基本过程控制系统(Basic Proccss Control System,BPCS)的质量。

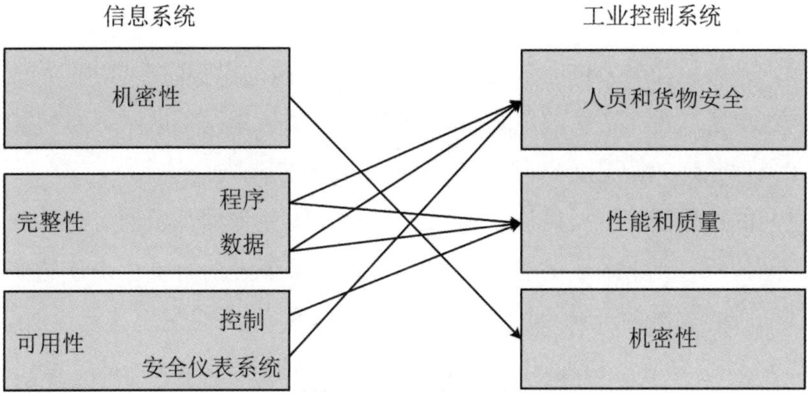

图3.1 IS和ICS的安全需求

3.1.2 IT安全的分级

信息系统安全(Information System Security,ISS)的目的是保护数据。安全可以根据攻击者抵达的位置划分成一系列的层级(如图3.2所示)。

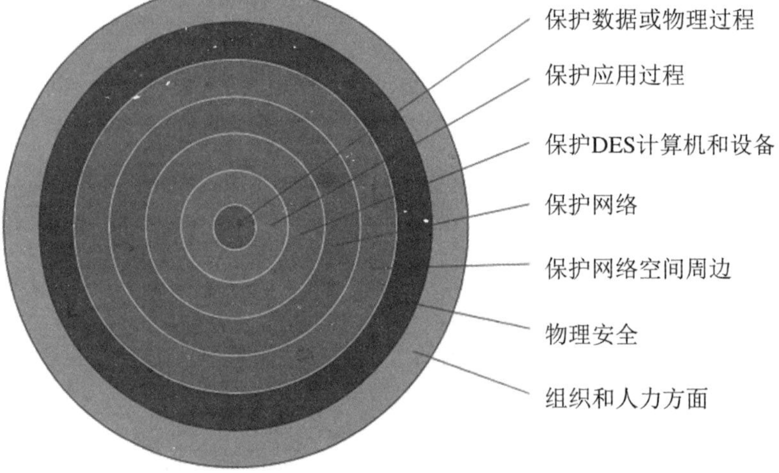

图3.2 IT安全的不同层级

最外层关注组织和人员,也是其他层级的基础。在这一层级,必须定义职责,制定合适的政策,并对利益相关各方进行宣传和培训。

从外到内的第二层关注系统的物理安全。要保证物理安全,需要提供以下功能:

——防止有人进入场所或访问设备,损坏、盗窃或安装用于盗版的资料;

——保护设备免受失火、洪水、地震或者过热等自然现象的影响;

——保护系统免受电力供应系统或者冷却系统故障的影响(在可用的情况下);

——通过设备质量和适度的预防性维修策略,保障所用设备或网络的可靠性;

——在条件允许的情况下,对关键设备进行冗余配备。

网络空间的边界防御主要讨论如何保护信息系统免受外部威胁。这些威胁是针对连接到互联网的所有元素采取的有针对性的行动或系统性的行动。由于这些攻击可能由各种特别活跃的攻击者实施,因此构成的风险会非常大,并且呈现持续增加态势。

网络防御关注与信息传输相关的脆弱性。网络脆弱性非常多样,可以分为如下类型:

——网络监听:包括网络流量的复制。这类攻击不直接对系统产生危害,很难检测,窃取的信息可以被用在其他类型攻击中。

——会话窃取:攻击者等待用户使用其用户名和密码远程登录系统,然后接管和控制整个连接。

——身份窃取:包括使用其他用户的MAC和IP地址。

——连接劫持:攻击者将自己置于网络连接的源和目的之间。这种攻击也被称为中间人攻击。

——服务拒绝:用大量的数据包冲击网络上的机器,使对该机器的正常操作失效。

需要指出的是,一些攻击需要物理访问网络,因此容易接触到的RJ45网络接口都是非常大的漏洞。

计算机防御关注对机器和操作系统的直接攻击。通过USB端口或者通过在键盘和CPU之间连接设备来实施的攻击要在这一层级考虑。

机器由操作系统管理,而操作系统会为其提供一些保护机制,如认证机制、资源访问控制机制、密码机制,甚至防火墙机制等。机器还可能安装独立的杀毒和反恶意代码的软件。

同时,操作系统也是攻击的目标,也会存在漏洞,其中最严重的是那些在操作系统设计和实现的过程中引入的,在发现之后尚未发布任何补丁的漏洞。这种漏洞的存在就像是系统打开了一扇门,只能依赖其他层次的防御机制发挥作用。

值得注意的是,在ICS领域,设备可能工作在VxWorks、QNX,甚至私有系统等专用操作系统下,类似漏洞必须要修复。

应用安全主要确保应用层不会有漏洞,这一点与操作系统类似。应用必须有对用户的身份验证机制,以防止用户在不同设备和数据上进行不期望的操作。

数据安全关注在内存或存储设备中的信息的安全。数据可以是不同设备中的软件或配置,因此非常重要。操作系统提供认证和权限管理机制,这些机制与安全管理策略共同保证数据安全可控。密码算法可以提高数据的安全水平。

在ICS领域,协议和设备经常提供相对简单的数据访问方法[①],因此必须要采用一些特殊方法和措施来保护数据,本书后续会一一讲到。

由此可见,要破坏计算机系统,需要相继突破多个安全层级。我们找到风险分析中遇到的经典模型如图3.3所示(Flaus,2013)。该模型起源于纵深防御策略,该策略不断增加保护层,减少每个层级的故障,以尽可能降低一次攻击穿透所有层级的概率。

纵深防御策略在IT领域特别重要,因为大多数保护系统都会有未知的固有漏洞(0-day漏洞),这些漏洞可能被攻击者发现,并在黑市上交易。

---

① 译者注:体现“功能优先”的理念。

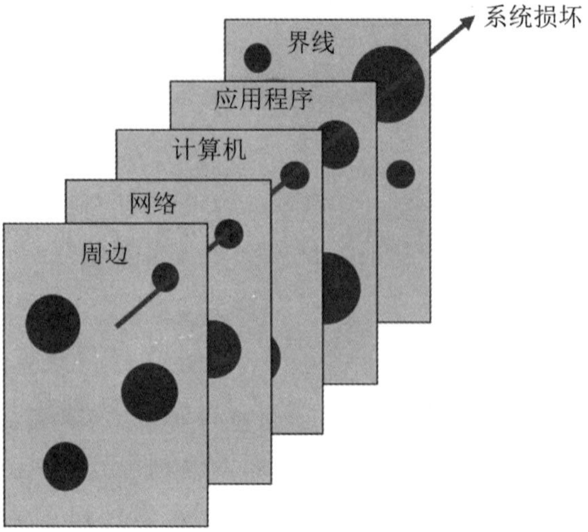

图 3.3 IT 安全的瑞士奶酪模型

3.2 IT 与 OT 系统的差异

区分网络空间安全中 OT 与 IT 领域的不同，主要从四个方面考虑：

——预期的功能；

——使用的技术；

——系统生命周期；

——安全管理。

3.2.1 功能

ICS 系统用于监视和操作物理系统，而 IT 系统仅仅处理数据和在数字域中的操作。

ICS 系统的主要功能，一方面是根据计划的运行模式进行最优控制，另一方面是在出现运行异常时提供安全保护功能。

作为基本过程控制（BPCS）的一部分，工业控制命令系统提供如下功能：采集和存储传感器数据、将参数调节到理想值，以及根据预定义的顺序控制物理系统生产出产品。

作为生产安全（Safety）仪表系统（SIS）的一部分，ICS 的任务是检测可能影响物理系统及其环境安全的系统偏差，并执行操作以保障系统安全。例如，ICS 系统能够检测温度和压力的门限或危险值，进而打开阀门，触发或者阻断制冷过程。

ICS 系统的响应时间与物理世界的真实时间紧密关联，也就是我们常说的实时系统或者近实时系统。很明显，在给定时间点完成一项功能是ICS系统的最基本特征，尤其是完成安全功能。

举个例子，Web服务器可以偶尔以1秒的响应时间运行，而对于操控汽车的系统，这就是个大问题：时速60 km/h，1 s意味着16 m的距离[①]。

3.2.2 技术

IT系统主要由质量可控、相对较新的计算机工作站、服务器和网络设备构成，而ICS系统则不同，它们往往由各种各样的设备搭建而成，有标准模块（COTS）组成的设备，也有一些非常老旧的设备。直接连接到物理系统上的现场设备主要是PLC和嵌入式系统。这些系统设计初衷主要是提供高效的实时控制功能，而对安全与集中管理的支持有限。

这种局限可能源于设计老旧、过低的嵌入式计算能力，或者有限的能量供给等。也正是由于这些原因，要在ICS系统中实现基于全球目录服务的加密和认证等安全解决方案，并不是一件简单的事情。

在通信层面，ICS系统使用不同的网络类型和协议（参见第2章），而一些协议是特别不安全的协议。

这种技术上的异构性造成非常大的漏洞。此外，安全更新的部署也是非常复杂的问题。

3.2.3 系统生命周期

ICS系统是伴随着工业设施[②]一同设计的，其使用寿命与工业装置相同，要能够持续运转20年（Stouffer et al.，2015）。

这就造成系统无法应对持续变化的威胁，也难以使用最新的安全措施进行保护。例如，在设备之间进行数据加密传输就很难添加到古老的工控设备中。

在很多情况下，ICS系统要操作远程设备：这种情况在电网、石油管网、水处理系统或者水坝监控等应用领域中广泛存在。这些应用领域中，各种设备散布在不同的地理位置，给安全带来挑战：远程操作的系统可能遭遇来自通信信道的攻击，对物理攻击也很脆弱，攻击者可以直接在现场攻破物理设备，进而窃取各种数据、口令或加密密钥。

前面提到，ICS是复杂系统，设备经常来自于不同厂商，配置的漏洞管理策略可能不同，对漏洞通报的响应也不灵敏。

---

① 译者注：16 m可能意味着一场交通事故的发生，所以工业控制系统的响应时间必须要短。

② 译者注：这里的“工业设施”是指进行物理生产的基础设施，如锅炉、车床、传送带、机械手臂等。

另外，ICS 系统必须一周 7 天，每天 24 小时运转，并且很少有设施具有测试平台。因此，ICS 系统的安全更新部署非常困难。相比之下，大型软件制造商对安全性要求高，能够对系统进行快速的安全更新。

操作员通常依靠集成商安装 ICS 系统，部署、配置和编写系统程序。这就意味着，操作员对其所操作的系统，无论是设备还是通信，都不掌握详细的技术知识。

在操作层面，ICS 系统的管理需要多种技能，而 IT 设备则可以由除了管理 OT 系统的雇员以外的所有人员来管理。

有些情况下，ICS 系统的 IT 设备由独立于 OT 部分的 IT 部门管理，而其自身由负责生产和维护人员来管理；还有一些情况，ICS 系统完全由生产人员独立于 IT 系统进行管理。

但无论哪种情况，几个部门之间的责任并不总是能分得很明确的，往往需要内部和外部利益相关方的多种能力，并且经常需要外部的力量。

3.2.4 安全管理

工业设施对雇员、环境，以及普通民众都存在安全风险，同时还存在生产设备功能异常或者宕机等风险，影响产品生产的质量和产量。精细化的风险分析主要处理这类风险，尤其是对于高风险工业设施(《赛维索指令》(*Seveso Directives*)[①]所定义的)，此类风险的分析是强制性的，以此确保相关工业设施的操作安全(参见第 8 章)。

为了管理这些风险，很多企业都会使用安全管理系统。在大多数情况下，ICS 的安全管理系统并不支持 IT 系统安全，因为那是 IT 部门的责任。原则上，信息安全是通过贯彻好的实践(Good Practices)达成的，而不是通过系统性地使用风险分析的方法。

由此可见，IT 和 OT 领域的风险管理通常并不是集成在一起实施的。

这导致的首要后果是，即使参与者有非常好的工业风险知识，并且也知道某个 IT 设备存在的 IT 安全风险，但他对 OT 风险的感知仍然是非常有限的，即便风险正在改善。

举一个这种后果反映在访问权限管理上的例子。在传统计算机系统中，通常用权限的多少来区分普通用户和管理员。而在 ICS 系统中，权限差异不按照人来划分，而按照角色划分：3×8 班次[②]的 SCADA 操作员通常共享同一个身份。除了管理计算机系统本身，操作员还需要调整 PLC 参数或修改程序。很多情况下，开发任务会外包给其他企业，这些企业可能不得不以远程方式介入正在生产的系统中。而这种访问安全经常没有

---

① *Seveso Directives* 是欧盟针对赛维索灾难事件制定的一项欧盟法律文件，以改善存放大量危险品地点的安全状态，先后在 1982 年、1996 年和 2012 年发行三个版本。

② 译者注：每天 3 班，分为早班、中班、夜班，每班 8 小时。

得到很好的控制。

因此，权限和身份的定义在IT领域做得很好，但在ICS领域缺乏系统性。

最后，应该指出的是，在IT系统中，基本安全措施（如反病毒软件）的实施是非常系统的，并且更新升级也是自动化的。而在ICS系统中，即使是工作站也做不到这一点。实际情况是，一方面，反病毒软件及其更新升级功能与ICS的实时需求无法兼容，另一方面，从OT网络中访问反病毒升级服务器通常是做不到的。[①]

3.2.5 IT/OT融合

前面章节展示了IT与OT系统的差异。然而，当下的发展趋势正朝着两个领域相互融合迈进（Pettey，2017）。其目的是降低成本、改善通信功能。

技术的发展实现了处理能力的分布化，也改善了通信能力，从而使IT与OT的融合成为可能。工业设施为了与物理系统交互，开始朝着物联网（IoT）方向发展，通过IoT设备来控制生产线。在能源管理领域，或者在具有分布式传感器的智能城市概念中，情况也是如此。在这些系统的架构中，数据存放在云端，由云端提供数据处理和数据利用的能力（参见第2章）。

在融合场景中，与用户的交互也采取新的形式：包括使用移动设备、经常性使用用户个人终端，这与使用自带设备（Bring Your Own Device，BYOD）的趋势相一致。

这种融合的系统架构（工业IoT、云计算和移动计算）对安全产生重大影响：有些影响是正面的，如使用了更好的安全协议，更好的权限管理；另外一些则是负面的，如使用完整性保证能力很低的终端，或者，设备与其数据分别部署在不同地方也增加了脆弱性。

3.2.6 总结

表3.1总结了IT与OT系统之间的差异。从表中可以看到，这些差异非常显著，而这些差异会导致严重的安全后果：

——导致风险的原因不同，风险造成的影响也不同；

——操作的约束不同；

——负责的工作人员掌握不同的文化，拥有不同的技能。

安全管理必须考虑所有这些差异。

① 译者注：工业现场网络通常与互联网隔离。

表 3.1 IT/OT 的差异对比表

	信息技术(IT)	运行技术/工业控制系统(OT/ICS)
安 全 属 性(security properties)		
通常接受的安全要素的顺序	机密性、完整性、可用性、证据	可用性、完整性、证据、机密性
可用性	重要,但不是非常重要	对于功能安全,生产连续性,可用性极其重要
完整性		极其重要
变化证据	对于某些应用很重要	对于需要追溯的应用很重要
机密性	极其重要	不是非常重要
技 术(technology)		
响应时间的遵守	期望(服务质量保障)	迫切,特别是对信息安全功能
技术类别	标准化且数量有限	异构系统,众多协议,嵌入式系统和商用货架产品
利 用(exploitation)		
生命周期	3~5 年	很多超过 20 年
更新	自动更新	很难升级: ——连续运转; ——不总是能够自动升级
外包	经常进行全球外包	设计、集成和运维会采用外包
信 息 安 全 管 理(security management)		
风险分析	全局粗粒度风险分析(基于安全需求)	精细化风险分析(基于物理系统功能)
认证访问权限	用户级别认证	角色级别认证,无全局目录服务
安全意识	安全意识较好	风险意识仍然相对较低
反病毒	基本实现系统级查杀	不总是实现或更新

3.3 风险组件

风险的定义涉及图 3.4(Louis et al.,2016)中的很多概念。

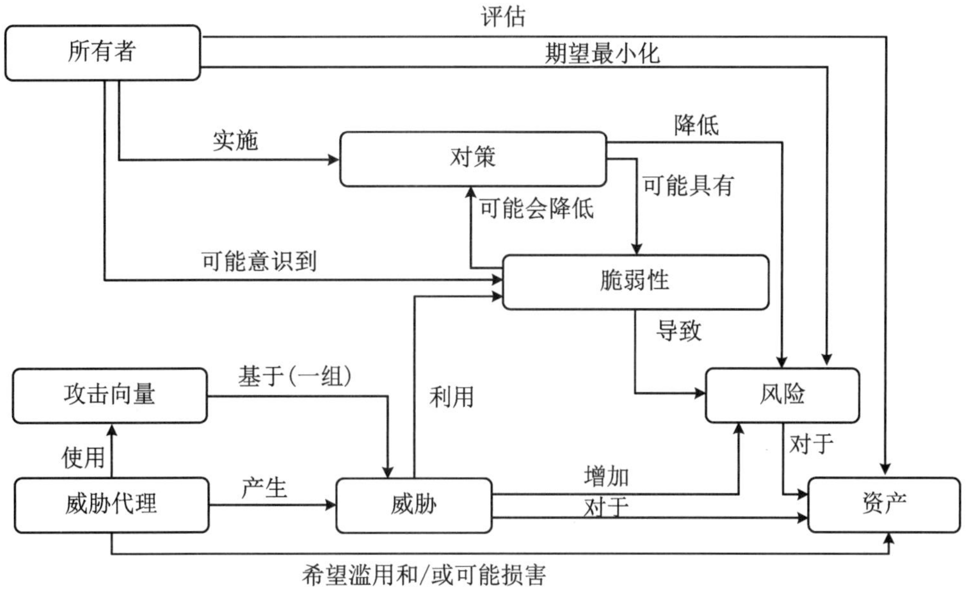

图3.4 概念与相关风险的链接关系

3.3.1 资产(asset)与影响(impact)

在IT安全体系中,资产这个概念用于代表在风险分析中要考虑的实体,尤其是那些作为风险目标的实体。

影响是指一次不良事件造成的影响和后果,用于刻画一次发生在人、信息物理资产,或者物理环境中的风险。影响可大可小,通常用安全级别来刻画。

例如,一次计算机攻击后服务器故障的影响,可能造成数据不可用或者丢失。

通常,对于一个信息系统,我们可以确定以下影响:

——对生产的影响:服务生产能力的损失,或者信息系统组件的技术故障、通信失败,服务拒绝、数据丢失导致的产品损失;

——直接财政影响:发票金额的改变、处理错误,以及非预期的转账订单;

——客户数据或者经验知识的失窃对竞争力的影响;

——对形象和名声的影响;

——对法律法规的影响:质询那些不守义务、欺诈使用用户数据或者公司资源的事件中关键操作员、岗位项目经理(LPM)[①]等。

对于工控系统,影响主要与生产设备(广义上讲)或者物理系统相关,主要影响如下:

——对生产质量或产量的影响;

① LPM: Licensing Project Manager,岗位项目经理。

——对与物理系统失控有关的固定资产、人和环境的影响，无论是《赛维索指令》中定义的设施，还是医疗设备、火车、汽车，等等；

——对供水、能源或者电信等系统服务的影响。

3.3.2　威胁

“威胁”是一种潜在的、能够造成破坏的现象、物体或者人。“威胁”通常由威胁源或攻击者造成。

信息技术威胁主要与信息系统有关，包括中央单元、通信网络或者信息存储系统。作为工控系统安全的一部分，信息技术也可能会影响各种工业仪器设备，如 PLC 等。

“cyber”[①]这个术语可以理解为网络空间，因此这里的“威胁”，原则上可以理解为来自互联网的威胁。由于语言上的滥用，我们经常用 cyber-threats 泛指工控系统中与信息技术（IT）相关的所有威胁。

工控系统在硬件故障、自然因素[②]、人为错误，或者直接的人为恶意破坏下都是非常脆弱的。

3.3.3　攻击

“攻击”是一种特殊的威胁，通常指涉及危害信息系统安全的恶意行为。

攻击可以以信息的可用性、机密性和完整性为目标。

这些攻击可以是主动的，如向信息系统发送信息或者命令；也可以是被动的，如简单地观察网络流。

攻击可以由不同级别的攻击者发起。根据攻击者的能力[③]可以把他们分为：

——低能力攻击者：例如，业余黑客；

——高能力攻击者：例如，隶属于一个攻击组织的黑客；

——接近无限能力的攻击者：例如，整个政府机构。

在这里，区分来自于外部（网络空间）和公司内部的攻击是非常有用的，无论攻击是有针对性的、蓄意的（如腐化心怀不满的职员或者外部人员），还是完全没有针对性的（如钓鱼）。

---

① 译者注：cyber 这个词比较抽象，可以通过对比方式理解其内在含义。cyber 与 physical 对比，cyber 通常译为“信息”，如 cyber physical systems 被译为“信息物理融合系统”，cyber space 与 information space 对比，cyber 又被译为“网络”。结合英文原意，cyber 可以理解为“信息的、虚拟的”，同时与“计算机”和“网络”相关的名词。

② 译者注：如自然的系统老化、异常气候等自然环境变化等。

③ 译者注：这里的“能力”不是指个人的“才能”，而主要是指拥有的“攻击资源”的数量和品质。

3.3.4 漏洞

漏洞或者缺陷是一种在信息系统内部的弱点，这些弱点使黑客能够破坏该系统的完整性，包括该系统的正常功能，或者其所包含数据的机密性或完整性。

漏洞可能源于设计、调试、配置、操作或者资产的维护。

漏洞可以是技术性漏洞，包括所有与技术、解决方案的使用相关的软硬件漏洞。寻找漏洞是一个非常活跃的领域，因此，新的漏洞每天都在出现。

漏洞也可以是人的漏洞。人的漏洞源于人的感觉、行为和本能。这些行为经常用在不同的、一种被称为社会工程学的攻击中。这些漏洞包括害怕(通常通过恐吓威胁的方法利用)、怜悯心、好奇心、性冲动、贪婪等。

3.3.5 “风险”的定义

在ISO 310000标准中，“风险”被定义为“不确定性”对目标的影响。在计算机安全或者操作安全领域，可以将“风险”重新定义为一种可能对系统造成破坏性后果的不确定性事件。“风险”通过以下两点进行刻画：一是非期望事件的发生概率或者可能性；二是后果影响的严重性。

在信息安全语境中，非期望事件是由不同类型的威胁造成的，包括信息网络攻击和工控网络攻击。

因此，要分析风险，就必须考虑发生“恶性事件”的可能性，以及事件对其所牵扯到的工业过程的影响。“威胁的实现”或多或少都有可能导致“恶性事件”的发生，会对相关的资产和过程产生影响，这种影响用严重级别刻画，如图3.5所示。

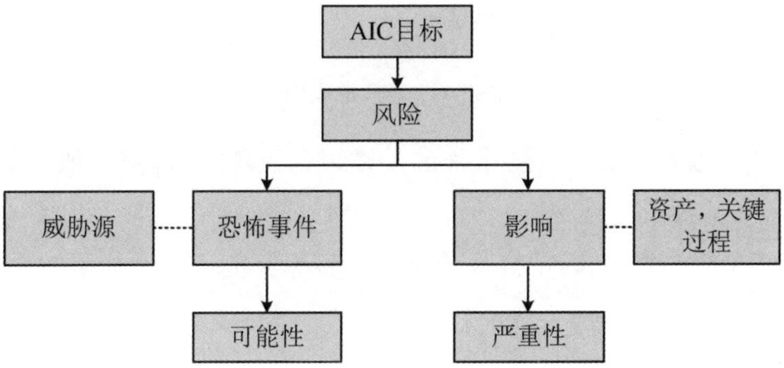

图3.5 风险的构成

为了更清晰区分这些不同的定义，举一个勒索软件的例子。勒索软件通过恶意邮件在中小企业(Small and Medium-sized Enterprise，SME)内网中传播，感染了会计工作站。在这个例子中，“恶性事件”是勒索软件的激活；直接“后果”是工作站数据的加密或删除，这代表着会计系统可用性的丧失；“威胁”是陷阱邮件；“威胁的实现”是会计邮箱接收到了陷阱邮件。

必须指出的是，通常确定一个“恶性事件”造成影响的严重程度相对容易，而要确定事件的原因和概率则相对困难得多。

3.3.6 场景和影响

场景可以定义为导致影响系统的某个威胁事件的一系列事件（如图 3.6 所示）。在事件序列中，一些事件还可以相互组合。场景的概念可以更细致地描述威胁事件的发生条件。任何一种场景都或多或少会发生。

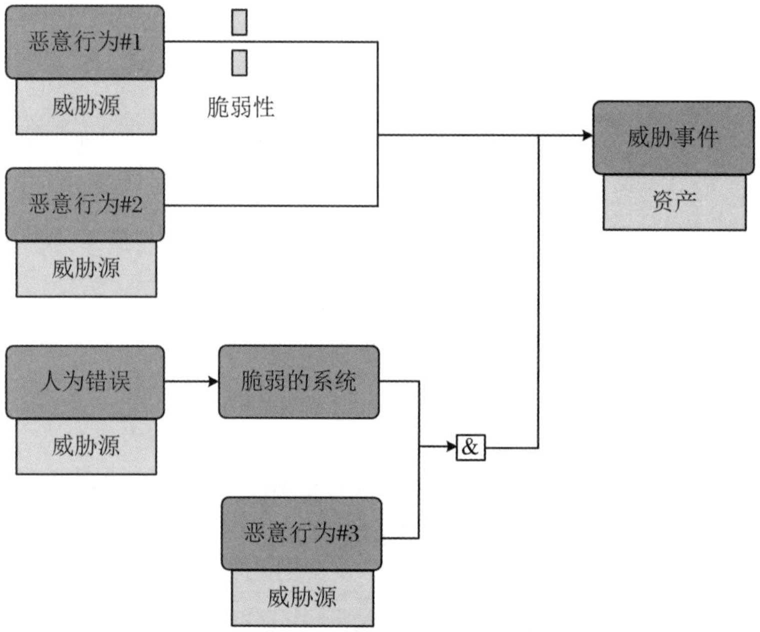

图 3.6 场景的实例

风险的影响可以被定义为威胁事件的外在表现，反映关键资产或者关键过程面临危险。

对于工控系统，“威胁事件”的外在表现可以根据其能否产生如下效果来分类（如图 3.7 所示）：

——生产过程故障，进而导致服务丧失；

——安全仪表系统（SIS）故障，这种故障在 SIS 系统被调用前可能不会被注意到，而是引导系统向危险状态发展；

——直接由发送错误指令引起物理系统的危险变化或者危险动作，进而可能导致服务丧失，甚至造成财产和人员的损失。

“威胁事件”影响的重要程度可能不同，主要取决于所关注的 AIC（可用性、完整性和机密性）要素。例如对于 PLC 设备，可用性的丧失可能导致工业装置的宕机（影响到正常操作），而数据完整性的丧失则可能导致控制设备的损坏（财产安全）。

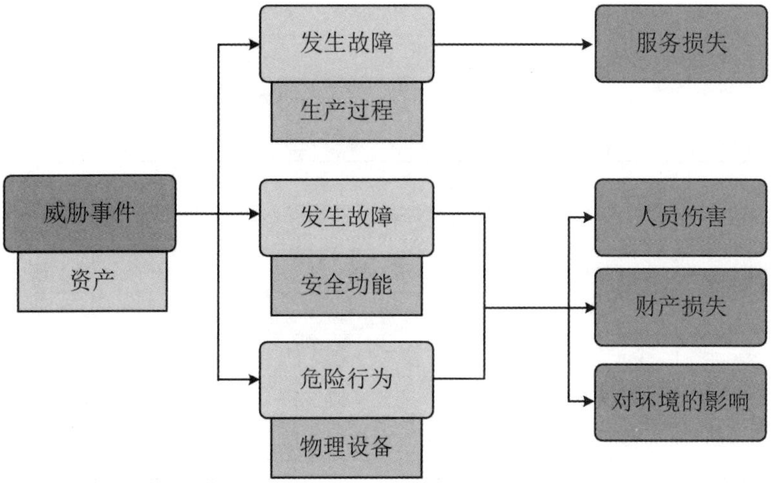

图 3.7　影响的不同类型

所有对信息系统和生产系统的影响都会影响公司全局，并且大多数情况会导致财产上的损失。

3.3.7　风险度量

要度量风险，就要先评估构成风险的两个要素的重要性：“威胁事件”发生的概率，以及事件影响的严重程度。风险等级由上述两个要素推导。有定性和定量两种方法可供选择：

——定性的方法是指用语言来定义几个水平值，如低、中、高等。无论是可能性还是严重程度，都采用这种方法定义取值范围。每个〈可能性，严重程度〉的“数值对”都对应一个风险水平。

——对于定量的方法，我们使用可能性 p（0～1 之间的数值）和一个数值化的影响值 i 来刻画风险。这个影响值可以是以给定货币为单位的财产损失值，也可以是破坏所影响的人数，或者是其他相关的指标。风险水平通过乘积（$p\times i$）来计算。

对工控系统的 IT 部分进行安全风险分析时，更现实有效的方法是定性方法。定量方法尽管看起来不那么主观，但很难实现，因为很多数据不可用。也正由于这个原因，定量方法实际上也没有那么客观。

为了改善评价的可重复性，强烈建议细化每种风险水平所代表的含义。水平的数量通常在 3～5 之间。表 3.2、表 3.3 给出了可能性和严重程度的水平定义，每种水平的定义都有详细描述。

表 3.2 恶性事件发生可能性水平定义

水　　平	词 语 的 含 义
非常不可能	低于每一百年发生 1 次
可能	低于每十年发生 1 次
偶尔	低于每年发生 1 次
经常	每年至少发生 1 次

表 3.3 恶性事件的严重程度水平定义

水　　平	可 用 性	完 整 性	机 密 性
少数情况(minor)	少于几分钟	1 个文件被改变且可改正	一个文件被内部暴露
严重情况(serious)	少于几小时	1 个被修改文件	少数几个文件被内部暴露
多数情况(major)	短于 1 周	一些被修改文件	几个文件被外部暴露
危急情况(critical)	长于 1 周	所有文件被修改	所有数据被外部暴露

为了给每个〈可能性,严重程度〉数值对分配一个风险水平(表 3.4),最灵活的办法就是用风险矩阵,如图 3.8 所示,也被称作热力图(heat map)。

表 3.4 风险水平

水平/等级	含　　义
可容忍水平	能够接受的
中等水平	能够接受但要监测
高等水平	要求并计划采取行动
严重水平	要求并立即采取行动

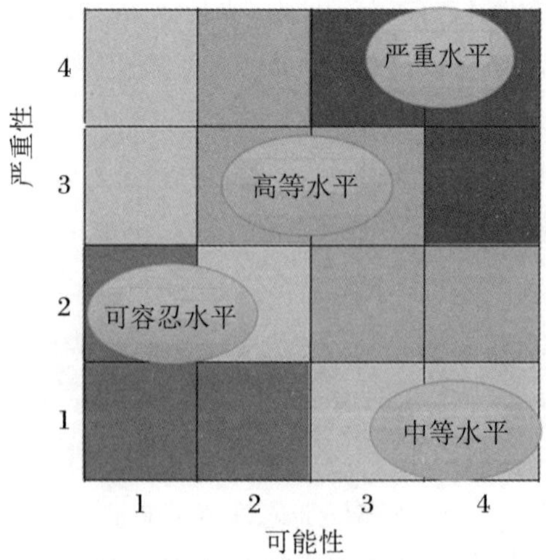

图 3.8 风险矩阵或热力图

3.4 风险分析和处置过程

3.4.1 原则

信息系统安全风险分析的通用框架如图3.9所示，详细过程在第9章中阐述。在建立上下文和定义分析系统的范围以后，主要步骤如下：

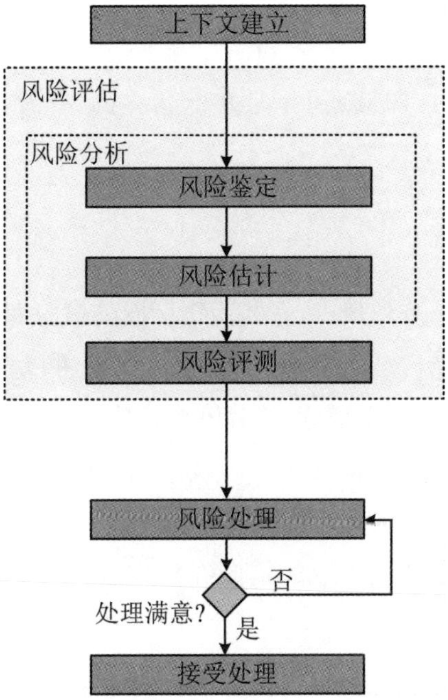

图3.9 风险分析的通用方法

——风险识别；

——风险水平的估计，通过场景的影响水平和可能性刻画风险水平；

——风险评估，确定风险是否可接受。

针对不同风险水平，有不同类型的处置方案：

——风险可接受；

——风险可以通过保险机制转移；

——风险不可接受，会导致生产装置停机或者基础设施改变。

大多数情况下，如果目标是为了减少风险，则会采用一些可以影响恶性事件发生概率和严重程度的措施。

在不同选项中如何选择取决于风险水平和组织策略。

针对不可接受的风险,要同时使用技术方法与组织措施。例如,针对网络完整性的攻击风险,加密方法与入侵检测方法可以联合使用。

如后所述,人们更倾向于采取不同水平和等级的措施来防控风险。特别是对那些可能存在设计缺陷、在系统中遗留后门的设备或软件,防控其信息安全风险更要如此。

3.4.2 接受风险

当风险处于低水平时,也就是说,〈可能性,严重程度〉[①]这一数值对处于一个可接受的风险临界水平时,风险是可接受的。这种水平可以通过风险矩阵来定义。在图 3.8 中可接受风险通常为"可容忍水平",或者"可容忍水平"和"中等水平"。

当风险处于中等水平时,如果减小风险的代价太高,或者没有办法减小风险,一种解决方法就是接受它。

3.4.3 减小风险

减小风险是通过实施一系列技术、人和组织层面的措施来实现的。

这些安全措施可以根据一些判据进行分类。首先,可以根据图 3.10 中的保护层级对安全措施进行分类,如物理安全措施、边界安全措施等。

还有一种可行的分类方法是将其区分为技术措施(如防火墙)、组织措施(如备份过程),以及与人的技能和行为相关的措施(如发送邮件的方法)。

最后一种分类方法是根据所采取的措施在导致破坏发生的事件链条中的位置进行分类,如:

——旨在防止出现不期望发生事件的措施,包括:① 在设计阶段进行干预(安全架构);② 在运行阶段实施的动作或者机制(如反病毒)。

——力图尽早检测异常事件发生,以减小风险的方法(例如,使用入侵检测设备)。

——通过改变系统结构以减小影响的措施方法(例如,在两个物理站点部署冗余的服务器)。

——实施更便于系统恢复的方法(例如,备份)。

这些按主题分类的措施列表可以在 ISO 27002(第 6 章,针对信息技术系统)或者 IEC 62443(第 7 章,针对工控系统)标准中找到。措施的选择和组织方法必须以实现限定成本下的效益最大化来确定。

---

① 译者注:作者使用了"likelihood-gravity pair"替代前文使用的"likelihood-severity pair",为保持一致,这里仍然翻译为"〈可能性,严重程度〉"值对。

3.5 纵深防御理论

纵深防御的思想来自于军事领域。Vauban在15世纪提出了一个想法，即建立低矮的防御工事，以抵抗金属球对垂直防御工事的破坏力。理论上，一条防线的失守可以削弱攻击，或者提供一些信息（此条件主要用于军事领域）。

在风险管理领域，我们在工业设施的危险研究中，特别是在核安全中所使用的分层防护分析方法（Layer Of Protection Analysis，LOPA）（Flaus，2013）中，发现了同样的思想。

两个领域纵深防御的总体思想非常相似：在工业设施设计阶段就引入多级防护，或者多条防线，把设施以外、会造成严重后果的事故风险降到极低水平。把脆弱的、可能出错的安全设备增加到其他层级中以保证整个系统的安全。① 这种思想的基础假设是每个防护层级必须是独立的，即一个层级的失败不会关联导致另一个层级的失败。

在信息安全领域，这一理念的落实是通过在每个防御层级使用一整套措施构筑防御工事来实现的。

对于每个在3.1.2小节中列出的组件，图3.10给出了可以采用的措施：

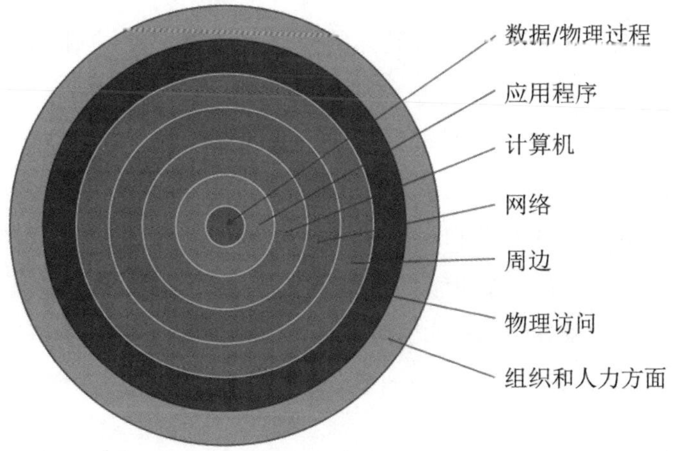

图3.10　纵深防御

——组织层面：培训、意识培训、风险管理；

——物理安全：物理防护、加锁、跟踪设备；

① 译者注：某个层级中的安全设备出错放过的攻击行为未必能够突破内层的安全设备。

——外围边界：防火墙、隔离、VPN；

——网络：网络隔离、IPsec、网络入侵检测系统（NIDS）；

——计算机[①]：操作系统安全增强、定期更新、认证、主机入侵检测系统（HIDS）；

——应用：反病毒、配置；

——数据：访问控制列表、加密。

工控系统安全领域的纵深防御方法将在第 11 章中详述。

3.6 IT 安全管理

风险分析能够把适当的安全措施部署到位，而风险管理则能够使各种安全措施长期有效，持续适应设施的变化和威胁的变化。

风险分析的一个目标是评估当前的安全状况，选择安全措施，以定义要采取的行动。安全管理系统将这些步骤集成在一个过程中，统一管理行动的实施过程，评价行动的效果，确保方法可持续，并且考虑工业设施和风险的变化。

信息安全管理系统（Information Security Management System，ISMS）旨在控制与信息系统相关的风险，以达到如下结果：

——优化信息系统和工控系统操作，确保生产率或服务质量达到理想水平；

——把工控系统和生产系统造成破坏的概率和严重程度，控制在一个可以接受的水平；

——把生产系统产生的破坏扩散到更大范围（职员、居民、自然环境、公司的其他部分等）的可能性和严重程度，控制在一个可以接受的水平。

这个过程在各种标准中规范和固化，包括 ISO 27001（参见第 6 章），如图 3.11 所示。该过程基于 PDCA 标准，是一个持续完善的过程。[②] 值得注意的是，在 2013 版本中，标准 ISO 27001 移除了对这种方法的显式引用，但仍然保留了这种方法的思想。

类似于标准 ISO 31000 中的第一阶段（Flaus，2013），在实现这个“轮子”之前，需要定义上下文，具体包括：

---

① 译者注：原稿是“machines”，图 3.11 中用的是“computer”，这里没有直译为“机器”，主要参考了图 3.10 中相关层级的表达。

② 译者注：如图 3.11 所示，通过计划、实施、检查和改善四个阶段组成 PDCA 环实现持续完善。

——确定信息安全及其要求的利益相关方。这个部分可能包括法律或者监管层面，如 NIS 指引(参见第 6 章)，或者契约层面；

——定义 ISMS 系统边界，考虑物理限制、组织限制、关联的数据，以及在工控系统中的控制系统。

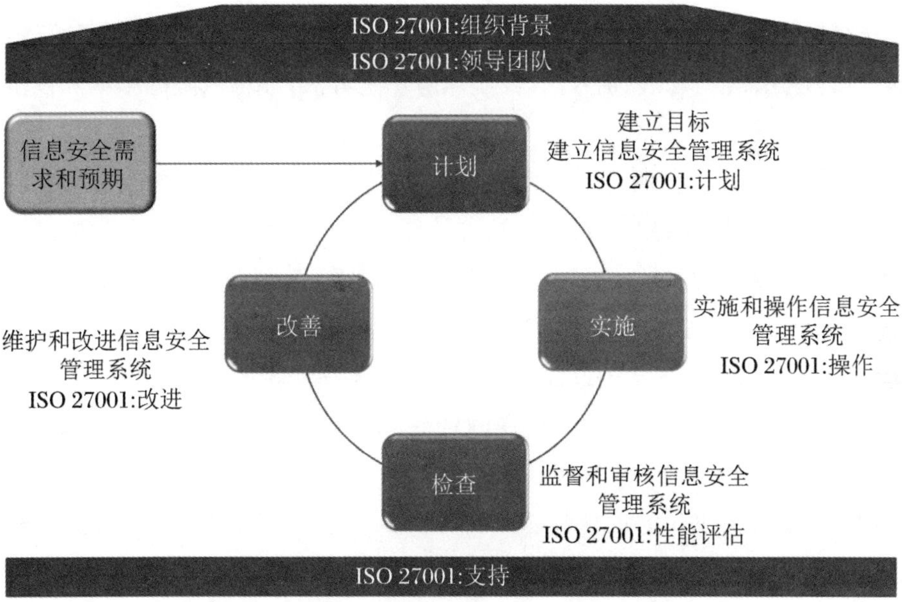

图 3.11　连续改进 PDCA 和 ISO 27001:2013

这个前置步骤还定义了领导责任(leadership)，包括：

——监督和管理承诺；

——安全政策；

——角色和责任的定义。

PDCA 周期随后启动。PDCA 周期并非信息安全独有，而是一个通用的持续改善的方法模型，由 W. Shewhart 在 2000 年提出，然后被 W. Edwards Deming 所采用。这个模型可能关注质量、环境管理、雇员安全，以及其他因素，其原理如下：

——在开始做事以前，需要精确知道自己的需求，自己想要完成什么。这就是计划阶段(Plan)。

——一旦目标确定，开始实施计划阶段决定的各种措施：行动阶段(Do)。

——然而，努力不会停在这个阶段。我们必须确保自己完成了计划的所有事情，因此必须监视系统，测试评估我们是否达成了目标：检查阶段(Check)。

——最后，如果认为还没有达到预期目标，我们必须进一步缩小差距。也可以寻求改善措施。这是应对阶段(Act)。

在工业信息系统(IS)安全领域,这些阶段被划分如下:

第1阶段是计划阶段(Plan),包含了制订工业安全管理系统的实施计划,分为四个步骤:

——第1步考虑制订计划的上下文及其范围,确定需要考虑的风险,以便:确保管理系统完成期望的结果;减小对系统的负面影响;实现一个持续完善的方法。

——第2步描述了风险识别方法(与第9章中给出的方法相似,但这里可以自由选择方法)。管理层需要验证识别方法:实施风险识别方法,评估风险的影响和发生概率,据此提出风险列表。

——第3步定义和实现前一步所识别风险的处置方法。据此产出一系列要实现的安全措施,为制订处置计划做好准备。这项处置计划必须得到风险相关方的批准,他们必须能够接受残余风险。

——最后一步是定义安全目标,并为达成目标制订计划。安全目标必须是可度量的,并且考虑了风险分析和相关过程。安全目标是这一步骤中沟通交流的主题。计划制订应该具体说明要执行的任务、要使用的资源、责任人、时间期限,以及对结果的度量方法。

这种由风险分析驱动的计划制订方法有很多优点,它使得所有付出(人力资源、预算、沟通)都能够聚焦在最重要的方面。

第2阶段是实施阶段(Do)。实现安全策略的行动计划在此阶段完成部署。

行动是被监视的:安全措施的实施过程被全程记录和维护。外包工作也必须在掌控之下。同时,要尽可能跟踪残余风险。

第3阶段是检查阶段(Check),也是管理系统的验证阶段。这个阶段定义并度量指标,以评估工作计划的设施进度,采取措施的有效性。这一阶段可以:

——作为自检过程的一部分;

——通过监督指标来评估;

——通过组织的内部审计来检查;

——通过渗透测试来实施。

检查步骤可以被视作安全仪表板的一种实现。[①]

第4阶段是改善阶段(Act),即工业安全管理系统的完善阶段。此阶段的目标是改善安全管理系统。这一阶段首先关注如何应对前一阶段检查出来的不符合项,其次关注ISMS系统自身的改进和完善,以维持其自身价值。

---

① 译者注:检查阶段所需跟踪和评估的指标通过安全仪表板展示,仪表板要根据本阶段的需求进行设计和实现。

3.7 风险应对过程

风险管理是风险应对方法的核心。风险管理在 ISO 27005 标准中定义为风险应对过程。这个过程包括风险分析和 3.4 节中描述的应对步骤(图 3.12)。

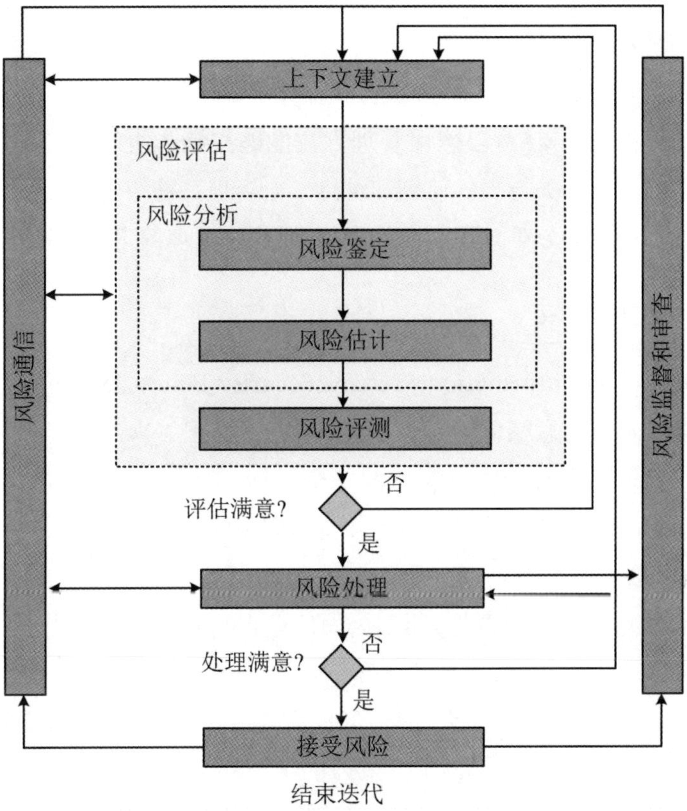

图 3.12 风险管理过程(27005)

风险应对过程建立在 ISMS 系统上下文定义的前置步骤上,并提供了一个贯穿整个过程的沟通交流步骤。这个沟通交流步骤包含:① 与利益相关方磋商,实施一个有价值的风险分析;② 通知关注风险后果的各方实体。最后,风险应对过程必须被持续监视和改善;这也是 ISMS 系统检查阶段(Check)中监视和审查阶段的意义所在。

3.8 IT 系统的监督和安全政策

3.8.1 监督

为了使风险管理系统发挥作用，特别是在持续完善方法方面，高级管理层必须做出坚定承诺：首先要做出部署风险管理系统的决定；然后定义一个体现安全政策发展的安全战略愿景。安全政策要发布出来，并且要在操作层面得以实施。

必须分层级提供管理支持，以确保管理方法能够在整个组织内部得以贯彻实施，同时，在预算层面，给利益相关方提供使用和维持安全管理系统的资金支持。

在 27001 标准框架部分第 5 段中的管理层项，这一管理约定步骤被正式写入。

3.8.2 安全政策

信息系统安全政策（Information Systems Security Policy，ISSP）代表管理层保护组织信息和相关技术资源的意愿。这对于安全监督至关重要。

安全政策定义风险应对步骤所表达的安全目标，或者提供一个定义安全目标的框架。安全政策包含一个达到适用安全需求并持续完善的承诺。

通常，ISSP 主要关注如下要点：

——保护和建立信任的重要性：明确公司问题，包括需要考虑的监管层面问题和风险问题；

——什么需要保护，保护到什么程度，形成需要保护的（有形的和无形的）资产列表和需求量表；

——如何防护不同元素，形成一致的、可操作的一组安全规则；

——什么时候保护，考虑整个生命周期。

ISSP 可能关注到以下方面：

——上下文和目标：公司（信息系统安全的讨论范围）、安全需求；

——组织、监督和责任；

——人力资源；

——资产管理；

——集成信息系统安全到整个生命周期；

——物理安全；

——访问控制；

——考虑在信息系统操作层面的信息安全；
——工作站安全；
——网络安全；
——开发安全；
——第三方管理；
——突发事件处理；
——业务连续性；
——履行、审计和控制。

提前完成信息系统风险分析会给信息系统安全政策的制定带来方便，特别是对确定上下文和范围、选择安全目标、制定准则、确保与组织制定的安全需求保持一致等方面有很大帮助。信息系统安全政策的一个例子是法国国家信息系统安全政策（ANSSI，2014c）。

ISSP是在项目组织框架下制定出来的：指定一个项目经理，成立一个或多个工作组，分配相关资源，定义一个时间表，明确交付成果。

3.9 工业系统的安全管理

与工业网络安全相关的风险管理类似于信息系统风险管理和通常意义下的风险管理：风险管理必须设定与挑战相适应的目标，并且定义策略。因此，在保护工业信息系统安全之前，必须首先让管理层意识到网络安全问题的风险，以及公司的安全漏洞。

工业系统安全政策必须集成到已经存在的信息系统安全政策中。一般来说，公司不会增加连接传统信息技术领域与工业系统领域的组织环节。

要与负责操作的人员共同制定工业系统的信息系统安全政策（I-ISSP），可以通过如下三个步骤完成政策制定：

（1）成立由操作人员代表组成的工作组（包含操作管理员、维护管理员、自动化工程师、工业信息技术管理员、工业信息系统架构师等），实施一个比较详细的风险分析（参见第9章）。

（2）采取一种基于每个区域风险水平的梯度方法来组织风险分析的结果（参见第7章），然后将结果与适当的安全措施相结合。监视的指标可以在这个阶段定义。

（3）开发I-ISSP应用框架，充分考虑特定区域和工业信息系统的生命周期。

在操作层面实施工业信息系统安全政策(I-ISSP),要确定一条功能链[①],建立一个项目型组织,并设定一个实施期限(最多几年时间)、分配相关资源、设置相关的指标。从风险最大的地方入手,定义一个速胜(快速达到目标)的方案,实施起来可能会非常有趣。这里所谓风险最大的地方可以是资产清单覆盖率[②]、移动存贮介质的使用率[③]、开放数据流[④],以及意识行动[⑤]等。

① 译者注:功能链是系统分析中使用的概念,用以描述在系统用例(use case)中将所有用到的功能按照使用过程排成一条链。这里指为 I-ISSP 设计一个用例,确定用例中的功能链。

② 译者注:资产清单覆盖率低,风险分析不完备,安全措施会有遗漏。

③ 译者注:如 USB 硬盘、U 盘等存储介质。使用率高,安全风险高。

④ 译者注:开放数据流越高,风险越大。

⑤ 译者注:风险意识培训等活动。

第 4 章

工业控制系统的威胁和攻击

4.1 攻击的一般原理

一般来说，工控系统经常遭受来自于各种威胁源的攻击。威胁源使用一串攻击向量对目标展开攻击。

攻击可能会直接针对控制物理系统的控制命令系统(Basic Process Control System, BPCS)，也可能会针对安全仪表系统(Safety Instrumented System, SIS)，以便在系统使用安全功能时破坏系统。

这种用于访问目标系统的路径或者方法被称为“攻击向量”(图 4.1)。

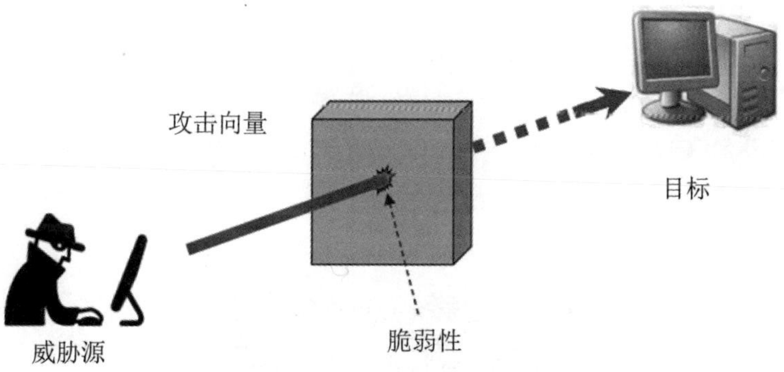

图 4.1　攻击向量和脆弱性

计算机攻击的目标是对安装的资产造成破坏。这种破坏有多种类型：

——资产可能被物理破坏，导致运转出现异常或者产生不正确的结果，或者造成信息丢失；

——资产可能被植入间谍程序：没有资产访问权限的人可以访问与资产相关的信息；

——资产可能变得不可用或者运行很慢，以至于无法正常使用系统或网络，这对于实时控制系统或者安全系统来说是特别严重的问题。

为了达成破坏目的,攻击者有很多逻辑或者物理的方法可供选择,即可以通过操控计算机实现,也可以通过物理抵近(接触)系统的方法来实现。

逻辑上,攻击者可能尝试访问被攻击设备的存储器,拷贝或者改变存储器数据,或者尝试让设备执行一系列的命令。攻击者还会尝试监听或者修改设备与环境之间的通信内容。

最新款的设备会使用身份识别和认证机制、配合权限控制等方法来抵御攻击,这意味着,用户(无论是人,还是机器)要执行命令或者访问存储器,就必须证明它自己的身份。认证完成后,用户即可通过很多方式读写数据,执行命令。旧版本的设备则没有这些机制。

类似地,两个设备之间的通信也可以使用身份识别和认证机制,或者在某些情况下使用加密协议。此时,不了解解密机制,或者没有解密代码的人将无法读取通信内容。同样,这些机制也只有最新款的设备才具备。

为了降低系统运行速度,攻击者可以选择的方法主要有两种:

——如果攻击者成功进入一个系统,就可以想办法启动很多进程来降低系统速度。

——攻击者可以从外部向系统发起大量请求,以阻止其正常运行,类似于拒绝服务攻击使服务器过载的情况。如果攻击者有权访问网络,则可以给系统发送重启或者重同步命令,从而扰乱系统运行。

除了上述可能手段外,对设备进行物理层面的操作也是一种选择。攻击者可以:

——窃取设备;

——恢复设备(管理废弃设备、丢弃钥匙等);

——加入一个间谍设备(例如,键盘记录器);

——毁坏设备。

在这个阶段,可以区分几类对信息系统有负面影响的行动:

——非计划动作,如用户错误地格式化了一个存储设备;

——用户在授权访问系统时所做出的恶意动作,如一个公司解雇的管理员想要破坏系统;

——成功获取合法身份(通过欺诈、诓骗、暴力、使用默认身份等手段)的非授权用户实施的恶意动作;

——没有合法身份的恶意动作,它们使用不同的技术手段旁路掉身份识别和认证机制。

只有最后一类是基于技术手段、硬件和软件漏洞;前三个都与人的因素和组织层面有关。

从技术的角度看,最后一种情况,攻击者企图在主机上或者在网络数据交换中旁路掉身份识别和认证机制；或者攻击者试图旁路掉权限管理系统以便成功执行非法动作。为了做到这一点，需要使用不同的技术，详细情况在下面讨论。

有一点需要注意，在工控系统中，还有很多设备不需要识别身份，并且大多数协议都不安全。如果攻击者成功访问工控网络，就能比较容易监听和修改交换的数据流，并能在相互连接的设备上进行操作。

攻击者可以组合使用不同方法来渗透目标系统，并逐步获取可持续执行恶意动作的权限。这通常被称为高级持续威胁（Advanced Persistent Threat，APT）。整个渗透过程分为几个阶段：

——识别阶段：研究、识别和选择目标及其脆弱点。目标可以是技术层面上的对象（服务器、PLC设备等）或者人（目标企业的职员）。

——这个阶段的目的是将恶意代码通过邮件、恶意网站或者移动存储器传送给受害对象，或者利用目标系统漏洞植入恶意代码。

——实施阶段：一旦恶意代码被秘密安装在目标系统上，它将持续搜集情报，或者等待攻击者的命令。恶意代码可能还会试图复制到网络中的其他站点上。

许多针对工控系统的攻击利用这一原理，如震网病毒攻击，或者针对乌克兰电网系统的攻击（下面会讲到）。

初次攻击还可以生成二次攻击（如图4.2所示），初次攻击的目标是在目标主机上植入恶意代码，用于后续攻击的中继代理（Hutchins et al.，2011）。

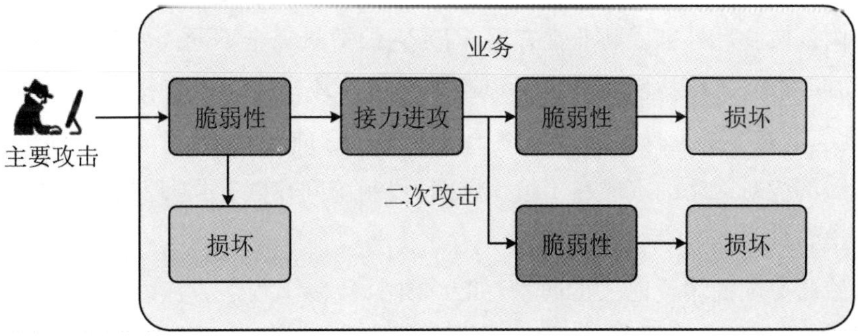

图4.2 主要攻击和二次攻击

对一套信息系统的完整威胁评估只能暴露威胁，并不能关联攻击[①]（Lévy-Bencheton et al.，2015）。威胁可以被：

---

① 译者注：评估系统威胁的要素是威胁事件的发生概率和影响严重程度，并不涉及针对系统的攻击。或者说，威胁评估是静态的，无论攻击是否存在，威胁一直都在；攻击是动态的，攻击可能导致严重后果，但这种后果是在响应、应对过程中进行评估的，是已经发生的，可以直接通过测量和计算获得。

——关联到物理现象，如火灾、洪水等；

——关联到物理层面上的蓄意破坏，特别是这些破坏可以影响到通信时；

——归咎于仪器故障；

——归咎于操作和制冷系统的能量丧失；

——归咎于人的因素：流行病、罢工、各种短缺[①]等。

这些威胁不属于攻击类别，但在风险分析的过程中必须考虑。

4.2 威胁来源

如前面章节所述，威胁来源分为多种类别。分类对于风险分析很有价值，这是由于：一方面，分类使安全人员对所有威胁来源的考量更为系统；另一方面，分类使安全人员可以选择与威胁源相适配的对策。

美国国家标准技术研究所（NIST）制定的 SP 800-82 指南提供了一种基本的分类。该指南列出了所有可能导致信息系统破坏的来源（如表 4.1 所示）。值得注意的是大多数威胁都不是来源于人。

对于那些来源于人的威胁，在 NIST 分类，或者 EBIOS 提出的方法（如表 4.2 所示）中有定义。两者定义的区别在于导致违规的原因是来自于人的非故意犯错，还是故意犯错（恶意）。当考虑网络空间安全时，无论明确与否都会考虑到后者的因素。

区分内部威胁和外部威胁非常有用，因为它们情景完全不同。内部威胁拥有访问权限，基于访问权限，不用技术漏洞也可以破坏系统。攻击者可以直接从本地网络中发起攻击，因此有非常多的选择。典型的例子是那些恶意前雇员，或者恶意外部供应商。对于内部威胁的应对策略的本质在于组织层面：限制访问权限、对管理员的双重认证、雇员签到和签出管理等。

外部威胁必须使用其他攻击向量，如互联网、社会工程学方法。为了实施恰当的对策，应将外部威胁分为如下等级：

——有人恶意使用僵尸机器进行系统和自动化的漏洞扫描；

——能力不强的业余黑客，他能够在互联网上找到攻击软件，没有攻击某个特定的设备的任务；

——高级黑客，拥有高级技能，如盗版团伙；

——拥有非常多甚至无限资源的攻击组织，如国家、犯罪团伙，或者往小了说，如竞

① 译者注：食物短缺、蔬菜短缺等。

争公司。

这种分类适用于风险分析。针对特定工业设备,分析相关类别的风险。公司必须扪心自问:谁可能攻击它,以及为什么要攻击它。

更详细的威胁源分类目录也有一定价值。这些威胁源与各种风险分析方法(参见第9章)或者 NIST SP 800-82 标准(Stouffer et al.,2015),NIST SP 800-30(Joint Task Force Transformation Initiative Interagency Working Group, 2012), ISF IRAM (Jenkins,2014),ISO 27005(IEC,2011),以及 BSI 威胁目录等标准和规范有关。

表4.1 不同类型的威胁来源(适应 NIST SP 800-82)

威胁来源的类型	威胁描述
恶意人员行动	
——个人 —外部人员 —内部人员 —可信任的内部人员 —具有特权的内部人员 ——组 —随机分组 —构建分组 ——组织 —竞争对手 —供应商 —合作伙伴 —客户 —政权或国家	试图利用组织对信息资源的依赖(例如,电子形式的信息、信息和通信技术,以及这些技术提供的通信和信息处理能力)的个人、团队、组织或者国家
人为引发的错误	
——用户 ——首选用户或管理员	个人在日常工作中所做的无意行为

续表

技术系统	
威胁来源的类型	威胁描述
——IT设备 —存储 —处理 —显示系统 —传感器 —控制器 ——工具 —温度/湿度控制 —电源 ——软件 —操作系统 —网络 —通用应用 —专业应用	设备故障、环境控制缺失、软件设计或实现缺陷、资源耗尽
自然或人为环境	
——自然或人为灾难 —火灾 —洪水/海啸 —风暴/龙卷风 —地震 —轰炸 —泛滥 —偶发的自然事件 ——基础设施故障 —远程通信故障 —电力故障	自然灾害和关键基础设施故障,组织依赖这些基础设施,但这些基础设施又不在组织的掌控范围内

表4.2 威胁来源分类(EBIOS)

人为故意的威胁源
来自内部人员,恶意,拥有较少资源
来自内部人员,恶意,拥有很多资源
来自内部人员,恶意,拥有无限资源

续表

人为故意的威胁源
来自外部人员，恶意，拥有较少资源
来自外部人员，恶意，拥有很多资源
来自外部人员，恶意，拥有无限资源
偶发的人为威胁源
来自内部人员，无恶意，拥有较少资源
来自内部人员，无恶意，拥有很多资源
来自内部人员，无恶意，拥有无限资源
来自外部人员，无恶意，拥有较少资源
来自外部人员，无恶意，拥有很多资源
来自外部人员，无恶意，拥有无限资源
非人为威胁源
未知来源的恶意代码
自然现象
自然灾害或者医疗事故
动物行为
内部事件

4.3 攻击向量

威胁源使用一种攻击方法，或者攻击向量来实施一次攻击。表 4.3 给出了在工控系统中使用的主要攻击向量。攻击向量的选择是以利用系统漏洞的方式进行的。

表 4.3 攻击的主要向量

种类	威胁和攻击向量
网络	相邻内部有线网络，如 IT 网络，或者使用感染病毒设备的非军事化区(DMZ)
	带有多个网络接口，属于两个不同网络的感染病毒设备
	无线局域网络
	本地网络中的感染病毒设备
	内部网络连接
	云连接
	分离隧道(例如，同时用 VPN 访问受限资源和互联网)
	无线 Wi-Fi 网络
	工业或者物联网无线网络(Hart、Zigbee 等)

续表

种类	威胁和攻击向量
物理访问	USB 或者其他端口上的移动介质 USB 键盘口(键盘记录器) 串口或者其他端口(SATA、显示转端口、HDMI 等),RJ45 接口 通过键盘或者鼠标直接访问 Flash 存储卡
工控系统设备	USB 或者其他端口 开放网络逻辑端口①(HTTP、FTP 等) 配置或者程序转换软件 发送到设备的流量(Modbus 等)
应用	网络逻辑端口② 用户数据入口(逻辑或者 Web 接口) 数据入口文件 通过库读取的数据 操作系统漏洞(也就是说,通过其他应用访问的数据)
人员	邮件社工 电话社工 损坏的客户邮件、附件 互联网浏览器
供应商	电子器件、电路板的供应商 升级或者提供应用、操作系统或者固件

4.4 恶意代码的主要分类

计算机、网络设备、工控系统或者物联网组件是可编程的设备,都有一块存储区域用来存储数据和程序。一些区域是不能被修改的,一些区域则是可以修改的且在断电后能

① 译者注:网络服务端口,http 为 80,ftp 为 21。
② 译者注:是指软件/协议的端口,如 TCP 协议的端口等。

够保存数据，一些区域在设备关机后数据会被清除。当一个系统启动后，它执行一个预定义的、不可修改的程序，并通过这个程序启动一个位于指定地址的程序。攻击者可能试图改变存储区域，将恶意代码插入启动地址，或者通过修改栈区直接执行这些恶意代码(参见 4.5.1 小节)。

另外，连接到 TCP/IP 网络中的系统通过监听网络逻辑端口运行。对于“开放端口”而言，每个端口分配一个默认的软件：例如，23 端口由 Telnet 服务软件监听，502 端口则用于 Modbus 服务软件。因此攻击者能够尝试利用使用这些端口的协议和应用软件漏洞来修改数据，窃取口令，或者在工作站/设备上执行代码。

恶意代码可以利用所有这些可能的方法。以下章节将阐述不同类别的恶意代码。

4.4.1 病毒/蠕虫

病毒是一种恶意代码，它将自己以一种隐蔽的方式安装在计算机或者设备中，可以从一台计算机复制到另外一台计算机。通常情况下，要感染一个系统，病毒会将自己附加在另外一个软件中。当这个软件执行时，病毒就会执行，感染宿主机，并尝试继续复制自己。将这一类程序比喻成生物学名词“病毒”再恰当不过。为了实现污染和复制，病毒程序可以直接执行或通过一个被污染的软件执行。对于一些像 U 盘一样带有自启动文件的存储介质来说，这个过程可以自动执行。大多数情况下，病毒程序需要用户的主动运行。可以通过误导用户，让用户将病毒当作一个正常软件，或者作为一个正常的附件程序(邮件附件)来执行。

蠕虫是病毒的一种，它能够在网络中传播，且一般通过使用远程执行漏洞实现。目前，人们已经不再区分蠕虫和病毒。

4.4.2 特洛伊木马

特洛伊木马是一种软件，它看起来是在做一项正常的工作(或者确实在做一项正常的工作)，但同时嵌入了恶意软件。用来自古希腊神话的著名故事类比这种软件非常贴切：巨大的用木头制作的马，表面上是贡品，而实际上暗藏着希腊勇士。在计算机场景中，特洛伊木马欺骗用户，确保隐藏的恶意代码在其机器中安装。恶意代码执行其隐藏功能，例如秘密监听并将用户信息发送到恶意服务器。

4.4.3 逻辑炸弹

逻辑炸弹是一类恶意代码，它以隐蔽方式安装自己，例如装入特洛伊木马中，并在黑客预定的某个日期触发以执行预定动作。

4.4.4 Rootkit

Rootkit 是一种恶意软件，它以隐蔽方式安装自己，目的是为攻击者提供特权用户访问权限，从而让黑客具有在操作系统执行所有操作的特权。

4.4.5 间谍软件

间谍软件是一种用于监听并记录用户行为的软件。一般来说，间谍软件是在用户不知情的情况下安装的。间谍软件可以执行很多操作。它可以在用户连接到特定网站时记录键盘敲击动作（即按键记录）。它还可以记录语音、图像或者其他信息。

间谍软件可以使用后门向黑客服务器发送信息。

4.4.6 后门

后门是指某些软件，或者操作系统的隐藏特性，它通常是在开发的过程中引入的，旨在允许访问一些特别选项，或者绕过正常认证过程。最早的时候，后门的目标是用来恢复丢失的口令，或者仅仅是为了娱乐，例如有些软件，当用户在 About 窗口中输入一些特定字符串时，会显示一个特殊的动画。随着计算机系统的网络化，后门变成了一种漏洞，特别是当认证信息被硬编码到软件中的时候。

此外在很多情况下，攻击者出于某些非法目的（例如窃取数据），在产品制造过程中将后门植入到软件、设备（摄像头）或电话中。很多恶意代码程序都具有这一特性。

4.4.7 僵尸网络

僵尸网络（Botnet）是一个由连接在互联网上的设备构成的网络，每个设备执行一个僵尸程序，这个僵尸程序负责响应远程下发的命令或者执行预定动作。恶意僵尸软件通过上述某种方法，如病毒或者邮件，分发到网络各地。它们悄无声息地安装在目标工作站或者设备上，并等待命令。僵尸程序表面看起来对用户无害，但可以用于组建一支武装着恶意软件的大军，即所谓的僵尸网络。

这些僵尸化的机器，可能是计算机，也可能是连接互联网的设备，如摄像头或者工业物联网终端（IIoTs）等，可用于实施其他网络攻击。僵尸网络可以用于发送垃圾邮件，或者执行分布式拒绝服务攻击（DDoS）（图 4.3、图 4.4）。

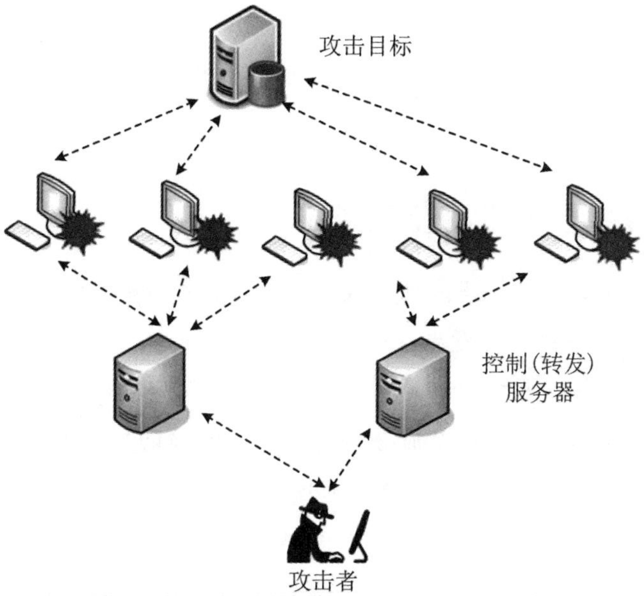

图4.3 僵尸网络发起的拒绝服务攻击(DDoS)

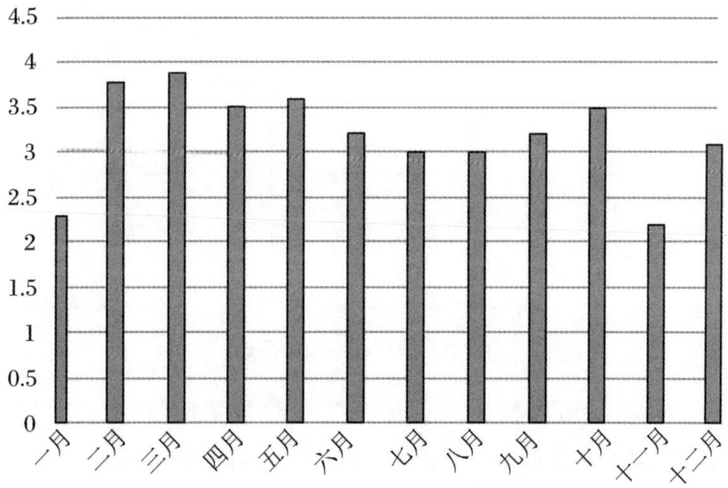

图4.4 2017年僵尸网络对工业控制系统计算机实施攻击的占比(来源:CERT)

4.4.8 勒索软件

勒索软件是一种通过锁屏或者给用户文件加锁的方式,来阻止或者限制用户访问他们自己系统的恶意软件。用户需缴纳赎金以恢复对系统的访问操作功能。最新的勒索软件家族统称为密码勒索软件,其加密被感染系统中特定类型的文件,强迫用户通过匿名在线支付方法(如数字加密货币)缴纳赎金,以获得解密密钥。

4.5 对设备和应用程序的攻击

4.5.1 缓冲区溢出和整数溢出

缓冲区溢出攻击试图在一段内存中放入比其自身容量更多的数据。这种攻击可能会破坏其他变量、阻塞系统，或者当存储区地址合适时改写子程序调用栈，执行恶意代码。在图 4.5 中，变量 buffer 是 4 个字符的数组，下标为 0～3。超出这个范围的写操作是非法的。如果不对写操作进行控制，从缓冲区到 buffer 的写操作就可能修改返回值地址（Abshier，2004；Pollet，2010），进而导致可以执行一个事先被加载在选定地址的恶意代码。详见《编写安全代码》（Howard，Leblanc，2002）。

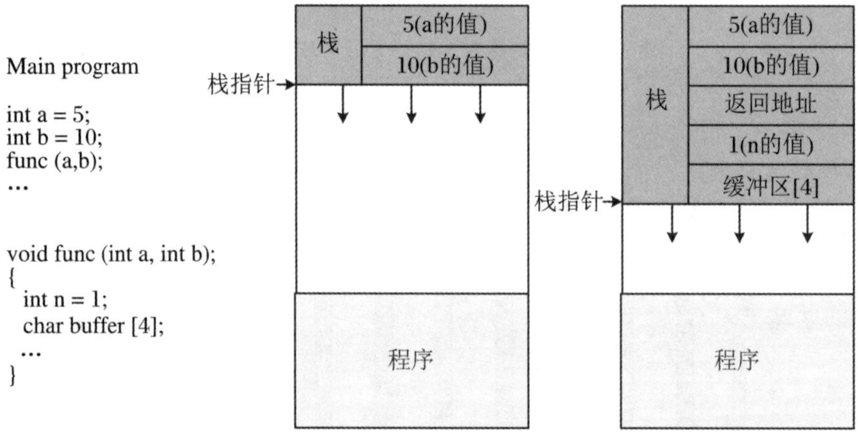

图 4.5 缓冲区溢出的攻击

还有一些漏洞和整数溢出相关。随机软件测试（模糊测试）时经常发现这些漏洞。SSH（Secure SHell）协议中曾出现一个经典的整数溢出漏洞：发送一个利用漏洞的数据帧，可能获得一个 root 连接（CERT，VU＃945216 漏洞）。

4.5.2 暴力破解

暴力破解是指一些软件通过试错的方法破解加密数据（口令、数据加密的密钥）。如同罪犯通过尝试很多种可能的组合来打开一个保险箱，针对应用的暴力破解即依次尝试所有可能的合法字符组合。理论上暴力破解是一种绝对可靠的方法，但要花费极长的时间。在实际操作中，采取这种攻击类型的软件程序往往会将暴力破解与字典方法组合使用：在系统地测试所有组合以前，攻击者会首先测试常用的口令，然后尝试字典中的词，再尝试经典变换方法。

加密系统的设计要求是，使用暴力破解方法进行破解的时间成本是一个天文数字。但是，新的计算方法（量子计算）能够减少蛮力攻击的时间。也正由于这个原因，一些指南要求设备上的认证系统能够进行更新，如第 6 章描述的工业互联网联盟的工业物联网（IIoT）规范。

暴力破解不能直接使用，因为大多数系统在尝试几次以后就会崩溃。这种方法大多数情况用于破解已经窃取到手的加密口令文件。

最后，需要注意的是这种攻击的有效性与密码强度紧密相关，必须以关联的方式选择密码（ANSSI，2012b）。

4.5.3 0-day 漏洞攻击

0-day 攻击是利用还没有修复或者公开的漏洞开展的攻击。通常，这类攻击包括针对那些已经公开但尚未修复的漏洞的攻击。[①]

软件漏洞可以被黑客、安全公司、研究人员、政府智库服务、软件制造商自身，或者用户发现。如果漏洞被黑客发现，它们可以被用于（也叫“利用”（exploits））发起攻击。“利用”将尽可能保持隐秘。漏洞还可以放在网络黑市上销售。

4.5.4 侧信道攻击

通常，侧信道攻击是指利用在加密算法执行过程中观察到的信息泄露，如算法执行时间、电能消耗，或者电磁泄漏等，来推测秘密信息，如加密密钥（参见附录 1）。

必须说明的是，能被侧信道攻击不代表加密算法的质量有问题，无论是加密原理，还是实现方法。问题往往在于加密/解密执行过程被旁路攻击。在某种程度上，这种方法类似于用听诊器开保险箱。

最著名的侧信道攻击方法是（Joye，Olivier，2011）：

——能耗分析，或者直接在加密操作过程中分析（独立能耗分析），或者反复观察然后用统计学方法分析（差分能耗分析）；

——计算时间分析（Kocher，1996），例如验证口令正确与否的过程所消耗的时间；

——电磁波泄露。

与这类攻击相关的风险取决于对设备的物理可访问性和组件集成度，对于物联网终

---

① 译者注：一种严格的 0-day 漏洞定义是，对最新版本软件设备有效的漏洞，而利用 0-day 漏洞的网络攻击是 0-day 攻击。

端设备来说，这种攻击比较容易实施。[①] 对使用片上系统(SoC，参见 11.12.4 小节)的设备进行侧信道分析相对复杂，同时，最新电路中实现了均衡能耗的设计，以应对侧信道攻击。

4.5.5 对工控系统设备的专用攻击

PLC 这类设备是特殊的计算机系统，因此它们同样会遭受计算机遭受到的各种攻击。例如，因为很多 PLC 工作在 VxWorks 操作系统下，它们会有像 CVE-2015-7599 这样的漏洞。这个漏洞源于 VxWorks 不检查整数溢出，这就使用户可以执行任意代码，或者制造一次拒绝服务攻击。

然而，工控系统设备还可能存在功能上的脆弱性：用一种不恰当的方式使用"正常"命令可能会造成故障。例如，一个发送格式错误的重置设备、强制停止、同步时钟等命令。因此，阻止任何形式对工业网络的入侵，避免产生类似的命令是非常重要的。

还有一种可能是，将恶意代码插入发送给 PLC 的程序中(Govil et al.，2018)，这种程序是用在第 1 章中提到的、专门用于 PLC 设备的语言编写的，如梯形语言。可以在这种语言编写的程序中插入恶意动作，从而影响设备的执行、测量值，甚至造成拒绝服务。将程序通过网络传送给 PLC 是一种不安全的做法，所以需要考虑这类攻击。

其他一些需要考虑的攻击是与修改 PLC 固件相关的攻击(Basnight et al.，2013；Schuett et al.，2014)。

另外一类攻击关注 OPC/DCOM 协议。对象连接嵌入处理控制协议(OPC)是一种出现在 1995 年的技术，不是非常安全(参见第 2 章)。OPC 协议允许攻击者列出系统属性，或者利用缓冲区溢出漏洞。OPC 协议已经被 OPC 基金建议的、更为安全的 OPC/UA 标准所取代。

恶意软件"Dragonfly"使用了这类漏洞，其中的 Havexm 模块使用了 OPC 协议标准收集工控设备的信息。该软件将收集到的信息发送给命令控制服务器(C&C 服务器)供黑客分析。

4.5.6 对工业物联网系统的攻击

工业物联网(IIoT)系统是一种网络系统，网络中的每个节点几乎都是复杂的可编程设备。这些节点也都具有与传统计算机设备相同的漏洞。

除了传统攻击以外，IIoT 系统对特定攻击比较敏感，并且可以作为实施特殊攻击的平台。

---

① 译者注：物联网设备部署在野外，能够物理接触到，同时它的集成度相对较低，侧信道信息掺杂的干扰较少，更容易分析。

在这里，我们可以介绍下面一些特殊攻击（图4.6）：

——物理攻击，通过侧信道发起，观察能耗推断密钥（参见4.5.4小节）（Mangard et al.，2007），或者实施逆向工程；

——针对能源的攻击，通过阻止设备进入休眠模式来消耗它的能量（拒绝休眠）（Raymond et al.，2009）；

——攻击系统软件，因为系统软件更新非常复杂；

——攻击网络添加和移除功能。[①]

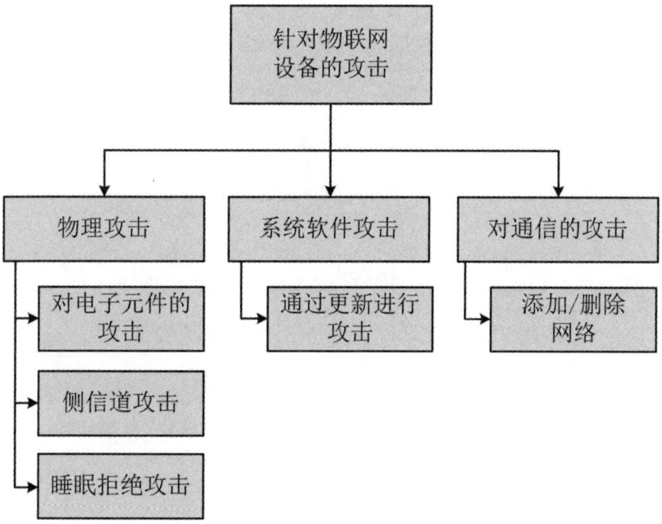

图4.6 IoT攻击

这些内容将在第5章关于脆弱性部分中详细讨论。

还应注意的是，IIoT遭受数据攻击的风险相对传统工控系统来说更高，例如：

——旨在恢复数据以构建一个公司、一个人，或者一个制造过程的活动场景的攻击（例如，通过观察灯的能耗或者开关，推断一个地方是否被占用）；

——旨在修改传输数据以实现欺诈的攻击，如西班牙电表事件（Illera，Vidal，2014）。[②]

反过来，IIoT设备可能被用来攻击平台，因为IIoT设备数量巨大，可以造成重大威胁。这种情况在下面一些时候会发生：

——节点被破坏，被纳入一个僵尸网络中，以实施拒绝服务攻击；

① 译者注：IIoT网络中的节点是随时可以加入和移除的，因此支持动态组网协议，攻击者可以利用这一功能非法加入网络。

② 译者注：2014年，研究人员发现西班牙所使用的智能电表中存在安全漏洞，该漏洞可以导致电费欺诈甚至进入电路系统导致大面积停电。

——节点被用于渗透本地通信网络(射频或者 Wi-Fi)。

在对 IoT 设备的传统攻击中,恶意软件试图改变固件,或者在启动时插入恶意代码等。比起传统计算机设备,IIoT 设备更加脆弱,因为它们通常在物理上独立,容易遭受电子分析或者逆向工程的威胁。

4.6 通过网站实施的站点攻击

结构化查询语言(SQL)注入攻击通过将恶意代码插入到字符串,然后将字符串传送到一台 SQL 服务器中执行。任何构建 SQL 语句的过程都必须要做漏洞注入的检查,否则 SQL 服务器将执行它所收到的任何句法正确的查询,即使是普通的带参数查询,也可能被高水平的攻击者所利用。一个简单的例子如下面这条指令,其中标灰的是黑客增加的项:

SELECT * FROM Users WHERE UserId = 105 OR 1=1;

由于增加的项总为"TRUE",所以这条语句会选择所有用户。这类攻击在网站上使用时特别危险。

跨站脚本攻击(Cross-Site Scripting Attack,XSS)是攻击者将数据,如恶意脚本,注入来自于可信站点的网页内容中。跨站脚本攻击的原理是:Web 应用把不可靠来源的恶意代码引入"网页动态内容",并提供给受害者的浏览器执行。例如,在论坛应用中,如果用户输入的内容不经过验证就提供给其他用户浏览。注入的代码经常是 JavaScript,能够用来盗取身份信息。DGS 2017 中详细描述了更具体的内容。ICS-ALERT-13-304-01 漏洞是一种针对工业控制系统的 XSS 攻击实例。这个漏洞会影响 SCADA/HMI Nordex Control 2 系统。

4.7 网络攻击

4.7.1 中间人攻击

中间人攻击(MiM,或者 MitM 攻击)的原理是在两个站点之间增加一个中间站点,而通信站点并不知道此中间站点的存在(如图 4.7 所示)。这种攻击可以使用不同技术实现:

——第 2 章中描述的 ARP 缓存毒化(ARP Cache Poisoning):如果两个工作站在同一个局域网,攻击者可以很容易强制两个站点之间的通信通过攻击者的计算机进行,而攻击者的计算机以“中继器”(路由器或者网关)的角色在两个站点之间交换数据。在这种情况下,要改变通信内容相当简单。

图 4.7 MitM 攻击

——DNS 欺骗:DNS 服务器提供站点域名(如 www.myscadasupplier.com)与 IP 地址之间的翻译服务。攻击者通过改变 DNS 服务器可以将访问网站的通信重定向到攻击者计算机。

——互联网控制消息协议(Internet Control Message Protocol,ICMP)重定向:使用 ICMP 协议,攻击者能够发送一个虚假消息给路由器,使其将受害人的数据流重定向到他自己的机器。因此,路由器上必须禁止这项功能。

使用这一类攻击,攻击者不仅可以截获所有的流量,包括像用户名和口令这样的敏感数据,还能够删除任意连接,操控内容欺骗受害者。即使流量加密,这种攻击方法仍然有效,因为攻击者可以在建立连接时替换连接的公私钥对。

4.7.2 拒绝服务

拒绝服务攻击是为了阻止一个系统或者服务正常运行而设计的攻击方法。可以利用特定应用、操作系统、专用协议、专用服务的漏洞来进行攻击。在拒绝服务攻击中,攻击者尝试阻止授权用户访问专用信息、计算机系统,或者其自身所处的网络。拒绝服务可以通过引起系统非正常关机(例如,通过缓冲区溢出),进而导致服务终止,或者通过向服务器发送大量请求使正常用户无法得到服务(例如,使用僵尸网络)。

拒绝服务攻击还可以与其他方法(如中间人攻击)一起使用,以获得对计算机的非授权访问。

对于工控系统来说,对负责控制物理设备的系统实施拒绝服务攻击可能造成严重后果,因为物理系统会不间断地连续工作(也被称为实时工作)。如果被攻击的系统是安全仪表系统(SIS),则拒绝服务攻击可能影响到人身安全和财产安全。

由网络化的一组计算机或互联对象发起的拒绝服务攻击被称为分布式拒绝服务攻击(Distributed DoS,DDoS)。拒绝服务攻击还可以通过 TCP/IP 协议漏洞发起(如 SYN 洪泛)(参见第 2 章)。

4.7.3 网络扫描与端口扫描

连接到 TCP/IP 网络的计算机和设备使用端口进行通信。有 65535 个 TCP 端口和 65535 个 UDP 端口可以开放使用,也就是说,系统随时可以开启通信。1～1023 端口有预定义功能。例如,21 端口用于 FTP 通信,80 端口用于 Web 服务。一些监听这些端口、准备接受通信连接的通信模块存在脆弱性。例如,监听 21 端口的 FTP 服务器可能允许匿名连接。这些有价值的漏洞使设备理所当然地成为理想目标(Mathew et al.,2014)。

在一次入侵尝试过程中,端口扫描让我们知道一个特定的地址上是否有设备,进而知道它的功能和可能的漏洞。这种分析方法经常用于:

——测试主机是否活跃;

——测试主机具有防火墙;

——检测操作系统,或者检测设备类型;

——端口扫描;

——查找漏洞。

入侵尝试通过测试在指定端口上是否存在已知漏洞来实现。例如,对于用于网站的 80 端口,自动化软件发送请求来尝试 SQL 注入攻击,跨站脚本攻击,或者缓冲区溢出攻击。对于用于 SSH 协议的 22 端口,攻击者可以尝试使用暴力破解方式攻击。

NMap 软件可以用来扫描一个计算机网络及其开放端口。PLCSCAN 工具可以用来探测部署在网络中的 PLC 设备(如图 4.8 所示)。

因此,检测端口扫描行为非常重要,因为它通常是一次事故的前奏,可以用来识别某些攻击意图。

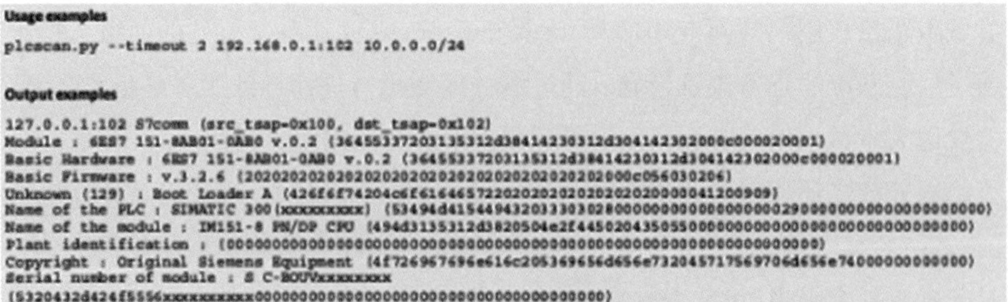

图 4.8 网络扫描

4.7.4 重放攻击

重放攻击是一种在网络中插入数据包的攻击，通过中间人攻击机制获取数据包，然后重用该数据包，将它们再次转发给接收方。攻击不必理解数据包含义，也不必破译数据包。

例如，如果发送者向接收方发送加密的用户名和口令以认证身份，黑客可能通过重复使用这一系列的数据包，以篡夺发送者的权限。

这一类攻击可能适用于攻击特定类型的、脆弱的 PLC 设备：具有访问 OT 网络权限的攻击者可以窃取网络连接的会话编号，并通过会话加入任意命令来停止或者重启 PLC 设备。

4.8 物理攻击

如果攻击者能够直接接触物理目标，就可以使用很多攻击方法。

首先攻击者可以简单摧毁设备或者使设备降级运行。除此之外，攻击者还可以：

——连接到设备并窃取数据（包括口令），如将键盘记录器连接到键盘线，可以捕获所有用户输入，也可以通过 JTAG 测试端口；

——窃取存储卡，或者大容量存储器，复制或者修改它们；

——窃取设备并实施逆向工程，挖掘可以远程使用的漏洞；

——简单地使用键盘-鼠标设备尝试入侵，或者通过屏幕窃取信息。

物理攻击也可以用在已经弃用的设备上，以达到窃取数据或者口令的目的。

4.9 利用人的因素进行攻击

4.9.1 社会工程学

IT 系统安全中最薄弱的环节之一是人。除了非故意地（不小心），或者故意地（故意不遵守规则）犯错以外，人还可能成为所谓社会工程学技术的受害者。

社会工程学方法建立在谎言、误导、敲诈、利诱等手段上。例如，攻击者可以联系一个系统管理员，伪装成一个授权用户，申请一个新口令。另外一种常用策略是伪装成服务商雇员，申请临时权限进行紧急维护。

这些技术大多依靠钓鱼诈骗，通过利用用户的"天真"以取得他们的信任。

有两类钓鱼诈骗方式：使用通用邮件的大规模钓鱼，和在充分调查目标及公司以后实施的鱼叉式钓鱼，后者更难被检测到。

一个攻击实例可能包括如下行为：

——接收一封带有公司标志和颜色的邮件；

——请求执行一个操作，如更新个人数据，或者确认口令；

——连接到一个与公司网站一模一样的、被攻击者控制的虚假网站；

——攻击者恢复客户在虚假网站上输入的登录口令（或者其他敏感数据）。

这个虚假网站也可以是一个设备制造商的提供更新服务的网站。

这类攻击在2018年初发生过：Meltdown/Specter漏洞补丁网站发布了一个存在恶意代码的虚假补丁。一封看起来是来自于德国信息安全联邦办事处（BSI）的邮件，携带了一个SSL证书（https:），并连接到一个仿冒网站。这个仿冒网站并非官网，而是试图欺骗用户安装此补丁的钓鱼网站，而该补丁实际上是一个恶意软件。

4.9.2 内部欺诈

授权用户故意使用其访问权限伤害组织安全，被称为内部欺诈。用户可能是雇员、顾问，或者分包商。实施内部欺诈的用户有别于那种因为疏忽或者误导而提供访问权限的用户。内部欺诈对于很多公司都是禁忌话题，但这种问题正在与日俱增（Cole，2017）。内部欺诈者分为不同种类：偶尔欺诈者、经常欺诈者，以及故意受雇并实施欺诈和团伙欺诈的人。对拥有特权用户如管理者或者管理员的欺诈行为后果特别严重（Ware et al.，2017）。

这类攻击是由组织管理方面的漏洞造成的：

——内部控制和运行监视过程薄弱；

——IT授权管理不严；

——缺乏职责分离和轮换。

为了防止内部欺诈发生，应规划适当的组织措施。

4.10 工控系统攻击的历史

第一次对工控系统开展的攻击是1982年针对苏联的天然气管道的攻击。一段木马程序被植入SCADA系统中，导致管道爆炸。从那时开始，发生了很多针对工控系统开展的攻击事件。表4.4给出了一些著名的攻击。

一次具有里程碑意义的事件是2007年Idaho国家实验室做的一次攻击验证实验。这次攻击验证实验被称为“极光”(Aurora),它证明了网络攻击能够破坏电网的物理组件。在这次实验中,攻击者利用通信协议漏洞进入并访问柴油发电机的控制网络。接着,攻击者运行了一个专门设计的恶意代码程序,打开电路断路器。这个动作执行很快,以至于保护系统都没有检测到问题,进而导致柴油发电机爆炸。整个过程可以通过实验录像看到(Idaho国家实验室,日期不详)。因为大多数电网设备使用这类通信协议,所以这次实验重点强调了此类通信协议的漏洞问题。

几年后,震网病毒Stuxnet(Falliere et al.,2011)成为工业系统网络安全历史上的里程碑,提高了人们对SCADA系统脆弱性的重视程度。根据匿名来源的报导,Stuxnet是一种计算机蠕虫,专门用来推迟伊朗核项目进展。Stuxnet专门针对用于控制离心机的PLC设备,离心机是用于分离核材料,生产浓缩铀的设备。Stuxnet可以使浓缩铀的产量损失20%。

Stuxnet的工作原理是:一方面,在Windows系统的网络之间传播蠕虫;另一方面,当它检测到特定型号PLC的编程环境时,就会创建一个模块,用于在传送PLC程序时修改该程序。此修改改变了控制系统的行为,会导致离心机转速突然降低,同时隐藏离心机转速变化,躲避监测。

具体地,Stuxnet通过一个连接到USB端口的驱动器引入目标环境。此后,蠕虫会利用Windows系统漏洞在计算机网络中传播:

——Stuxnet蠕虫利用了允许自动执行LNK、PIF文件的漏洞(BID 41732),通过移动驱动器①复制自己;

——Stuxnet蠕虫可以利用Windows spooler(打印机队列管理器)的漏洞在局域网中传播,这个漏洞允许远程代码执行(BID 43073);

——Stuxnet蠕虫还可以通过SMB协议传播(共享文件访问系统),这个过程利用了Microsoft Windows服务中远程过程调用(Remote Procedure Call,RPC)的远程代码执行服务(BID 31874)。

一旦感染到运行了Step 7开发环境工作站上,Stuxnet蠕虫就会改变与PLC通信的库。此时,通过开发环境编译出来的PLC程序就会携带恶意代码,并且屏蔽PLC的返回值。

另外一个转折点发生在2017年。这次攻击被称为TRITON攻击,该攻击被设计来攻击Triconex公司的安全系统,特别是那些安装在工业石油部门的系统。这次攻击所影响的工业设施的精确位置没有披露,但是一般都认为是在Saudi Arabia。此次攻击的目

① 译者注:U盘插入USB接口时,Windows操作系统会检查U盘根目录是否存在PIF或者LNK文件,如果存在,自动加载并执行,实现即插即用(Plug & Play)的功能。

标是让安全系统失效。在这种情况下，最终结果不是关掉了使用SIS系统的部件，就是让工业装置继续运行在危险状态下。无论是事故造成，还是攻击造成流程控制失败，后果都非常严重。最终是故障暴露了这次攻击。

TRITON的破坏意图是明显的，因为这类系统[①]的目的就是保障设施与人员的物理安全。造成SIS故障意味着，在运行中断的情况下会发生工业事故。

在物联网领域，一个广为人知的案例是2016年针对飞利浦Hue照明灯的攻击。这次攻击案例由研究人员实施（Ronen et al.，2017），研究人员成功获得飞利浦Hue品牌照明灯所在网络的控制权。这些灯泡通过Zigbee网络互联，用户能够使用远程控制功能控制灯光亮度和散发的颜色。这些灯泡存在明显的安全漏洞。

根据研究者的解释，灯泡之间彼此通信使用的加密密钥是一样的，这就让感染恶意代码的灯泡可以很容易将其传染给其他灯泡。研究人员利用的漏洞来自于飞利浦公司Hue照明灯泡相互通信采用的Zigbee协议。研究人员说他们能够还原出用于在灯泡之间交换认证消息所使用的加密密钥。

还有很多其他攻击事件，后果各不相同。表4.4给出了一些著名的攻击。

表4.4 工控系统攻击

时间	攻　击	描　　述	后　果
2018	Alert（TA18-074A）	IS-CERT alert是一次对美国基础设施的攻击，有多条攻击路径，包括社会工程学方法	窃取工控系统信息
2017	BrickerBot	类似Mirai，给被感染的对象造成永久破坏	攻击并使对象失活
2017	TRITON	攻击安全信息系统的安全自动装置（Triconex），远程访问木马（RAT）	关闭设备，造成潜在的工业灾难
2017	勒索病毒（魔窟病毒）	利用Windows缺陷一次影响30万工作站的大规模攻击，加密数据并提出勒索请求，病毒通过Windows缺陷（永恒之蓝）传播	经济损失（勒索），生产停工
2017	Petya	攻击乌克兰会计软件。利用与魔窟病毒相同的漏洞	经济损失（勒索），生产停工
2016	飞利浦Hue灯泡攻击验证	一次攻击验证，接管飞利浦的Hue灯泡网络的脆弱协议，实施物联网物理攻击	真实规模脆弱性验证

① 译者注："这类系统"是指被攻击的SIS。SIS用于保障设施和人员的物理安全。

续表

时间	攻 击	描 述	后 果
2016	Mirai or DYN	一次通过 DDoS 对 DNS 运营商 Dyn 的服务器进行的攻击。攻击是由被感染的使用标识符的连接对象(摄像头、DVR 播放器等),通过一次 DDoS(请求洪泛)对域名服务器发动对的攻击	互联网堵塞,域名服务器不再提供服务
2016	拉彭兰塔建筑攻击	针对芬兰一栋建筑的供暖系统发动的 DDoS 攻击(由 Valtia 组织管理)	供暖中断
2015	黑暗能量	乌克兰停电 6 小时,影响范围 23 万人,采用鱼叉邮件安装木马方法	电力供应故障
2015	德国铁矿山网络攻击	接管一台高炉的控制系统,造成巨大损坏,采用邮件和木马方法	物理破坏
2014	蜻蜓	通过俘获工控系统设备对能源公司实施的攻击,采用远程访问木马(RAT):Havex/能源熊木马(pdf)邮件,水洞攻击	系统破坏
2014	沙虫	针对通用电气和西门子软件的 Windows-零日漏洞攻击,CVE2014 4114 (对象连接嵌入执行)	系统破坏
2012	Telvent Canada attack	访问控制系统的管理员工具,通过手工传播的恶意代码	SCADA 软件信息窃取
2011	Night Dragon	提取石油或天然气项目相关的加密信息。社工方法与提权控制	数据窃取
2011	Duqu	部分代码与震网病毒几乎完全相同,专为工业间谍设计,不具有破坏功能	数据窃取
2010	Stuxnet	渗透纳坦兹铀浓缩厂几年时间,导致 900 多态铀浓缩离心机损坏。利用 Windows 和 Step7 设备漏洞的复杂攻击	离心机老化降级
1999	Gazprom (Russia)	接管管道瓦斯流的分配控制面板。采用木马和内部共谋手段	生产停滞
1982	Pipeline attack	攻击西伯利亚管道,SCADA 木马	瓦斯管道爆炸

4.11 一些统计数据

表 4.5 给出了由 BSI54 发布的最频繁的攻击(Federal Office for Information Security,2016)。应该注意的是,人的因素起主导作用。由美国计算机应急响应小组在 2014 年报道的事故占比如图 4.9 所示。在这些事件当中,55%是高级持续威胁(APT)攻击。

这些事故尽管在数量上不多,但根据卡巴斯基的分析,事件数量的增长速度非常快(Kaspersky Lab ICS CERT,2018)。

表 4.5 最常见的攻击

编号	2016 年排名前 10 的攻击	2014 年排名前 10 的攻击
1	Social engineering and phishing	Malware via Internet Infection and Intranet
2	Malware spread via removable media and external hardware	Malware spread via removal media and external hardware
3	Malware via Internet Infection and Intranet	Social engineering
4	Intrusion via remote access	Human error and sabotage
5	Human error and sabotage	Intrusion via remote access
6	Control components connected to the Internet	Control components connected to the Internet
7	Technical failures and cases of force majeure	Technical failures and cases of force majeure
8	Compromise of Extranet and Cloud components	Compromising smartphones in the production environment
9	(D)DoS attacks	Compromise of Extranet components and Cloud components
10	Compromise of Extranet and Cloud components①	(D)DoS attacks

① 译者注:原稿中 2016 年第 10 位攻击是“Compromise of Extranet and Cloud components”,与第 8 位相同。通过与 2014 年对比,可能是 2014 年第 8 位的“Compromising smartphones in the production environment”。

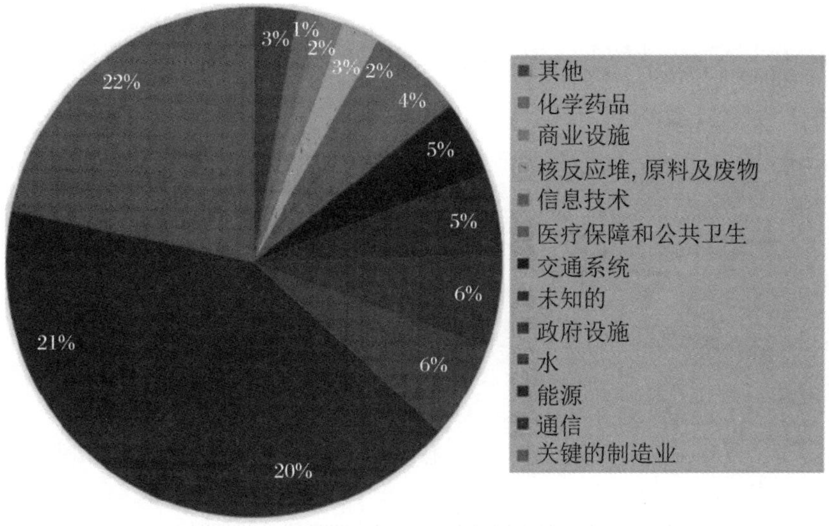

图 4.9 攻击对行业的影响

第 5 章

工业控制系统的脆弱性

5.1 概述

攻击计算机系统成功与否取决于是否有至少一个漏洞被成功利用;漏洞可以是技术层面的、人员层面的,也可以是组织层面的(图 5.1)。

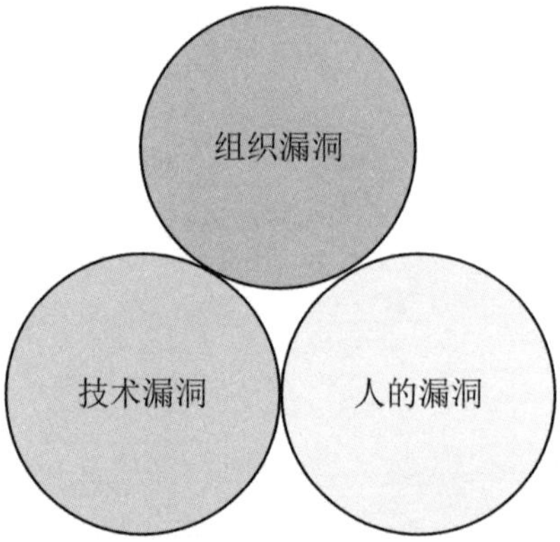

图 5.1 需要考虑的不同类型的漏洞

大多数情况下,工控系统的脆弱性分析局限在技术层面。尽管这种类型的漏洞数量巨大,但反馈分析显示,大多数攻击不是仅凭技术漏洞实现的。仅修复这些技术漏洞很必要,但还不够。

将这件事与建筑安全的类比或许更加浅显易懂:要确保安全,重要的是要有一把高质量的锁,并且确保窗户的安全,这是技术层面的事情。建筑使用的安全策略应该定义与关闭相关的规则,如关闭的次数。在这之后,用户必须锁门以履行策略,这是人员层面的事情。接下来,必须让用户意识到锁定系统程序的重要性,如果有必要,对他们进行使用锁定系统的培训。要完成整个过程,还必须有计划地检查规则的履行情况,并且如果需要的话,制定一条规则,在轮班结束的时候由一名安全员锁定整个系统。

对建筑安全脆弱性的分析从分析技术特征开始(如锁的质量),这一点要做到尽可能全面。这需要首先识别出窃贼可能进入的潜在入口;其次进行组织层面检查:是否定义了一致的政策？如果不一致，就说明存在组织层面漏洞，应对用户进行通知与培训；最后验证开始制定的政策是否确实被执行。

本章接下来给出一种通用方法来分析工控系统的漏洞。在下一节中，将提供这些系统的潜在入口点，用以定义攻击面，知道这些潜在入口点能让安全人员更好地采取正确的措施。

最后，本章将讨论传统工业系统，以及工业物联网(IIoT)系统的脆弱性，并提供一些方法论或者技术工具来分析一个工控系统实例的脆弱性。

5.2 脆弱性研究的通用方法

回顾工业控制系统的体系结构可以发现，攻击的发生往往按如下方式进行：

(1) 第一步，进入工业网络(所有工控设备连接的网络)。

(ⅰ) 从工控网络外部进入(信息网络、互联网、远程访问)：

——通过社会工程学引入一个木马或者后门；

——通过网络防护的脆弱性，如缺少网络隔离、网络设备漏洞等；

——通过一个用于远程维护的、被安装木马或者后门的外部工作站。

(ⅱ) 通过在制造或者集成过程中安装的后门(无论黑客或者制造商是否知情)。

(ⅲ) 通过可移动介质(如 U 盘、光盘)或者被污染的移动设备(笔记本电脑、平板电脑、移动电话等)。

(ⅳ) 通过本地不安全的无线接入。

(ⅴ) 通过由内部攻击者发起的无线网络连接。

在这一步的结尾，攻击者会有一台连接到工业网络的设备，并且能够发现其他设备、窃取或者破坏网络中交换的数据包。

(2) 第二步，网络发现，使用扫描软件从一台工作站访问整个网络。

(3) 第三步，这是一个可选的步骤，在其他设备上安装木马或者后门。

(4) 最后一步，在 SCADA PLC、服务器和监控工作站上执行恶意动作(窃取信息、破坏数据、关停或者降级设备、在物理过程中直接执行危险动作)，直接或者通过修改程序，甚至特别的攻击手段，如：

(ⅰ) 在服务器或者监控站上，显示一个不正确的视图(没有显示真实值并且/或者没有发送真实的命令给 PLC 设备等)；

（ⅱ）在 PLC 设备上，修改数据或者程序使系统出现故障，或者破坏、切断安全功能[①]；

（ⅲ）在历史数据库上窃取敏感信息。

图 5.2 将这种攻击方法总结为通用的攻击树。

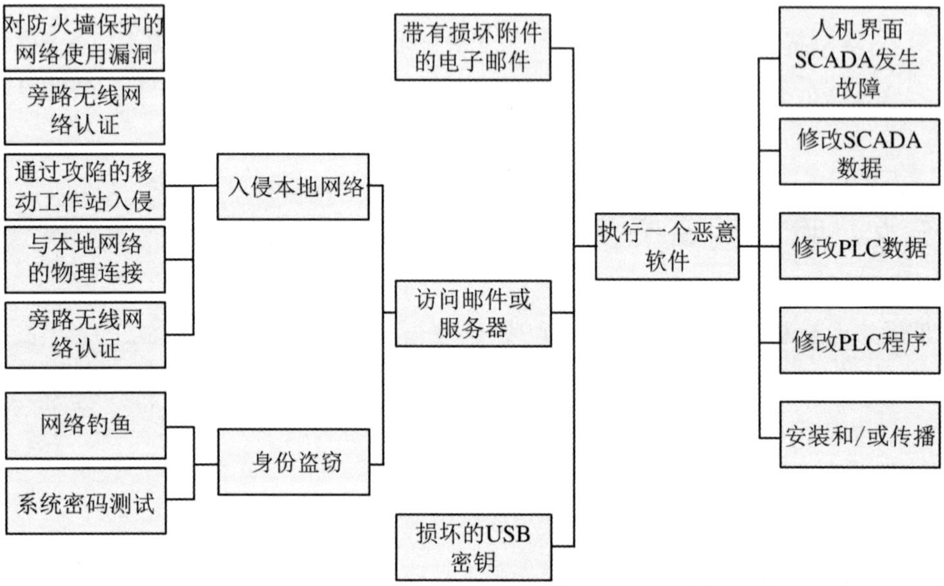

图 5.2　攻击的通用框图

为了保护工控系统，有必要采取恰当的措施在攻击实施过程中对其进行阻止。

5.3　攻击面

系统的攻击面（Manadhata，Wing，2011）的定义如下：

——对攻击者能够进入系统的所有入口点的描述；

——安全措施的列表；

——要定位的目标列表。

一个工控系统的通用攻击面如图 5.3 所示。图中给出了入侵点、目标和采取的措施。应该注意的是，大多数目标都作为跳板，新动作可以通过跳板直接传递到末端的自动操作装置并执行，以达到直接控制物理过程的目的。

---

① 译者注：如破坏紧急制动功能，使系统在错误状态持续工作，直至损坏或者爆炸。

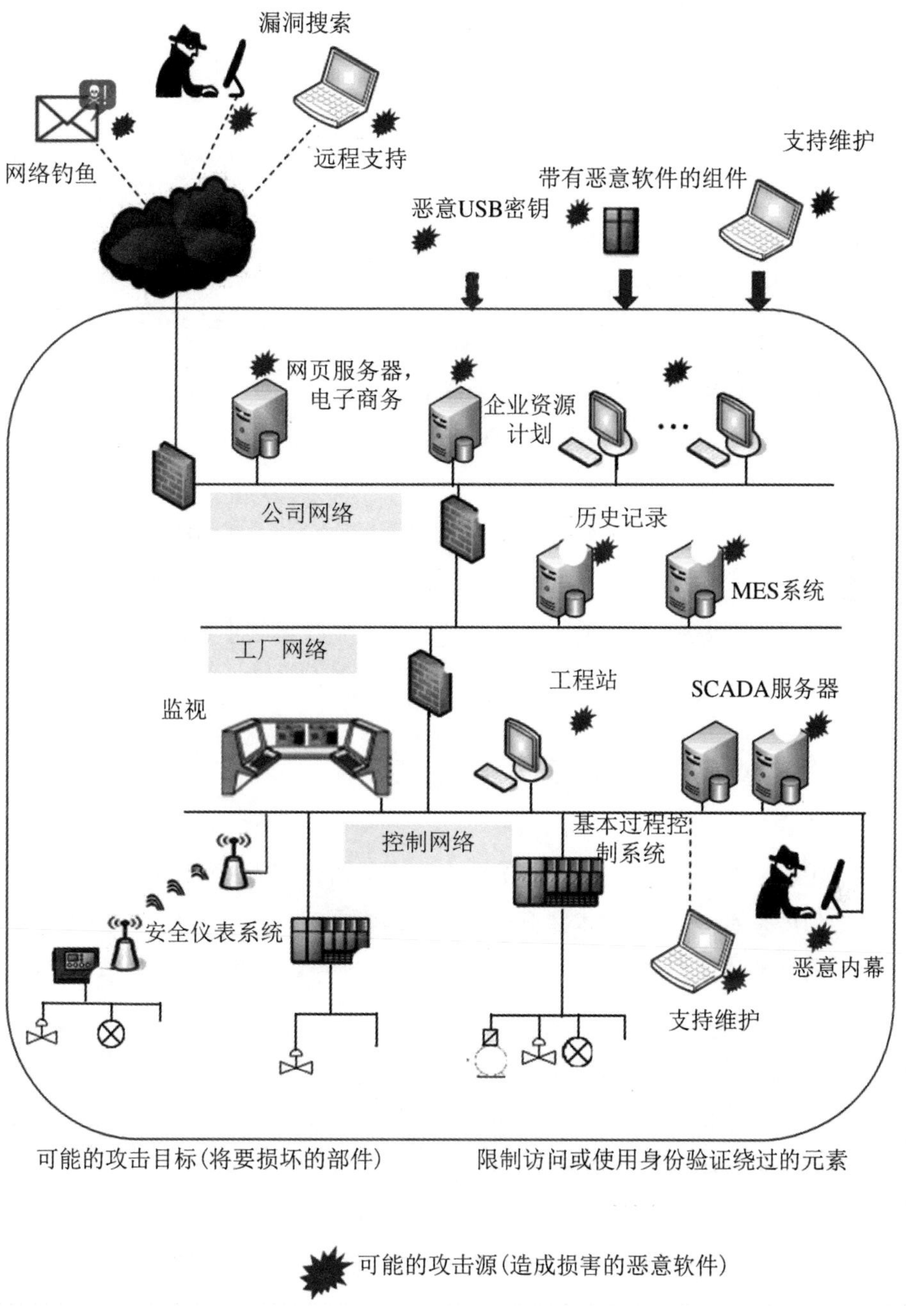

图 5.3　工控系统的攻击面

总之,工控系统的攻击入口点可以总结为:

——在信息技术(IT)网络和操作技术(OT)网络之间配置不当的防火墙;

——非军事化区(DMZ 区)服务器(参见第 10 章),该区域服务器可以从外部网络,或者通过信息技术手段访问,以便植入恶意软件,并且可以用作攻击的中继节点;

——在 OT 网络外部的所有工作站通过虚拟专用网(VPN)连接到 OT 网(或者没有任何特别的保护,更加危险):如果这些工作站被攻陷,它们也会变成入口点;

——USB 钥匙和其他可移动存储设备;

——移动计算机或者移动工作站,通过 Wi-Fi 连接,当它们在 OT 网络之外时,就有可能被攻陷;

——OT 网络中具有访问互联网或者外部网络能力的工作站有可能感染恶意代码;

——工作站在 OT 网络中接收邮件;

——PLC 和其他连接到不安全网站的设备;

——来自不可信提供商的工作站、设备和软件;

——由于设计不完善或者实现不完善而带有安全缺陷的设备;

——不安全的物理访问点。

如图 5.3 所示,这些都必须要有物理接触或者逻辑连接来利用漏洞。在装置中寻找漏洞、修复漏洞都是风险控制的基本步骤。图 5.3 中给出了所有可能受影响的因素,以及那些必须要分析的因素,该图显示了可以被用作实施攻击的中继的目标和元素。

5.4 SCADA 工业系统的漏洞

在给出工控漏洞详细列表以前,本节将介绍在分析过程中最经常被识别的漏洞。

从全局角度来看,大部分技术漏洞都与下列因素有关:

——不安全的体系架构,允许访问脆弱的设备,或者基于脆弱的协议修改网络流量;

——配置不当的防火墙;

——使用不可靠的、很容易被监听和破坏的协议;

——没有身份认证能力的工控设备;

——没有经常升级修补的软件漏洞;

——脆弱的认证过程(如默认口令、共享口令,或者弱口令等)。

在监控层(普渡模型的第 2 层),服务器和工作站点的脆弱性都相对经典。工控系统认证独有的脆弱性在于使用不安全协议,如 Modbus 协议。

对于模型中 PLC 所处的第 1 层,脆弱性主要关注两方面,一方面是与设备自身相关的脆弱性,另一方面是允许用户与 PLC 通信或者使用 PLC 的机制。从技术的角度看,PLC 具有一个核心单元和固件(或操作系统)来确保基本操作。这个操作系统有漏洞。与 SCADA 服务器和工程师站建立的连接主要是为了传送:

——用户程序(用 IEC 61131-3 语言中的一种编写的用户程序,参见第 1 章);

——配置信息；

——控制操作模式的命令(如停止、运行、重启等)；

——从 SCADA 工作站发送出来的控制命令；

——从 PLC 发送数据到 SCADA 和历史服务器。

通信的安全基于：

——集成在设备中的用户认证机制；

——权限管理策略；

——用户 ID 身份管理。

漏洞可能出现在上述某一项功能中。

最后，在模型的第 0 层，如果运行嵌入式固件或者嵌入式操作系统的设备使用了 TCP/IP 协议，则也会存在与这两个因素相关的脆弱性。

在工业物联网体系结构中，使用的协议是安全的：脆弱性往往来自于实现上的错误，或者密钥管理方面的缺陷。注意，物联网设备更容易被物理接触，所以基于逆向工程或电子方法(如侧信道功率分析)也可能破开一些防御机制。

图 5.4 来自于卡巴斯基实验室 2017 年的一项研究，它提出了一种关于漏洞分布的看法：网络和协议方面的漏洞都非常重要。

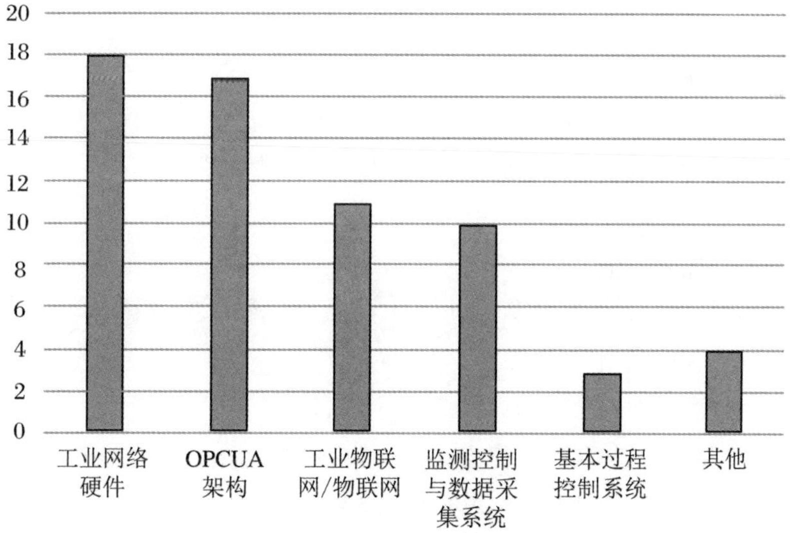

图 5.4 可识别漏洞的分布

5.5 工业物联网系统(IIoT)的脆弱性

通常情况，在上面列出的脆弱性之外(除了不安全协议)，IIoT 设备特有的脆弱性是由于它们具有的如下特点：

——设备分散布置引发物理上的脆弱性。

——构成系统要素的外边界未知，或很难划定。

——系统计算能力很低，很难实现密码功能，所以数据交换本身存在脆弱性。

——系统设计本身支持增加与移除设备，而这种操作要求系统以一种简单灵活的方法实现，这就留下了安全隐患。在这个阶段，如果没有使用基于证书的非对称加密方法进行密钥交换或者证书私匙泄露，则会产生漏洞。

——设备很难进行安全升级。

——由于系统相似，一旦缺陷被发现，就可能造成大规模攻击。

更具体地说，在网络中加入 IIoT 终端时，存在于系统硬件、软件和通信过程中特有的漏洞也会随之加入。

在硬件层面，鉴于有限计算能力和有限的可用能源，脆弱性来源于：

——电子分析能力，通过分析功耗变化来获取加密密钥(侧信道攻击)(Mangard et al.,2007)；

——持续不断的请求导致电力不足(Raymond et al.,2009)；

——在制造过程中植入可以破坏正常行为的组件，例如将处理器特权位保持在一个固定值(Yang et al.,2016)。

在系统软件层面(固件、操作系统，以及可能的特权级应用，如虚拟机)，脆弱性主要来源于：

——低复杂度：例如，在简单的微处理器上没有内存管理单元，无法做到进程隔离；

——访问控制管理设计简单，管控粒度不够(Fernandes et al.,2016)；

——软件升级困难：软件升级要求在可控条件下关闭系统，重启，并且经历一次长时间的程序传输过程，这对于只有很少能量资源的 IoT 设备来说是一个大问题，特别是对那些依靠能量采集的设备。

IIoT 系统经常会有支持本地计算的设备(雾计算(fog computing))。这种设备可以有各种形式，如具有先进处理能力的网关，或者车载环境中的中控平台等。

这类设备的脆弱性在风险分析中应引起重视。

5.6 脆弱性的系统分析

分析系统脆弱性在安全处理中是一个重要的步骤。通常采用两种方法：

——第一种是基于检查列表的审计分析方法，这种方法可以处理技术漏洞；

——第二种是基于软件的分析方法，以自动化方法检测各种设备脆弱性。

NIST指南（Stouffer et al.，2015）与ANSSI指南（ANSSI，2013b）提供了通用脆弱性实例，以便于构建检查清单。表5.2[①]给出了一种最常用的检查清单。这个检查清单能够帮助安全人员对设备进行初始风险识别。

ICS-CERT团队（Computer Emergency Response Team，CERT）创建了一套目前最常用的扫描工具：Cyber Security Evaluation Tool（CSET），网络安全评估工具，可以针对工控系统进行漏洞扫描。CSET提供了连续逐步评价安全措施和安全规范的方法（如图5.5所示），将上述安全行为与业界公认标准（见表5.1）中相关要求进行对比。

图5.5 CSET分析的步骤

第一步，在表5.1提到的标准中选择一个参考系统。第二步，安全保证等级（Security Assurance Level，SAL）是由一次成功的网络攻击所造成后果的严重程度决定的。这个等级可以人工选择定量计算得出，作为系统推荐的安全等级，以保护系统不发生恶性事件。

CSET可以绘制工控系统的示意图，示意图也可以通过GRASSMARLIN软件导入（参见第10章）。

接着，CSET会根据网络拓扑、选择的安全标准，以及选择的SAL等级，生成一系列问题。分析师可以根据其组织使用的实际网络配置和安全策略，以及过程实现（参见图5.6），选择每个问题的最佳答案。每个问题都能与分析师提供的背景信息相结合来支持答案。

最后一步是结果分析。CSET提供一个仪表板和各种可能性来过滤结果。

① 译者注：原稿存在错误，此处引用应该是“表5.2”。

表 5.1 CSET 支持的标准

美国联邦法规(Code of Federal Regulations,CFR)主题 6,第 27 部分,化学设施反恐标准(CFATS)基于风险的性能标准(RBPS)指南 8 ——网络
美国国土安全部控制系统安全目录:给标准开发者的建议,修订版 6 和 7
美国国防部 8500.2 号令,信息保障实施,2003 年 2 月 2 日发布
ISO/IEC 15408 修订版 3.1:信息技术安全评估通用准则
美国核电研究中心可靠性标准 CIP-002-009,修订版 2 和 3
美国国家标准技术研究所特刊 800-53,联防信息系统建议安全控制,修订版 3 和附录 I,工业控制系统控制
美国国家标准技术研究所特刊 800-82,工业控制系统安全指南,2011 年 6 月发布

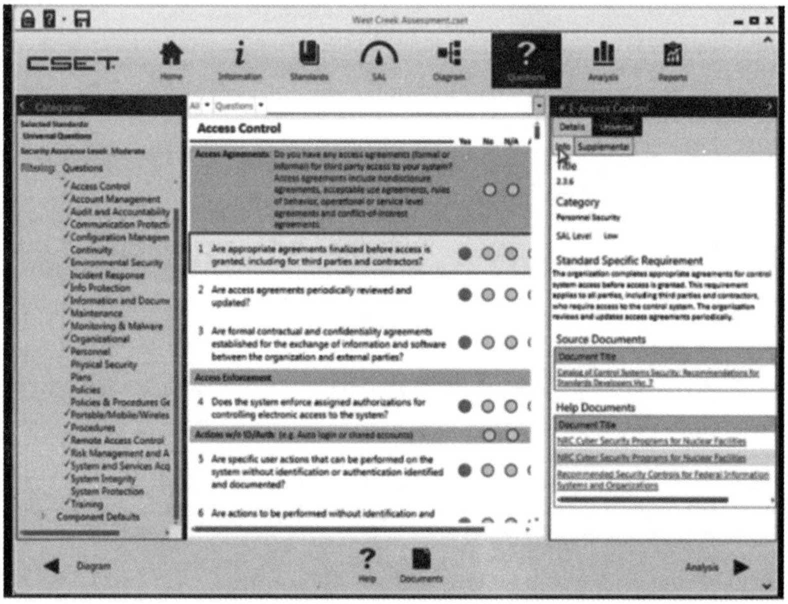

图 5.6 回答 CSET 问题的屏幕界面

表 5.2 审查漏洞的检查表

物 理 脆 弱 性
——对设施没有设置物理访问控制 有能力破坏设备或者引入恶意系统的人有物理访问设施的可能

续表

物 理 脆 弱 性
——不安全端口(USB和以太网) —USB端口 —以太网线 —键盘连接 —JTAG接口(测试接口)
——没有对环境因素进行控制 温度、湿度、腐蚀、水灾、火灾等
——没有应急电力供应
——没有电磁屏蔽、过电压保护、静电保护等防御系统
组 织 的 脆 弱 性
——没有工控系统安全策略,或者安全策略不当 工控系统的脆弱性经常是由于没有具体的安全策略,或者管理不全面,例如缺少移动计算机管理
——没有明确供应商、集成商和运营商之间的安全职责划分 信息安全策略定义一直不明确,甚至经常直到工控系统已经连接上线,各利益相关方(供应商、集成商和运营商)的职责才制定出来
——风险管理系统不到位 没有实施风险管理方法
——没有风险评估 工控系统不在网络安全风险评估分析范围
——不受管理的外部利益相关方 这些外部利益相关方可能成为威胁源,无论其是否具有这样做的主观意愿
——不在规划中考虑网络安全 在增添新设备或新扩展时,没有考虑网络安全方面的问题
——不对供应商和服务提供商进行管理 供应商和服务提供商必须要经过审查或论证。在很多案例中,网络安全没有考虑相关的外部供应商,包括那些开发PLC软件,或者配置SCADA系统的人。远程控制也可能处于开启状态
——缺少工控系统实施的流程定义或指导
——缺少配置管理策略 组织没有硬件与软件的版本和升级状态的清单

续表

组 织 的 脆 弱 性
——缺少用户访问和认证策略 没有定义角色,没有进行访问控制管理
——缺少为工控系统布置的安全措施有效性的核查和审计 必须有确定的流程与计划来保证措施的正确实施
用　户　访　问
——口令管理不到位(缺省口令,很少修改口令,或者弱口令)
——用户账户管理不到位(口令共享,没有职员轮换制度,以管理员身份进行操作)
人　的　因　素
——缺少对网络攻击风险意识 一般认为网络攻击风险是远程的,并且通常情况下,应将设备的可用性和易用性(远程访问)问题摆在优先位置
——缺少对社会工程学攻击风险的意识 大多数针对工业厂站的攻击会采用社会工程学这种攻击方式,很多用户还没有给予足够重视
架构和网络的脆弱性
——没有清单或映射关系图 —没有计算机工作站列表 —没有设备列表 —不对联网的便携电脑进行控制 —没有网络设备列表和拓扑图 —没有应用系统和各个单元之间逻辑交换的白名单列表,没有(IT 网络或者互联网的)外部连接列表 需要保护的属性与安全边界未经明确
——分区设计不到位 —边界定义模糊或者没有定义边界 —区域设计错误 —工业系统和管理信息系统之间没有划分 —工业系统不同部分之间没有划分开 —系统的 IT 管理区不独立
——防火墙或者网络设备配置不恰当,或者没有按时升级 防火墙防御规则设计不规范、更新不及时,或者防火墙软件自身没有更新

续表

架构和网络的脆弱性
——使用脆弱的协议 工控系统协议非常脆弱，它们应该只用于 OT 领域，并有足够的防火墙规则保护
——远程维护不安全 服务提供商经常远程升级，远程维护孤立设备（如测量厂站），但远程维护经常需要打开安全缺口
——不管理移动终端 现如今，包括在工控系统中，越来越多的功能可以通过手机或者平板电脑来操作，甚至经常使用个人设备操作（Bring Your Own Device，BYOD）。安全措施有时对这些地方鞭长莫及 ——随意使用虚拟专用网 大多数用户认为，虚拟专用网可以提供绝对的安全，然而实际情况并非如此。虚拟专用网只是一种安全传输信息的通道。如果虚拟专用网的源端被攻陷，目的端依然是不安全的
——文件共享的控制级别过少 文件共享经常没有控制权限和访问权限，经常因此遭受攻击
——不够安全的 Wi-Fi 网络 不能总是很好选择 Wi-Fi 网络协议，Wi-Fi 网络经常在站点外可见。再如，离开公司的雇员仍然能够连接 Wi-Fi 网络
设备的脆弱性： 办公自动化站点（SCADA 工作站、触摸屏）、移动终端、传感器或者执行器配置工具、PLC 编程工作站、远程终端、网络设备（交换机、路由器、有线网）、PLC、工业物联网设备、传感器、执行器
——使用脆弱的设备和工作站 —配置不够安全（开放软件端口、不必要的模块等） —软件没有做安全性测试 —没有反病毒软件或者反病毒软件没有升级到最新版本 —开发环境不够安全 —编程站点的开发工具没有卸载 货架商业组件（COTS）在项目中使用越来越多，以此减少设计、生产和维护成本。同样，集成在一个特定工程中的软件组件或者硬件组件也是如此。这些组件使实施常规攻击变得更容易
——漏洞管理不到位 —没有软件漏洞管理设备（嵌入式应用和软件） —没有定期打安全补丁 —没有漏洞监测

续表

架构和网络的脆弱性
——缺少对 PLC 配置的控制 —对配置和/或程序没有完整性检查 —当上传 PLC 程序时没有认证 —没有配置备份
监　测　和　响　应
——没有监测网络安全事件 网络安全事件目前很少被检测出来并在监测屏幕上生成警告。这些事件的日志也非常有限。因此,攻击者实施攻击而被发现的风险很小
——缺少业务连续性计划 如今,业务连续性计划很少在工业信息系统中考虑与恶意攻击相关的事件。操作员在恶意攻击事件中经常无所适从
——缺乏危机管理培训程序 在重大意外事件中,员工没有接受过危机应对培训

5.7 分析技术脆弱性的实用工具

用漏洞挖掘工具对已有设备进行分析,可以有效补全基于检查表的脆弱性分析的不足。

目前有两种分析技术脆弱性的方法:

——第一种方法是用硬件和软件列表(类型和版本号)查询已知漏洞的数据库。

——第二种方法是使用渗透测试工具来识别软硬件设施的漏洞。这种方法运用在运行状态的设施时要十分谨慎,因为渗透测试可能导致设备损坏。

5.7.1 数据库和信息源

ISO 27005 与 NIST SP 800-53(NIST,2014)提供标准的通用漏洞列表。

计算机应急预备队(Computer Emergency Readiness Team,CERT)提供了一个在不同硬件和软件中遇到过的真实漏洞的列表,同时也会对这些漏洞发出警报。这些信息可以通过网站访问。很多国家都有 CERTs 机构,并为工控系统(ICS)专门设立一个分支站点。这个机构在美国由国家网络安全和通信集成中心(National Cybersecurity and

Communications Integration Center，NCCIC）管理，这个中心是国土安全部(Department of Homeland Security,DHS)的一个分部。CERT负责识别影响工控系统的事故，分析事故起源，并且推荐解决方案。除CERT提供的漏洞信息数据库外，也有其他数据库。下面列出一些主要的CERT站点：

——国家网络安全和通信集成中心，工业控制系统分中心①；

——美国计算机应急预备队（United States Computer Emergency Readiness Team,US-CERT）②；

——计算机攻击监视，报警和响应管理中心（Government Centre for Monitoring, Alerting and Response to Computer Attacks,CERT_FR）③；

——国家漏洞库④；

——常见漏洞和曝光数据库（Common Vulnerabilities and Exposures,CVE）⑤；

——安全焦点⑥；

——漏洞利用数据库⑦。

5.7.2 渗透测试工具

渗透测试是一种常用的安全实践，专门用来发现那些还没有被攻击者发现和使用的系统漏洞。渗透测试为实际存在的技术漏洞提供一种真实视图，是对基于审计的脆弱性分析方法的非常有用的补充，尽管它仅针对已发现的软硬件设备的漏洞子集。

渗透测试可以作为模拟练习的一部分，将安全团队分成两组：红队和蓝队。红队代表攻击力量，蓝队防御被攻击系统。红队的目标是识别和利用安全弱点，无论是技术层面还是组织层面，而蓝队旨在防御系统，发现并修补漏洞，对成功的入侵做出响应。

大量商业和开源工具可以用于渗透测试，列举如下：

——OpenVAS⑧，Nessus开源分支，是一组工具集，用以提供完整和强大的漏洞管理解决方案（图5.7）；

——Kali Linux⑨，用于渗透测试的Linux专用发布版本。它包含很多工具，包括

① 参见 https://ics-cert.us-cert.gov/。
② 参见 https://www.us-cert.gov/。
③ 参见 https://www.certa.ssi.gouv.fr/。
④ 参见 https://nvd.nist.gov/。
⑤ 参见 https://cve.mitre.org/。
⑥ 参见 https://crunchbase.com/organization/securityfocus/。
⑦ 参见 https://www.exploit-db.com/。
⑧ 参见 http://www.openvas.org/。
⑨ 参见 https://tools.kali.org/。

OpenVAS、nmp、Metasploit 等；

——Linux-soft-exploit-suggester 和 Windows-Exploit-Suggester① 是更专业的工具，用于分析工作站软件漏洞。

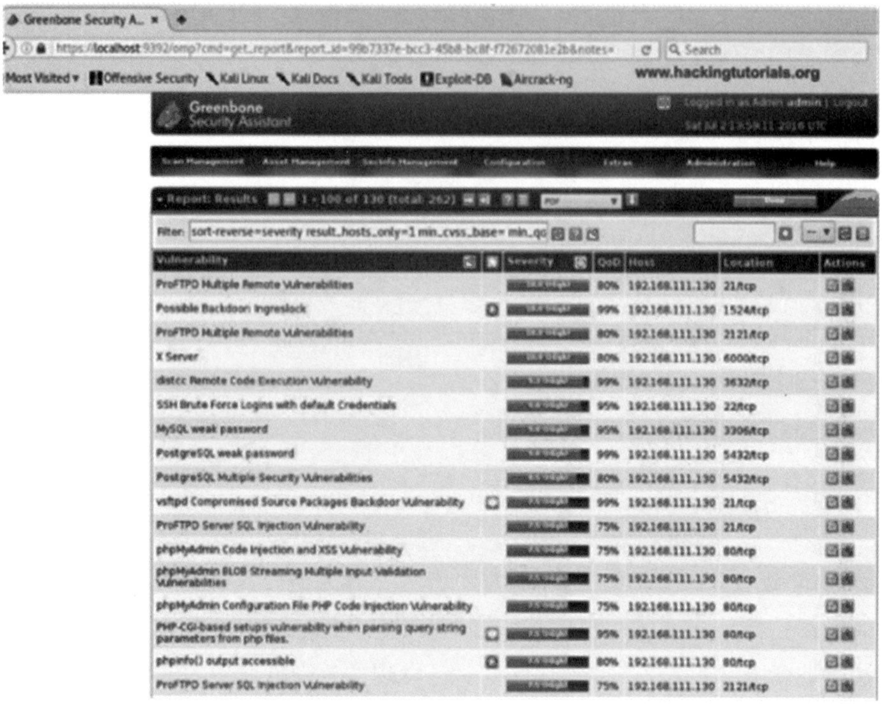

图 5.7 OpenVAS 工具的分析实例

5.7.3 搜索引擎

还有一些搜索引擎可以扫描连接在互联网上的脆弱对象。

Shodan② 是使用最广的专用搜索引擎，用于查找连接到互联网上的电子设备。Shodan 查找全部互联网地址空间，采集其发现的每个设备的信息。

这些信息包括 IP 地址、端口、旗语消息、位置、网络摄像头画面，等等。Shodan 为各种设备提供查找其数据库的功能，如服务器、桌面机和笔记本电脑、PLCs 设备、HMIs 设备，等等。通过使用过滤器，Shodan 可以实现非常专业的搜索功能（表 5.3）。

① 参见 https://github.com/GDSSecurity/Windows-Exploit-Suggester。

② 参见 www.shodan.io。

表 5.3　Shodan 过滤器

port：基于所提供端口过滤资产
country：使用 2 字母编码查找一个特定国家的资产（例如，美国用“US”）
net：使用无类间域路由（CIDR）表示法查找网络块内的资产
hostname：查找与主机名匹配的资产
city：查找一个具体城市的资产
geo：查找特定坐标的资产
before/after：查找在一定时间段内的资产
product：查找特定产品的资产
version：显示特定版本的资产

Censys① 作为一个 IoT 搜索引擎不像 Shodan 那么有名，但是它非常有趣。Censys 的功能和 Shodan 非常相似，但 Censys 还有与之相区别的特点。例如，Censys 可以针对特定协议提供更具体的信息。

Shocens② 同时提供 Shodan 和 Censys 两个引擎的功能。

① 参见 https://censys.io/。

② 参见 https://github.com/thesubtlety/shocens。

第 6 章

标准、指南和监管方面

6.1 概述

近年来,信息系统安全领域提出了很多标准和指南。有一些标准为风险管理提出了符合 ISO 31000 标准的方法,如 ISO 27000 标准。其他标准则关注工业控制系统(ICS),如 IEC 62443 标准或者 NIST SP 800-82 指南。有些标准为特殊行业服务,如配电、生产或者核能产业。本章给出的主要标准(参见图 6.1),包括 ISO 27000 标准族、美国国家标准化与技术(NIST)指南、ANSSI 方法、NERC CIP 行业标准,以及国际原子能机构(IAEA)标准。第 7 章介绍 IEC 62443 标准,第 8 章介绍关于操作安全的 IEC 61508 标准。

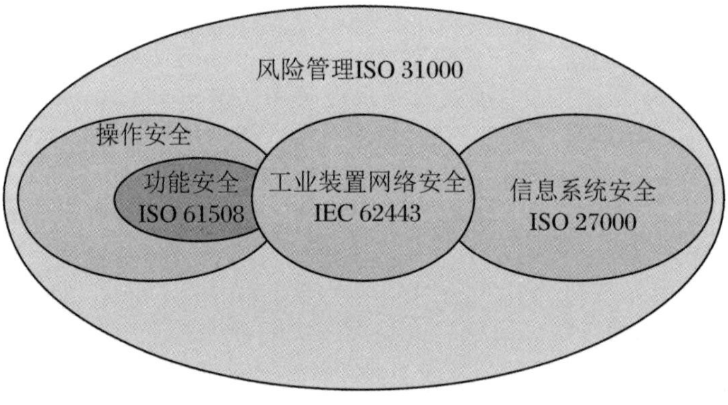

图 6.1 主要标准之间的关系

6.2 ISO 27000 标准族

ISO 27000 标准族定义了信息安全管理的有效实践。这些标准发展了很多年,成为通用 ISO 31000 框架中的一部分,ISO 31000 描述了风险管理的原理和指导方针,而 ISO

27000 则定义了在战略层面和操作层面的实现过程。

这个标准家族的最重要的部分包括(图 6.2)：

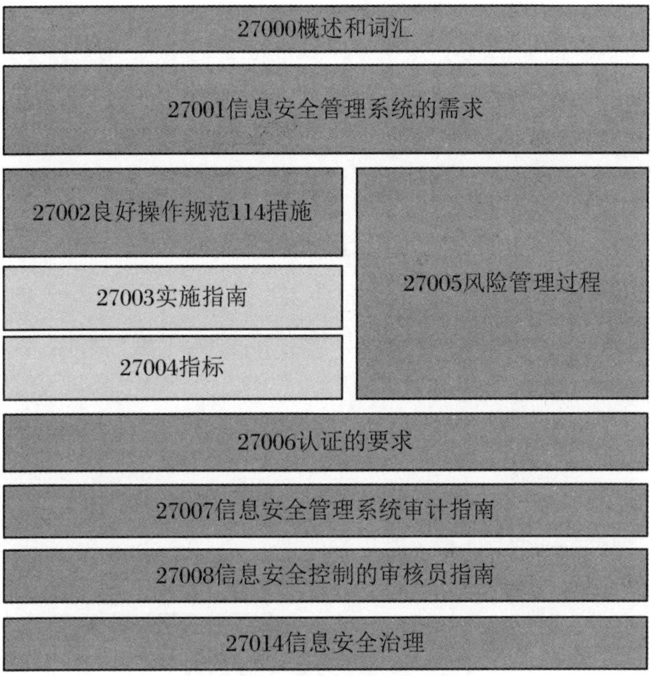

图 6.2　ISO 27000 标准族的主要标准

——ISO 27000，该标准提供了标准词汇的定义和概述。

——ISO 27001，该标准为实现和改善信息安全管理系统(ISMS，参见 3.6 节)的组织提供了方法，并对 ISMS 的发展和使用制定规范要求。

——ISO 27002，该标准是一组信息安全管理的规范。它建议将 114 个安全控制方法按照主题分类成 14 种。该标准是为一些组织机构而设计的，这些组织机构希望选择必要的安全措施作为实现该机构 ISMS 系统(在 ISO 27001 中定义)流程中的一部分。

——ISO 27003，该标准是实现 ISMS 系统的指南。

——ISO 27004，该协议为实现 ISMS 系统的指标制定提供指导。

——ISO 27005，该标准描述了与 ISO 31000 一致的信息安全风险管理过程(如图6.3 所示)。该标准是在标准 27000 和 27001 中指定的通用概念基础上定义的。

——ISO 27006，该标准定义了 ISMS 认证组织的认证要求。

——ISO 27007，该标准是审计 ISMS 的指南。

——ISO 27019，该标准名为“基于 ISO/IEC 27002 专门为能源应用工厂过程控制系统提供的信息技术-安全技术-信息安全管理的指导方针”，其重点关注能源分配系统的网络安全。该标准旨在帮助解读如何在此类工厂中实施 ISO/IEC 27002 标准。该标准作为技术报告在 2013 年首次发布，并在 2017 年 10 月进行了修订，结合 IEC 的 TC 57 和 65（IEC 62443-2-1）和 IEC SC45A（IEC 62645）标准，成为一个与 ISO/IEC 20001 和 27002 的 2013 版协调一致的完整国际标准。

——ISO 27031，该标准描述了为业务一致性准备的信息和通信技术的概念和原则。

——ISO 27032，该标准关注网络安全管理，即在网络空间（互联网）上下文中的信息安全意义上的管理。

——ISO 27035，该标准关注安全事故的管理。该标准定义了安全事故管理的 5 步过程：准备、事故识别、事故评价、响应和反馈管理。

——ISO 27799，该标准名为“健康信息学-使用 ISO/IEC 27002 的健康信息安全管理”，2008 年首次发表，并于 2016 年修订。该标准旨在于健康信息学领域解读和实现 27002 标准，也是对 27002 标准的补充。

在这些不同标准强调的重要元素中，ISMS 的概念在 3.6 节中描述，风险管理在 3.3 节中描述，标准 27002 中的安全措施将在第 9 章（图 9.3）中给出。另外，第 7 章给出的 IEC 62443 标准和 ISO 27000 标准族是相对应的。

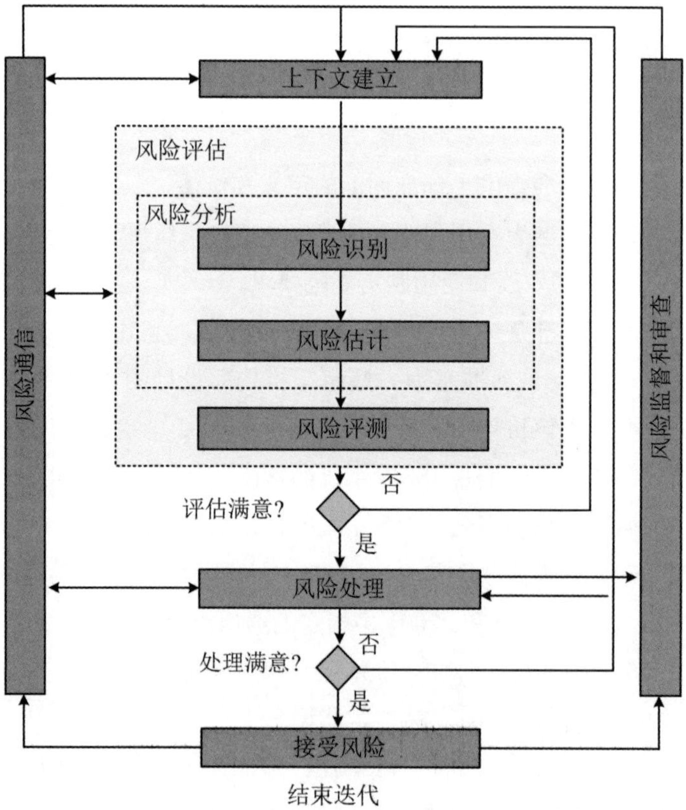

图 6.3　风险管理过程（ISO 27005）

6.3 NIST 框架和指南

6.3.1 NIST 网络安全框架

从安全部署到反应能力的开发，一套设备的安全被分成几个步骤。这些步骤由NIST在其“网络空间安全框架”(Cyber Security Framework，CSF)中正式提出(NIST，2018)。这些步骤如下：

——识别；

——防护；

——操作过程中检测；

——对攻击的响应；

——恢复。

每一个阶段都区分出不同范围(图 6.4、图 6.5)，这些范围包括各种实施的对应方法。

这个框架的一个版本已经被工业生产系统所采用(Stouffer et al.，2017)。

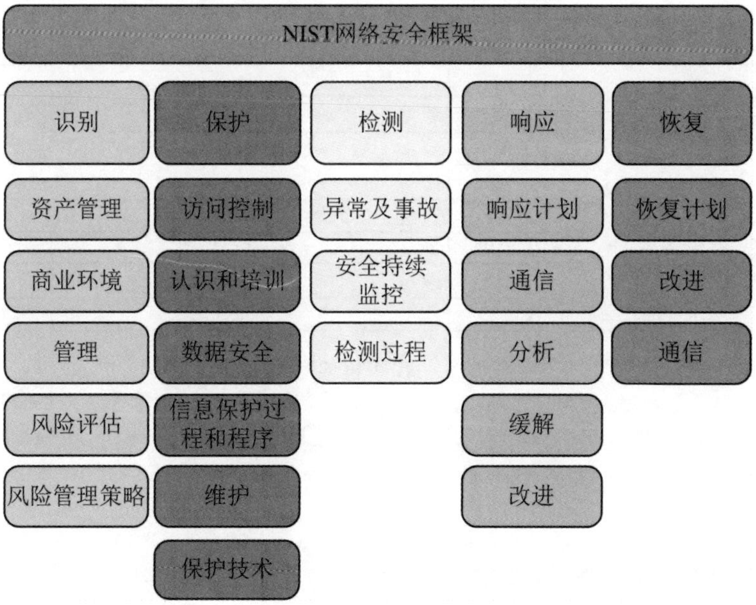

图 6.4　NIST 框架的结构

6.3.2 指南

此外，NIST 还出版了很多指南，主要包括：

——NIST SP 800-82 指南，描述了保护工控系统的综合方法；

——非常全面的 NIST SP 800-53 指南，提供了根据网络安全框架（CSF）主题组织的安全措施列表；

——NIST SP 800-30 指南，用于信息技术系统的风险评估；

——很多临时指南，如 NIST SP 800-41 提供了防火墙和防火墙策略的指导方针。

识别	ID.AM	资产管理
	ID.BE	商业环境
	ID.GV	治理
	ID.RA	风险评估
	ID.RM	风险管理策略
	ID.SC	供应链风险策略
保护(PR)	PR.AC	识别管理, 认证和访问控制
	PR.AT	意识和训练
	PR.DS	数据安全
	PR.IP	信息保护过程和程序
	PR.MA	维护
	PR.PT	保护技术
检测(DE)	DE.AE	异常和事故
	DE.CM	安全持续监视
	DE.DP	检测过程
响应(RS)	RS.RP	响应计划
	RS.CO	通信
	RS.AN	分析
	RS.MI	缓解
	RS.IM	改进
恢复(RC)	RC.RP	恢复计划
	RC.IM	改进
	RC.CO	通信

图 6.5 NIST 框架的结构

SP 800-82 指南为工业控制系统制定。它描述的方法是四阶段风险管理过程的一部分：确定范围、风险评估、风险响应和风险监视，与 NIST SP 800-39 指南提出的流程相对应。

确定范围步骤设置背景，定义组织管理风险的方法。这个步骤生成一个风险管理策略，并将其翻译到风险评估、响应和监测等步骤中。

风险评估是经典流程，包含风险的识别、影响，评估每种风险的等级。

风险响应决定了组织化解风险的方式，包括接受、转移、避免、转嫁。

风险监测包括监测周期或持续验证已知风险源，识别新的风险源（外部风险或者内部环境变化导致的风险），以及核实风险响应所选动作的实施和有效性验证。

这个流程与第 3 章中描述的流程异曲同工。

SP 800-82 指南描述了一个工控系统安全处理的系统管理步骤：

——开展得失利害相关的讨论包括：安全管理系统的潜在收益、潜在破坏的成本、高层对于安全管理实现过程的看法，以及实现此类程序的资源成本等；

——将辩论的陈述呈送决策层；

——建立一个拥有多种技能的团队（有信息技术人员、控制工程师、操作员等）；

——定义章程和适用范围；

——定义特定信息系统安全的策略和过程；

——工控设备的库存和对 CIA（机密性、完整性和可用性）安全要求的定义；

——根据安全要求选择要采取的措施；

——风险评估，确定理想的保护水平（低、中、高），确定对策；

——方法措施的实现。

建议的方法在 NIST SP 800-53 指南中给出，包含 19 个主题（参见附录 3）：

——访问控制；

——意识培训；

——审计和责任；

——安全评估和授权；

——配置管理；

——应急计划；

——身份识别和认证；

——事件响应；

——维护；

——介质保护；

——物理和环境保护；

——计划；

——人员安全；

——风险评估；

——系统和服务采购；

——系统和通信保护；

——系统和信息完整性；

——全组织的安全管理；

——隐私控制。

每个主题包括几种方法和子方法，根据防护的理想水平（低、中、高）来确定是否选择这些方法或子方法。

本指南建议的方法与第 11 章建议的方法一致，只是本指南对第一步（经济辩论）的定义更加细致。

6.4 电能的分配与生产

6.4.1 NERC CIP

北美电力可靠性公司的关键基础设施保护（North American Electric Reliability Corporation Critical Infrastructure Protection，NERC CIP）标准包括 9 个部分（表 6.1）、45 项要求，覆盖了发电和输电系统。标准包括关键信息资产的防护、人员培训、安全管理和灾难恢复计划（Disaster Recovery Plan，DRP）。

表 6.1 CIP 标准的结构

PAC-001	破坏报告
CIP-002	关键网络资产标识识别
CIP-003	安全管理控制
CIP-004	人员与培训
CIP-005	电子安全边界
CIP-006	关键网络资产的物理安全
CIP-007	系统安全管理
CIP-008	重大事故通报和响应预案
CIP-009	关键网络资产的恢复预案

CIP-002 到 CIP-009 的主要目标是保护配电系统不受网络恐怖主义或者其他网络攻击（包括内部攻击）的、意外的、破坏性的影响。

依据 NERC CIP 标准，组织需要标识关键资产，并且定期对这些资产进行风险分析。必须定义监测和改变关键资产配置的策略，还必须定义管理访问关键资源的规则。此外，NERC CIP 要求实施保护系统，如使用防火墙阻断脆弱端口、使用工具监视网络攻击等。

必须部署安全事件监测系统，并且相关组织必须要有综合持续的计划，以防范网络攻击、自然灾害，以及其他不可预见的事件发生。

CIP 标准是美国联邦能源管理委员会（FERC）的 14 个强制性标准之一。对于不履行 NERC CIP 标准的惩罚可能包括罚款、制裁，或者针对有关实体①采取的其他行动。

FERC 定义该标准的目的是确保北美电网不会因为网络犯罪而瘫痪。

6.4.2 IEC 62351

IEC 62351 标准是由 IEC TC 57 工作组中的 WG 15 制定的。该标准设计的初衷是管理 TC 57 工作组定义的系列协议的安全，包括电力分配使用的 60870 系列协议（参见第 2 章）。TC 57 负责定义能源供给和相关系统之间信息交换的各项标准，包括能源管理系统、SCADA 控制系统、配电自动化，以及远程保护。IEC 62351 标准的各类安全目标包括通过数字签名实现的数据认证、确保认证访问、预防窃听、防范身份读取和误用，以及入侵检测（如表 6.2 所示）。

表 6.2　62351 标准的结构

IEC 62351-1-1	标准简介
IEC 62351-2	术语表
IEC 62351-3	包含 TCP/IP 在内的所有层面安全
IEC 62351-4	包含 MMS 协议②在内的所有层面安全（例如，基于 ICCP 的 IEC 60870-6，IEC 61850）
IEC 62351-5	包含 IEC 60870-5 在内的所有层面安全（例如，DNP3 派生协议安全）
IEC 62351-6	IEC 61850 各层面安全
IEC 62351-7	贯穿网络和系统管理的安全
IEC 62351-8	基于角色的访问控制
IEC 62351-9	密钥管理
IEC 62351-10-10	安全架构
IEC 62351-11-11	XML 文件的安全

6.4.3 IEEE 1686

在配电领域，还有一个为智能电子设备（参见第 1 章）网络安全定义的 IEEE 1686 标

① 译者注：有关实体主要指负责关键基础设施运行的公司、组织或者个人。

② 译者注：一种电力通信协议。

准(IEEE,2013)。

6.5 核工业

6.5.1 IAEA 技术指南

第一个指南名为“核设施的计算机安全”(Computer Security at Nuclear Facilities)(International Atomic Energy Agency,2011),为实现关键核设施的计算机安全计划,评估现有计划,提供具体建议。

第二个指南名为“核设施仪器仪表(I&C)与控制系统的计算机安全”(International Atomic Energy Agency,2015),描述了仪器仪表和控制系统的安全措施。

这些指南建议操作员按照渐进的方法,根据风险水平来定义信息技术安全要求,且在定义要求时需要考虑如下要素:

——I&C 系统功能对功能安全和信息安全的重要性;

——识别和评估工业设备面临的威胁;

——I&C 系统对潜在敌人具有吸引力的部分;

——I&C 系统的漏洞;

——操作环境;

——系统被攻陷导致的直接或者间接后果。

这种方法可以建立在风险评估(International Atomic Energy Agency,2016)的基础上。

IEEE 1686 标准引入了分区的概念和纵深防御的观念。该标准提出了一种按步骤实施的方法,如图 6.6 所示。针对不同安全水平,定义了具体措施。

这些指南都遵循 IEC 62645 建议的方法,后续章节中将详细描述。

6.5.2 IEC 62645

这个标准是 IEC/SC45A 工作组为了管理核设施的仪器仪表、控制和电力供应等方面而制定的标准。该工作组与 IAEA 配合工作。IEC 62645 标准于 2014 年发布。该标准的定义与 ISO 27001 和 ISO 27002 一致。总体来说,62645 标准主要由三部分组成:

——第一部分解决在安全计划层面上的安全生命周期的问题;

——第二部分解决系统层面上的安全生命周期的问题;

——第三部分按照主题描述安全措施:安全策略、资产管理、人等方面的措施。

根据这个新标准，信息技术系统安全必须根据如下原则采用一种分等级的方法：

——标准定义了三种安全等级（也叫作S1、S2和S3安全等级）。对每个系统单独定义安全策略是不现实的，因为这会导致大量的研究成本，并且会对连接通信的系统带来很多问题。

——对安全要求相同的系统，不管是安全设计者还是开发者，都必须实现相似的安全等级。

——不同安全等级系统之间的接口必须重点关注。

——接口必须是安全的，但不能影响正常传输功能。

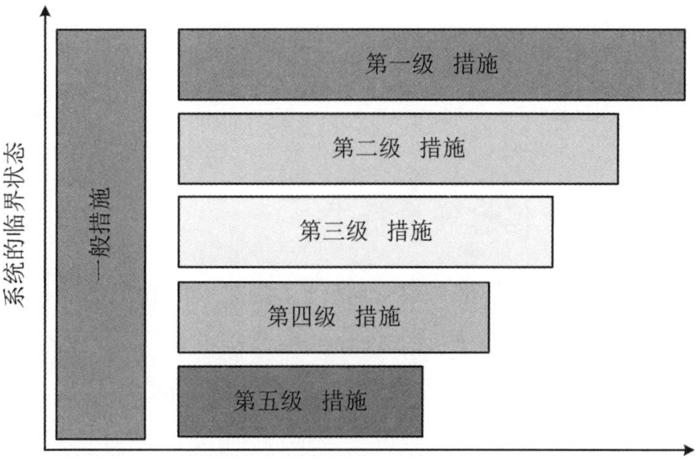

图6.6 按步骤实施的渐进方法

6.6 交通

6.6.1 汽车

机动车的SAE J306标准，是与ISO 26262（参见第7章）操作安全标准共同制定的。该标准描述了降低攻击成功率的系统化过程。

标准建议的原则如下：考虑车主使用时的功能安全，在设计和工程阶段实现网络安全，在开发和验证阶段实现网络安全，在事件响应阶段实现网络安全，并且考虑当汽车更换车主时的网络安全。

6.6.2 航空

现如今，随着设备连接性提升，信息安全变得至关重要。航空无线电技术委员会的安全标准 DO-325A 用于定义飞机和航空器系统的安全。该标准只涉及可能影响飞行的安全问题，详细定义了起飞、降落过程的一套通用操作的风险评估处理过程，与其他用于航空系统认证的工业标准相兼容。

该标准将信息安全（Security）与功能安全（Safety）做出严格区分，仅保留从功能安全到信息安全的反馈。

6.7 其他标准

6.7.1 美国国家信息安全标准

BS7799（2002）是一项英国标准，该标准描述了信息安全管理的规范，包含三个部分。标准详尽、系统地覆盖了所有安全问题。该标准被合并入 ISO 27001 和 27002 的 2013 版中。该标准还被 ISO 组织采纳，写入 2000 年的 ISO 17799 标准中。

IT-Grundschutz 是一项德国安全标准。该标准是由德国联邦信息安全局（BSI）发布的一系列指南之一。该标准根据“ISO/IEC 27001：2013 版标准”描述了信息安全方法、过程、步骤、方式和措施等内容。

这项标准描述了实施风险分析的准则，包括不必实施详细的风险分析，而是通过大量安全控制模组提供相对高水平的安全防护。IT-Grundschutz 风险评估方法旨在提供定性的评估，包括可能给公司造成伤害的安全事故的识别、分析和评价。

其他例子有瑞典标准 SS627799，后来被 ISO 27001 所替代，还有中国的 GB/T22080-2008 标准，该标准对标 ISO 的 27001 标准。

6.7.2 操作安全标准

61508 标准及其衍生工具描述操作安全方法，以确保系统在各种其可能遭遇的危险情况下，始终处于一定的风险阈值之下。该标准将在第 8 章中讨论。

6.8 ANSSI 方法

ANSSI 方法与 ISO 27005 标准中描述的风险管理过程建议大体相同，仅为工控系统增加了一些具体内容。该方法在 ANSSI(2013a，2013b)中详细定义，可以总结如下：

——描述功能和/或物理设备，展示物理执行组件和工业信息系统组件。10.1 节给出了完成这一描述的方法；

——对工业信息系统(IIS)组件，物理的或者逻辑的组件，以及主机应用程序进行映射关系图绘制；

——用图 6.7 中描述的方法对设备进行局部的风险分析和风险分类；

——根据风险分类确定对策。

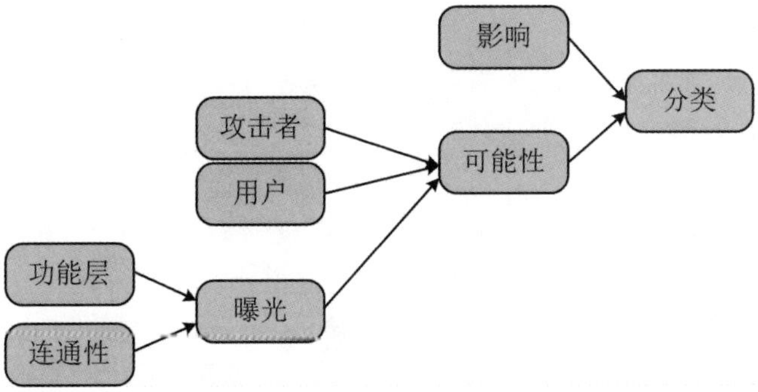

图 6.7 分类的通用方法和建议

这种方法引入了系统安全等级的概念，从而对设备的风险水平进行考量。这些等级定义如下：

——等级 1：攻击影响和风险很低的工业系统。所有这一等级建议施行的措施必须能够在整个自治域中使用。这种风险水平是所有设备的默认水平，推荐的措施类似于基本的规范。

——等级 2：攻击影响和风险显著的工业系统。对于此类工控系统没有公共的管控，但是责任实体必须能够提供证据，证明在验证事件时，或事故发生时，责任实体已经采取了足够的措施。

——等级 3：攻击影响和风险重大的工业系统。这一等级的系统安全责任重大，并且这类工控系统的合格性是由公共授权或者认可机构认定的。

总体安全等级评估基于对大量设备特征等级评估(如图 6.7 所示)。组合规则用于获取设备的安全等级。安全等级是事故可能性和影响等级的综合，因此与风险等级说的是同一件事。详细指南提出了一系列的措施来减小风险。这些细节在附录 4 中给出。

评价安全等级的方法如下：

——确定功能水平，记为 F（如表 6.6 所示）和连通性水平 C（如表 6.7 所示）来确定暴露的水平，记为矩阵 E（如图 6.8 左侧的矩阵所示）；

——确定攻击者 A 的水平（如表 6.4 所示）和利益相关方的类型（如表 6.5 所示），记为 I；

——计算可能性：$V = E + \left\lceil \dfrac{A+I-2}{2} \right\rceil$，其中⌈⌉表示精确到个位向上取整；

——确定安全等级（如表 6.3 所示）；

表 6.3　安全等级

严重程度		对人造成的后果	对环境造成的后果	对服务造成的后果
1	不严重	通报的事故中没有中断或者需要接受医疗救治的人	有限和暂时地违反一项标准，但没有向当局申请法律通报的要求	严重影响人数在千人量级
2	轻微程度	通报的事故中有请病假或者接受医疗救治的人	违反排放标准，需要向主管部门通报，但没有造成环境后果	严重影响人数达到万人量级。造成本地经济的中断
3	中等程度	造成永久残疾	仅对现场造成中度污染	严重影响人数达到十万人量级。造成主要基础设施的暂时丧失
4	非常严重	造成 1 人死亡和其他人员永久残疾	造成显著污染，污染扩散到现场以外。需要人员疏散	严重影响人数超过百万人量级。造成主要基础设施的永久丧失
5	灾难性后果	造成多人死亡	造成永久性严重污染，污染扩散到现场以外	严重影响人数达到千万人量级。造成关键基础设施的永久丧失

——确定系统类别（如图 6.8 右侧的矩阵所示）。

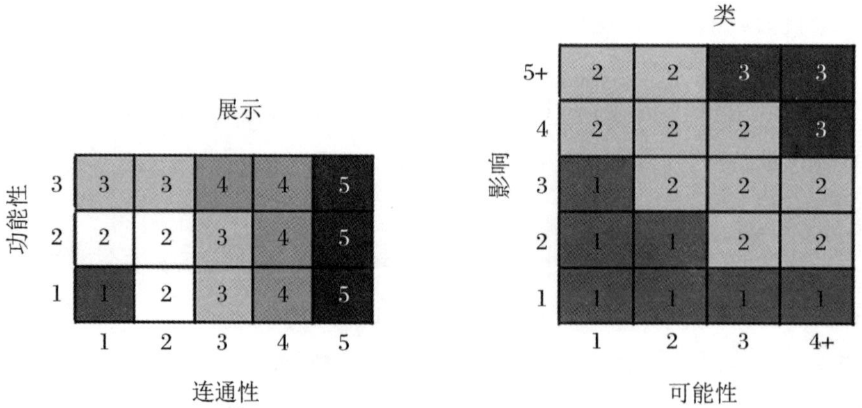

图 6.8　确定暴露水平和暴露类别的矩阵（记为 E）

实施措施的水平应由评估出的安全等级决定(ANSSI,2013a)。

表 6.4　攻击者水平(记为 *A*)

(攻击者)水平		描　　述
1	无目的的	病毒、机器人等
2	业余爱好者	拥有有限资源,不一定要造成伤害
3	独立攻击者	拥有有限资源,但有一定决心的个人或组织(例如,有执照的雇员)
4	私人组织	拥有很多资源的组织(例如,恐怖主义、非公平竞争)
5	国家级组织	拥有无限资源和非常坚定的决心的组织

表 6.5　利益相关方的类型(记为 *I*)

(利益相关方)水平		描　　述
1	被授权和控制的	所有被授权的参与方都是被授权和被控制的。未经授权的干预是不可能的
2	被授权和控制的①	所有被授权的用户都是被授权的,但至少有一些操作是不跟踪的。未经授权的干预是不可能的
3	被授权的	对授权干预者没有具体要求,但不可能进行未经授权的干预
4	不被允许的	此类别包含所有可能进行未经授权的干预的工业系统

表 6.6　功能级别(记为 *F*)

等级		描　　述
1	极简系统	这一类别包含只有 CIM0 和一级元素②(控制-命令)的工业系统,不包括编程控制台,即: ——传感器/执行器; ——远程输入/输出; ——可编程逻辑控制器; ——工作台; ——嵌入式系统; ——分析师
2	复杂系统	这一类别包括只含有 CIM0～2 级中定义的要素(控制、命令和监控数据采集)的工业系统

① 译者注:原书作者可能漏掉了关键单词,一种可能是“authorized and partly controlled”,即“被授权和部分可控的”。

② CIM 水平(Purdue 模型)已在第 1 章中详细给出。

续表

等级		描述
3	高度复杂系统	这一类别包括所有不属于前两种类别的工业系统。特别是下述系统： ——带有编程控制台； ——具有永久链接的工程师站； ——连接到批量生产制造的执行系统； ——带有中心化历史数据库

表 6.7 连通性水平(记为 C)

水平		描述
1	孤立的工控系统	完全封闭的生产网络
2	连接到信息系统的工业系统	连接到公司管理信息系统的生产网络,但没有来自被授权的管理信息系统之外的操作
3	使用无线技术的工业系统	使用无线技术的工业系统
4	使用私有化基础设施的分布式工业系统	该分布式系统中,不同站点之间通过一个私有基础设施(完全私有化,或者从远程通信运营商租用线路)相互通信,或者系统中有来自于内部或外部管理网络的操作,如远程分析或者远程维护
5	使用公共基础设施的分布式工业系统	与前面类型相似,除了使用的基础设施来自公共基础设施,如远程通信运营商的基础设施、供水基础设施

6.9 保护工业物联网设备的最佳实践[①]

工业互联网联盟为保护工业物联网终端设备提出了一系列最佳实践(Hanna et al., 2018),工业物联网终端设备的定义是具有不同计算能力和网络连接性的组件。例如,设备可以是汽车制造领域中的一个传感器或者执行器,也可以是在健康监测领域中的一个

① 译者注:最佳实践(good practice)是指在一个特定领域中按照标准规定开展应用实践并取得良好效果的现实示例。

嵌入式医疗设备,或者是工业领域中的一个泵或者流量传感器。

所提出的实践基于 NIST 标准 800-53 和 800-82(NIST,2014;Stouffer et al.,2015)和 IEC 62443(参见第 7 章)。

该实践定义了 3 个等级的安全:基本级、增强级和关键级。这些级别与 IEC 62443 中 3-3 部分定义的安全等级 2,3 和 4 相对应。IEC 62443-3-3 中的 0 级和 1 级没有被覆盖到,因为它们仅适用于低安全需求环境,不适用于连接互联网的工业环境。NIST SP 800-53r4 指南以同样的方法定义了 3 个安全级别。

最佳实践的定义如下:

——基本安全级(BSL)提供可以对抗"基于有限资源和简单方法的蓄意破坏";

——增强安全级(ESL)可以应对"使用中等资源和复杂方法的蓄意破坏",如利用软件或者工控系统的已知漏洞;

——关键安全级(CSL)适合抵御"拥有扩展资源和复杂方法"的攻击者,如能够开发出量身定制的 0-day 攻击工具。

每个设备必须有一个通过风险分析得到的、适当等级的安全级别。每个安全等级都有其自有的体系架构(如图 6.9 所示)。

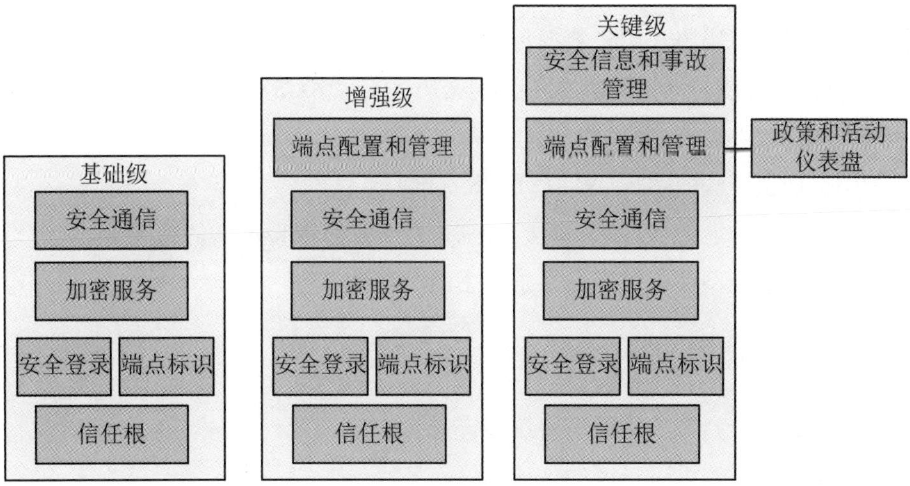

图 6.9 安全级别概览

6.9.1 可信基(信任根)

信任根对应保障安全的基本要求,提供安全功能以保证:

——元素身份(独一无二的标识);

——软件和电子设备组件的身份和完整性。

在规范中,对象必须有单独的安全要素存储器来存储密钥和证书,密钥和证书用于在启动过程中检查软件完整性、保障对象身份，或者建立安全通信等。这类存储器类似于智能卡中使用的存储模块。

6.9.2 身份管理(端点身份)

保障身份是基本功能。任何安全等级都必须支持公钥基础设施(PKI)。由开放标准定义的，用于管理标准证书的协议(如 TSE)主要用于证书的自动化发行、续订、更新和撤销。这些证书由内部或外部证书授权机构发布。

6.9.3 安全启动

在开机的时候，保护对象要执行一次安全的启动(或者安全引导程序)：

——验证固件和软件模块的完整性，将指纹(例如，使用 SHA256 算法构造的指纹)与那些存储起来的指纹进行对比。指纹可以用非对称加密算法加密，对象拥有公钥提供者和他的公钥信息。

——用内存中的证书识别与其相关联的设备。

6.9.4 密码服务

设备必须提供密码服务用于数据传输和存储。这些服务包括：

——功能服务，支持非对称加密的公钥密码标准(PKCS)，具有足够对抗能力的单向散列函数和随机数发生器(随机数是加密算法的基础)；

——验证加密算法的实现(NIST/FIPS 标准)；

——升级算法的能力(在解密算法，特别是量子计算取得进展的情况下)；

——密码密钥类型和多供应商系统证书的交互性。

6.9.5 安全通信

安全通信需要端到端安全通信协议栈，包括：

——为设备认证提供可扩展的认证协议；

——设备与云之间的加密通信协议；

——为密钥管理提供设备与设备间加密通信协议。

更多细节在 Hanna et al.(2018)中给出。

6.9.6 设备配置和管理

这项功能旨在实现固件和操作系统的安全更新。该功能必须依赖 PKCS 标准进行数据加密，通过证书机制来验证安全更新的源端与目的端。

对增强级别和关键级别,这项功能是必需的。

6.9.7 基于安全信息和事件管理(SIEM)系统的活动仪表板和事件管理

设备的连续监测要求:

——配置控制,用于检测固件、操作系统和已安装应用的非授权改变;

——应用级控制,以检测和防止非授权行为(如使用不安全的加密、散列算法)破坏数据的机密性和完整性。

另外,OT(Operation Technology)操作员必须能够使用远程安全策略管理功能,并且选出的安全事件必须能够以一种合适的格式与安全信息和事件管理(Security Information and Event Management,SIEM)系统进行通信(参见第10章)。

关键级别的安全系统应支持此功能。

6.10 立法与监管层面

增强关键基础设施防护是奥巴马政府的目标之一。2013年2月的执行法令13636采取了大量的措施。首先,奥巴马政府指派国土安全部(DHS)和国防部(DoD)开始一系列流程,与关键基础设施的所有者和操作人员共享网络安全信息。奥巴马政府指定了16个领域的重要基础设施,并要求NIST提出控制风险的框架。2014年2月,NIST发布了它的框架(参见6.3.1小节)。基于这些因素,奥巴马在2015年12月18日签署网络安全法案。法案包含信息共享的文字(Cybersecurity Information Sharing Act,网络信息共享法案)。立法的目的是鼓励和强化私有部门和美国政府快速而负责任地交换网络威胁信息。在法律框架下,人们能够快速共享在系统中发现的威胁信息以防止类似攻击,或者减轻类似攻击对其他公司、机构和消费者的威胁。

近年来,网络安全立法在欧洲也得到增强,“遵从该法规”对公司是一个难题。现实中已经开始对不遵守既定规则的行为实施严厉的经济处罚。

除了适用于所有信息系统的法规以外,工业设备还可能受到其他法规的约束。例如某些工业装置属于极端重要的运营商,因此属于《军事规划法》(LPM)的管辖范围(Legifrance,2018b),该法规在2016年7月6日被NIS(EU)2016/1148法令所取代。某些工业设备还可能是Seveso分类机构的一部分,因此受2012年6月4日的2012/18/EU法令(著名的Seveso Ⅲ法令)的保护。

上一段提到的第一类工业设备可能因为网络攻击而导致无法生产,或者无法提供所需的服务，进而扰乱一个国家的经济和社会生活。第二类设备如果遭受网络攻击则可能导致一场工业事故，从而引起人员伤亡。

法国引入了 NIS 法令(NIS Directive)。法令(France Loi no. 2018-133 2018)在2018 年 2 月 15 日被采纳，并在 2018 年 2 月 26 日发布生效。该法令的目的是定义保护措施以确保高等级网络和信息系统的安全。该法令旨在对抗针对某些战略公司的网络攻击。它引入了隶属于更高 IT 安全标准两类新成员：

——基础服务供应商(OES)；

——数字服务提供商(DSP)。

在法国，关键基础设施防护遵循 2013 年的《军事规划法》(*Military Programming Act*)，是实现《防御与国家安全白皮书》(*White Paper on Defense and National Security*)新战略指导方针的第一步。超过 200 家运营，或者使用设施和建筑物的公司被分类是“特别重要的运营商”(Operators of Vital Importance，OVIs)，因为一旦它们运营的设施不可用，将对国家安全和社会功能产生重大影响。这些公司被分成 12 个行业领域。法令要求这些公司加强其所运营的重要信息系统(被称为特别重要的信息系统)的安全防护。

法国国防法典“Article R. 133202”中定义的“特别重要业务领域”(BSVI)包含了一系列实现相同目的的活动，如：

——关系到基础物资或服务的生产和分配(这些活动可替代性很低)：满足人们生命的基本需求，行使国家权力，经济功能，维护国防潜力，以及国家安全等；

——可能对公众造成严重危险。

Article R. 133202 所定义的特别重要的组织(OVI)是指：

——开展属于特别重要领域的活动；

——在活动中，需要管理一个或多个企业或工程，或使用一个或多个设施，而这些设施一旦被损坏、不可用，甚至被摧毁(由于恶意行为、蓄意破坏或者恐怖活动)，将会给组织带来直接或者间接风险，严重危及国家的战斗潜力或经济潜力，甚至关乎国家存亡。

Article R. 133202 对每个特别重要的行业领域(BSVI)都提出了其所应关注的安全规则，并依主题进行分类(Legifrance，2016)。对于 OESs(或者 OVIs)来说，对应 NIS 法令的主要法律责任包括：

——一旦发现可能会影响基础服务的网络和信息系统的事故将要或已经发生，必须第一时间通知 ANSSI，特别要说明事故发生期间可能影响到的人数和地理范围，以及事故可能严重影响哪些基础服务的连续性。

——识别可能威胁到这些网络和信息系统风险的责任，采取必要和适当的技术/组织措施以管控风险的责任，主要包括如下方面：

(1) 系统和设施的安全；

(2) 事故管理；

(3) 业务连续性管理；

(4) 监视、审计和控制；

(5) 遵从国际标准；

(6) 在 ANSSI 控制期间协作配合。

违反上述法规的后果非常严重：

——没有上报事故的情况，罚款 75000 欧元；

——妨碍 ANSSI 控制的情况，罚款 125000 欧元；

——缺乏安全措施，或者没有遵守安全规则，罚款 100000 欧元。

在 NIS 法令中，欧洲理事会（European Council）在 2017 年底发起了一个通用的欧洲网络安全建议。新建议的实施，例如欧洲网络安全机构的设立，给予欧盟网络与信息安全机构（European Union Agency for Network and Information Security，ENISA）更大的权利，并建立一个全欧洲的网络安全证书系统。

应该指出的是，对于传统信息系统来说，一条非常重要的规则是关注个人数据的管理。这条规则存在于通用数据保护规范（GDPR）中，从 2018 年 5 月 15 日开始执行。它替代了现有的规范，用于协调全欧洲的数据隐私法，加强对隐私数据的保护。这条规则还被应用于工业系统的数据管理中。

第7章

IEC 62443 建议的方法

7.1 概述

IEC 62443 标准包括一系列规范化文档，旨在将各种网络空间角色引入工业系统的生命周期中。其目标非常宏大，覆盖很多方面。该标准初始版本由国际自动化学会(ISA)开发，名为 ISA 99。工作于 2002 年正式开始，第一个技术报告于 2004 年发布，第一个 ANSI/ISA 标准于 2009 年发布。这项工作集成了 NIST 的主要思想。2011 年，ISA 的工作开始与 IEC 相融合。该标准的后续发展由一个专家委员会负责，该委员会专家活跃于各种不同领域，并具有各种各样的经验。尽管仍有部分文档处于编写过程中，但是最基础的概念都已经被完整定义。该标准的结构将在 7.3 节中给出。

这个标准的目标受众是工控系统的利益相关群体，包括资产所有者和运营商、系统集成商、产品供应商、服务提供商，甚至是政府机关和监管机构(图 7.1)，它们有权审核相关方是否遵守适用的法律法规。每一类相关方针对某一部分设备的生命周期某一特定阶段，可以使用这一标准，例如：

——运营商与资产拥有者，实施安全管理，并且对不同部分的设施确定安全要求；

——系统集成商、产品供应商和服务提供商评估他们的产品和服务是否能够提供所需的安全级别，以满足资产所有者所提出的安全要求。

IEC 62443 标准的要求和准则是为负责工业自动化和控制系统的实现、运行、维护和退役的人定义的，包括运营商、产品供应商、系统集成商、系统用户和系统供应商。

IEC 62443 监管标准的应用范围包括广义上的工业设施的控制系统：自动化系统、工业过程监管系统(如 SCADA 系统)、交通和能源网络的控制系统，以及工业物联网设备等设施。该标准关注工业 IT 系统，是对应用在非工业 IT 系统上的 ISO 27000 标准族的补充。标准的组织方式兼容 ISO 27000，特别是安全管理系统与应对措施目录结构这两部分。

该标准由功能安全专家设计，与 IEC 61508(第 8 章)采用相同的设计哲学，特别是“安全等级”的概念，两个标准都将其定义为确保将风险控制在一个给定水平的概念，并且都在其中考虑了风险问题。

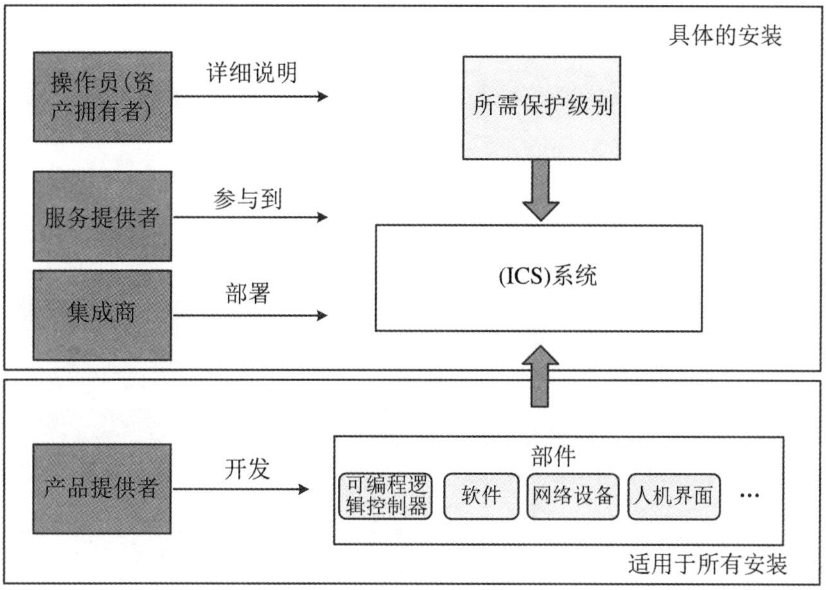

图7.1　标准的目标受众

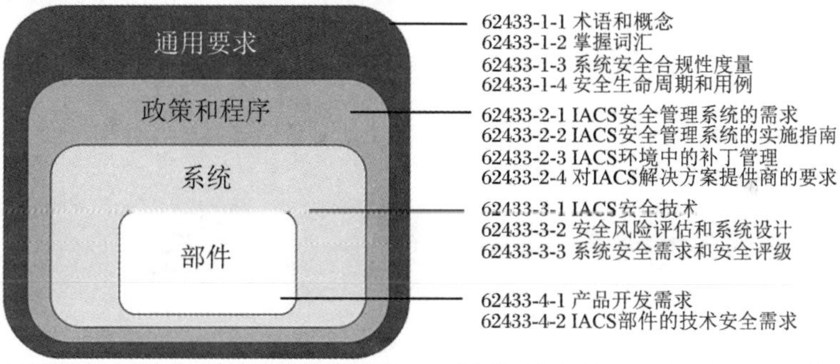

图7.2　标准覆盖的不同方面

7.2　IACS生命周期和安全利益相关方

在IEC 62443标准的背景下，工控系统被称为工业自动化与控制系统(Industrial Automation and Control System, IACS)。IACS的网络安全保障需要所有利益相关方尽一份力，并且他们要在网络安全的全生命周期中做好责任分担：

——产品供应商必须安全地开发商业组件(COTS)，组件应拥有足够的安全能力来确保预期的系统安全等级；

——系统集成商必须使用能够生成安全解决方案的实践，以支持网络安全要求规划部署的环境；

——资产拥有者必须按照文档配置、提交、运行和维护已部署的方案，以确保解决方案的网络安全能力不会随着时间的推移而下降；

——服务提供商也必须实施符合网络安全要求的规范。

标准包括了每类利益相关方的要素，详细内容在后面给出。

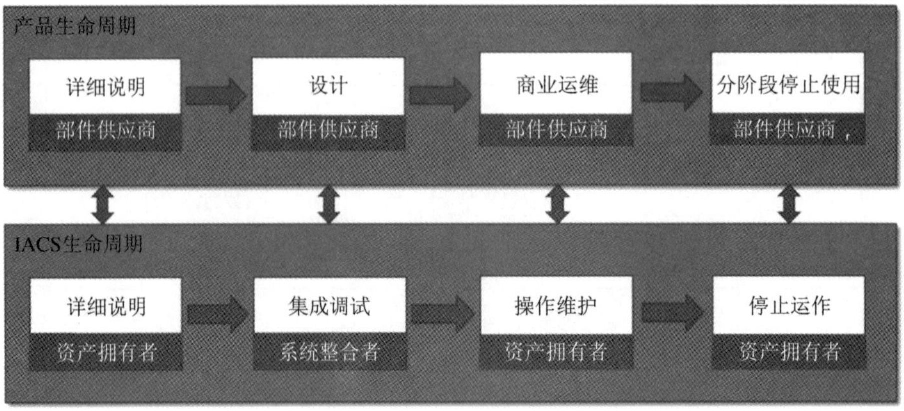

图 7.3 IACS 生命周期

7.3 IEC 62443 标准的结构

IEC 62443 标准由几部分构成（ISA，2018；Hauet n. d. a.），其结构如图 7.4 所示。灰色元素代表定义的标准，其他元素则为技术报告。IEC 62443 标准仍在持续更新中。标准被划分为几部分，每部分都被分为四个等级。

第一个等级，名为“通用等级”，包含四个部分：

——62443-1-1 是一个标准，介绍了在系列文档中使用的概念和模型。其目标受众包括所有想要了解系列标准基本概念的人。2017 年 3 月的版本进一步丰富了内容，详细补充了重要概念。

——62443-1-2 是一个技术报告，提供了系列文档中的术语汇编表和缩写说明表。

——62443-1-3 是一个文档，描述了从基础安全要求（FRs）中衍生出的一系列量化指标。该文档目前还处于草案阶段。

——62443-1-4 是一个技术报告，详细描述了工业自动化控制系统安全生命周期，并列举了部分实例。

第二等级关注组织层面，并以策略和过程的形式进行描述：

——62443-2-1是一个标准，描述了定义和实现一个有效的IACS信息安全管理系统需要做些什么。目标受众包括终端用户和负责程序的设计与实现的资产拥有者。

——62443-2-2是一个指南，用于评估一个处于运行状态的IACS系统对抗网络安全威胁的安全等级。

——62443-2-3是一个文档，为IACS系统定义补丁管理方法。目标受众包括所有负责补丁管理方法的设计与实现的人。

——62443-2-4是一个标准，明确规定对IACS系统提供商的要求。主要受众包括控制系统解决方法提供商。该标准由IEC TC65 GT10工作组开发，并被ISA采纳。

——62443-2-5为在IACS系统上运行网络安全管理系统提供指导。

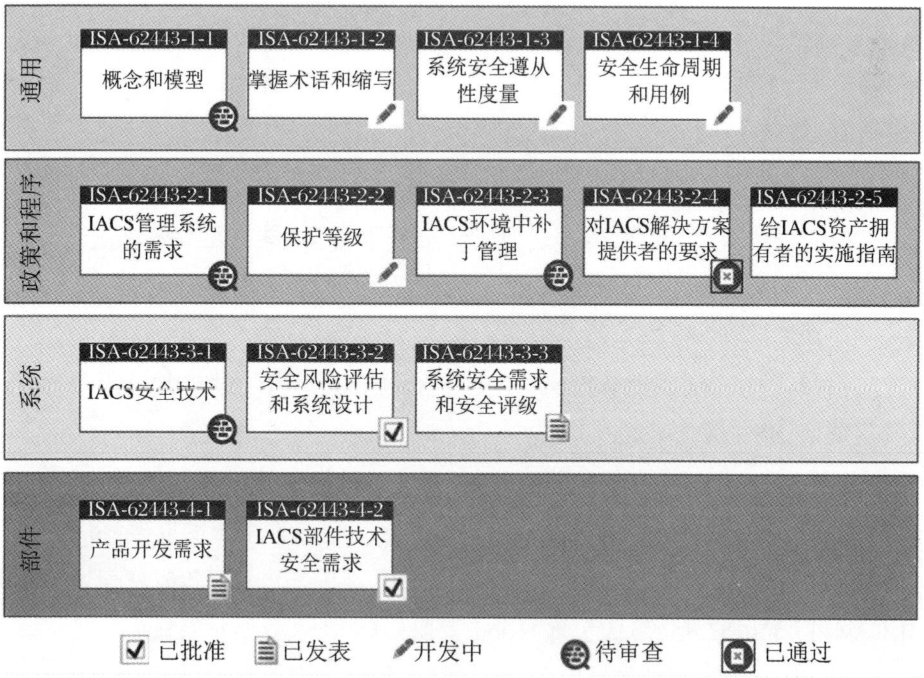

图7.4 IEC 62443(2018年7月)标准的结构

第三等级关注系统层面的要求：

——62443-3-1是一个技术报告，描述了IACS环境中各种安全技术的应用(认证系统、防火墙、加密等)。目标受众包括所有想要进一步学习控制系统环境中专用技术适用性的人。

——62443-3-2是一个标准，描述了风险评估方法和IACS系统设计。该标准主要是面向资产拥有者和终端用户制定的。

——62443-3-3是一个标准，描述了基础安全要求(FRs)和安全等级(SLs)。

第四个等级关注组件层次的要求：

——62443-4-1 是一个标准，描述了对产品开发的要求。主要受众包括控制系统解决方案供应商。

——62443-4-2 是一个标准，包含一组从系统要求（62443-3-3 中 SRs 和 REs）衍生出来的对组件的要求。主要受众包括控制系统解决方案的供应商。

7.4 总体思路

IEC 62443 标准是一系列覆盖了工控系统网络安全各个方面的文档。它特别明确了以下概念：

——管理系统（ISMS）的定义，该定义符合 ISO 27001 和 27002 标准，包括一系列的要求和措施；

——风险分析方法规范；

——“系统安全等级”和“组件安全等级”的概念；

——“基础安全要求”的概念，即达到一种安全等级所需要满足的要求；

——“区”（zone①）和“管道”（conduit②）的概念；

——“生命周期”的概念；

——各种利益相关方的明确定义，涉及工业设施的设计、建设或者运营，如资产所有者、系统集成商、组件供应商等；

——基于 NIST 800-53 标准，适用于工控系统各种措施的要求。

该标准的目标是提供一个为工业设施实现网络安全管理系统的框架，覆盖设置的整个生命周期。本书第 3 章给出了一个 ISMS 的总纲，其中一个关键步骤就是风险分析。

IEC 62443 提出的分析方法包含两个主要阶段（如图 7.5 所示）：

——阶段 1：高层级的全局风险分析，其目标是将主要系统根据风险分解成同构的“区”，“区”与“区”之间通过“管道”连接。这些术语会在后面定义。

——阶段 2：详细分析每一个需要用风险等级来确定安全等级（SL）的“区”，然后定义相应的措施来实现这些安全等级。

定义安全等级（Security Level，SL）的思想来源于功能安全方法中所定义的安全完整性等级（Safety Integrity Level，SIL）（参见第 8 章）。对于网络安全来说，SIL 等级是

---

① 译者注：区（zone）：共享同一个网络安全要求的网络资产分组。

② 译者注：管道（conduit）：专门用于通信的网络资产分组，具有相同的网络安全要求。

一个向量而不是一个标量，因为网络安全需要考虑不同方面。这些所谓的“基础安全要求”(FRs)共分为七种。

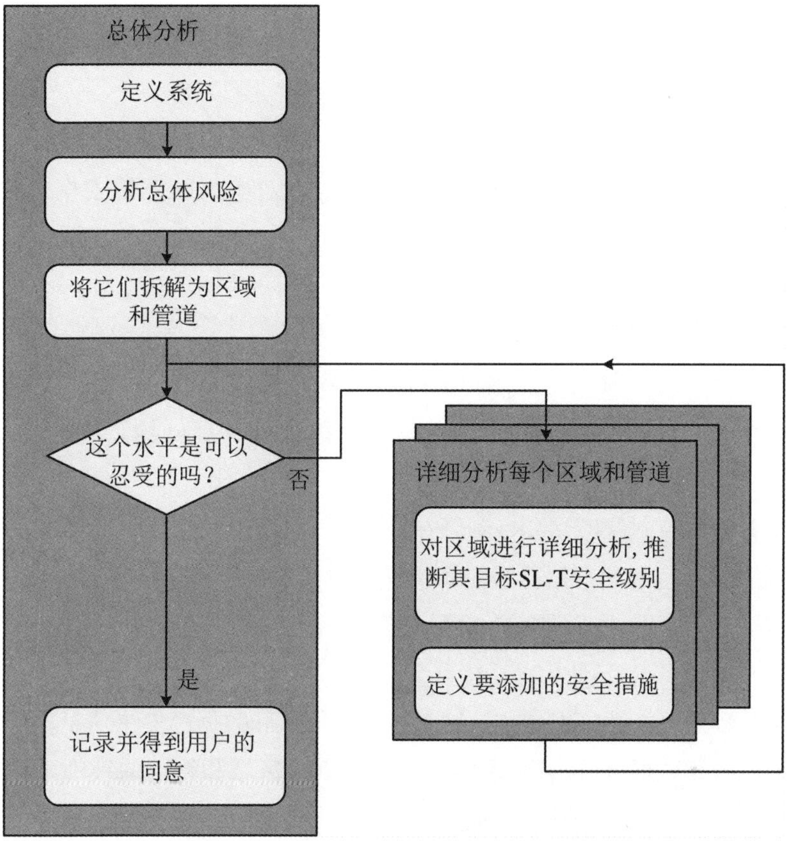

图7.5 依据 IEC 62443 标准的风险分析

想要实现一个给定的基础安全要求等级，必须在系统级满足 IEC 62443-3-3 标准的一系列安全要求，在组件级满足 IEC 62443-4-2 标准的一系列安全要求。

风险分析使建立一系列要采取的措施和一个安全策略成为可能。风险分析还是安全管理系统的第一步，如 IEC 62443-2-1 卷中描述的那样。这个文档依据 ISO 27001 和 ISO 27002 中的 11 个类别组织过程，使其适用于 IACS 系统。

7.5 标准基础

7.5.1 基本要求(FR)

标准的基本要求对应一个系统的7个特征，或者对应刻画系统安全组件的7个特征。基本要求可以用相对高的安全等级(SL)来满足。[①] 标准从0～4划分了5个安全等级，安全等级的具体内容将在下一节内容中介绍。

7个基础安全要求(FRs)定义如下：

——FR1：身份识别和认证控制(Identification and Authentication Control，IAC)要求，度量对所有未获授权的人类用户、软件和设备访问IACS时，系统对其进行身份识别和认证的能力；

——FR2：使用控制(UC)要求，刻画在一个安全等级内，保证所有可识别用户，无论是人、软件，还是设备，都具有执行所需系统操作的权力，以及监测这些权力使用的要求；

——FR3：系统完整性(SI)要求，度量在通信信道和数据存储中的信息完整性(防止非授权改变)的能力；

——FR4：数据机密性(DC)要求，度量在通信信道和数据存储中信息不扩散的能力；

——FR5：限制数据流(RDF)要求，度量系统划分区域和管道的级别，以避免不必要的数据传播；

——FR6：事件响应时间(TRE)要求，度量工控系统运行监视的级别，以及度量事故响应时间的能力；

——FR7：资源可用性(TA)要求，度量对确保系统可用性，防止服务拒绝攻击的防护等级，以及度量在降级模式运行和从降级模式恢复的能力。

为了评估组件或系统的安全等级是否满足上述7个要求，标准提供了验证指标列表。验证准则的子集定义了1,2,3三个等级。达到越高的等级需要满足越多的指标。

系统级分析的指标在IEC 62443-3-3中提供。摘录见表7.1和表7.2。例如，如果仅非可信网络满足指标SR1.1，则系统安全等级为3级；所有网络都满足指标SR1.1，则系统安全等级为4级；所有指标的最低安全等级为系统实际安全等级。完整表可以参见附录5。

针对组件级分析有类似的方法。组件级安全要求可以分成不同类别，所有类型的组

---

① 译者注：用高安全等级满足基本要求会降低性价比。

件都应有且仅有一个类别，具体类别如下：

——应用；

——嵌入式设备；

——主机设备；

——网络设备。

表7.1 系统安全等级评价表

	SL1	SL2	SL3	SL4
FR 1——身份标识与认证控制(IAC)				
SR 1.1——人类用户身份标识与认证	x	x	x	x
SR 1.1 RE 1——唯一身份标识与认证			x	x
SR 1.1 RE 2——对非可信网络进行多因子认证			x	x
SR 1.1 RE 3——对所有网络进行多因子认证				x
SR 1.2——软件过程、设备身份标识与认证		x	x	x
SR 1.2 RE 1——唯一身份标识与认证			x	x
SR 1.3——账户管理	x	x	x	x
SR 1.3 RE 1——统一账户管理				
SR 1.4——身份管理	x	x	x	x
SR 1.5——认证码管理	x	x	x	x
SR 1.5 RE 1——软件过程身份凭证的硬件安全性			x	x
SR 1.6——无线访问管理	x	x	x	x
SR 1.6 RE 1——唯一身份标识与认证			x	x

表7.2 组件安全等级评价表

	SL1	SL2	SL3	SL4
FR 1——身份标识与认证控制(IAC)				
CR 1.1——人类用户身份标识与认证	x	x	x	x
CR 1.1 RE 1——唯一身份标识与认证			x	x
CR 1.1 RE 2——对所有交互接口进行多因子认证				x
CR 1.2——软件过程、设备身份标识与认证		x	x	x
CR 1.2 RE 1——唯一身份标识与认证			x	x
CR 1.3——账户管理	x	x	x	x
CR 1.4——身份管理	x	x	x	x
CR 1.5——认证码管理	x	x	x	x
CR 1.5 RE 1——认证码的硬件安全			x	x
CR 1.6——无线访问管理	x	x	x	x

7.5.2 安全等级(SL)

安全等级(SL)表示系统、分区与/或其组件能够提供指定安全水平(以基础安全要求衡量)的可信度。

如上所述,具体思路是为网络安全提出一套与SIL(参见第8章)对应的安全指标。这个指标称为安全等级(SL),它具有多个要素[①],每项基础安全要求(FRs)对应一个要素(图7.6)。每个要素取值范围为1~4(如图7.7所示)。例如,一个组件或系统用SL等级来刻画,将写成{2 1 2 1 1 1 1 0 2},每项对应安全基础要求的等级,如上例,FR1等级为2,FR2等级为1,等等。安全等级可以针对一个设备、软件,也可以针对一个区域,或者属于工业设施的任何一个元素或一组元素。一个元素的安全等级,例如一台PLC设备,或者一个区域,表示如下:

SL(PLC1) = {1 1 2 1 0 0 1} or SL(zone10) = {1 1 2 1 0 0 1}

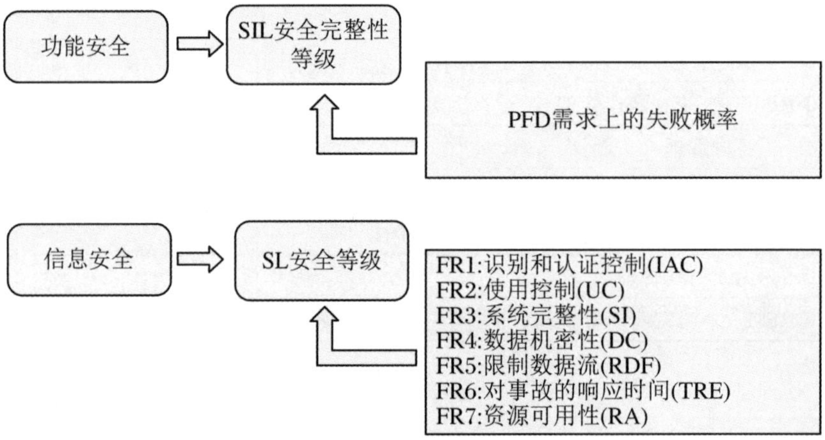

图7.6 SIL和SL的比较

标准定义了要达到的安全等级SL-T(目标),目前实现的安全等级(SL-A),以及可能达到的安全等级能力(SL-C):

——对工业设施的风险分析能够确定每个区域和管道需要达到的网络安全等级。例如,可能对很多人造成伤害,并且使用了安全仪表系统(SIS)的设施处于高风险状态。在这种情况下,需要达到的安全等级目标(SL-T)是4级。

——SL-A是自动化系统实际能达到的等级。有大约100个技术指标用于量化系统每个要素(对应基础安全要求)的安全等级。对策确定的原则是令对应的设备的SL达到

---

① 译者注:这里的"要素"英文也为"component",为区分前述"组件"一词,这里译为"要素"。

设定的 SL-T 目标。这个分析过程由区域(zones)来执行。

——SL-C 刻画一个组件(硬件或软件)的理想安全等级,即在组件实现没有问题的情况下,该组件能够达到的安全等级。

安全等级(SL)向量的通用格式如下:

SLx([FR,]domain) = {IAC UC SI DC RDF TRE RA}

这里 x = T,A 或者 C;FR 是一个基础安全要求,“domain”刻画一个组件或者区(zone)。例如:

SL-T(zone1) = {2 2 0 1 3 1 3}

SL-C(RA,PLC) = 4

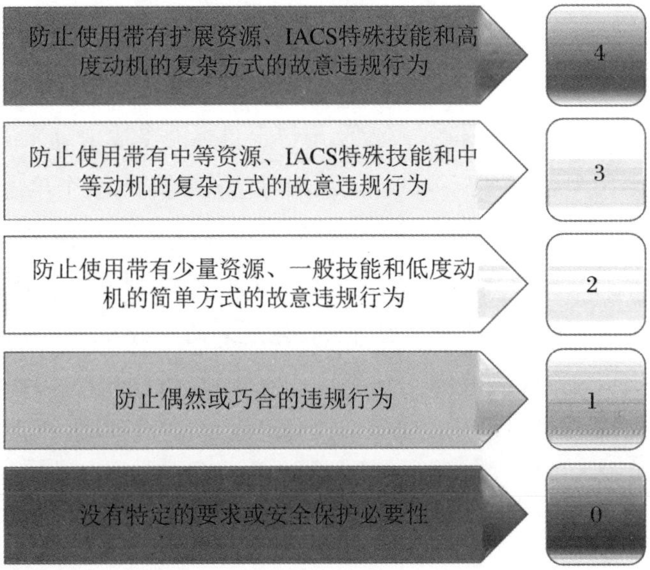

图 7.7 安全等级

每个等级有明确的含义:

——SL0:无防护。SL0 等级在不同的使用环境下有几种不同的含义。对于 SL-C,SL0 意味着组件或系统不满足 SL1 基础安全要求(FRs)中的某些要求。而在针对某个特定区域(zone)SL-T 的定义中,SL0 则意味着风险分析的结果显示,对于给定的基础安全要求(FRs)和给定的风险等级,目标没有提出安全要求。对于 SL-A,SL0 意味着所考虑的区域(zone)对于特定的基础安全要求(FRs)不满足 SL1 中的某些要求。

——SL1:能抵御常见的或偶然的违规事件。偶发的安全违规通常是由安全策略的执行不力导致的。这种违规可能是由恶意雇员或者某个外部威胁造成的。例如,在正常运行期间,因为没有作适当的使用限制,一个授权范围之外的操作员修改了设定值

(setpoint)。很多违规行为都与安全规划相关,可以通过强化策略和过程的应用加以解决。

——SL2:能抵御动机不强的,通过简单方法、少量资源和一般水平进行的故意违规。攻击者没有太多知识。攻击者对安全、域,或者要攻击的特定系统也没有很深的了解。攻击向量大多耳熟能详,其中可能会有攻击者可以借助的自动化工具。攻击向量用于攻击更大范围的系统而不是针对某个特定系统,这种攻击者不需要特别的动机或者使用特殊资源。一个典型攻击向量是病毒,它通过 USB 钥匙感染在 DMZ 区的工作站,并在网络中传播。另外一个攻击向量的例子是操作员,他在工业网络中的 HMI 设备上浏览网站,下载一个木马。这个等级的攻击能够产生恐吓的效果。

——SL3:能抵御故意的、使用复杂方法、中等资源、专用的工业自动化与控制系统(IACS)技能,以及合理动机的攻击。复杂方法需要高级安全知识、高级领域知识、对目标系统的深入了解,或者这些要素的组合。被攻击系统是特别指定的。攻击者可能利用在非通用操作系统中工业协议的弱点,或者使用特定目标的专业信息来破坏系统安全,抑或使用其他需要比 SL1 和 SL2 高级的技能和知识。举个例子,一个攻击者想要访问历史数据服务器,他使用暴力破解的方式从公司无线网络穿透工业/企业 DMZ 区的防火墙。

——SL4:能抵御故意的、使用复杂方法和巨大资源、专业 IACS 技能和强大动力的攻击。SL3 和 SL4 的相似点在于攻击者都要使用复杂的攻击方法来突破系统安全要求。两者的不同点在于攻击者要突破 SL4 安全要求的更大动机(动力),付出更多资源。举个例子,SL4 要抵御的攻击者可以是犯罪组织,它有强烈的犯罪动机,并为此开发或购买定制的 0-day 漏洞利用工具。

7.5.3 区域和管道

一个系统,特别是复杂的工控系统,一般不要求所有要素都具有相同的安全等级。要管理不同安全等级的要素,标准建议将一个工业设备划分为不同区域。这些区域通过管道连通(图 7.8)。一个区域内要素的安全级别由对该区域的风险分析来确定,而管道的安全级别则另外计算,以此实现安全。

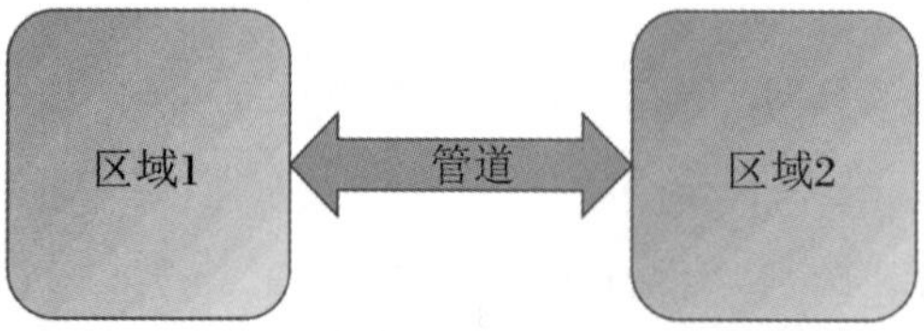

图 7.8 区域和管道

一个区域定义为共享相同安全要求的一组逻辑或者物理的资产。区域具有边界,将区域内要素与区域外要素分开。信息和人员可以在区域内部,或者在区域之间移动。"访问"可以定义为人员与信息的交互,访问可以是对电子通信信道进行的,或者是针对人员从物理层面进行的。

一个区域可以根据物理或者逻辑标准(虚拟区域)定义。若根据物理标准定义,则定义要素根据其所在物理位置分组;若根据逻辑标准定义,则可以通过虚拟区域、功能性区域或者其他标准分组。

区域可以分成子区域,每个子区域同样可以定义安全层,从而进行纵深防御。

管道是一种特殊的区域,它包含两个区域之间通信的所有要素。管道可以看作两个区域之间信息流的一条路径。管道能够为安全通信提供系列安全功能。任何在两个区域之间传递的数据必须经过管道。区域或者管道存在可信与不可信两种情况。

定义一个区域,除了定义标识符以外,还要给出其物理和逻辑边界、访问点列表、每个访问点的数据流、管道以及管道连接的区域、资产列表等。

管道由其边界、使用通信信道的端点(物理设备和应用)、承载的数据流,以及连接的区域和资产定义。

图 7.9 是一个区域划分的例子。

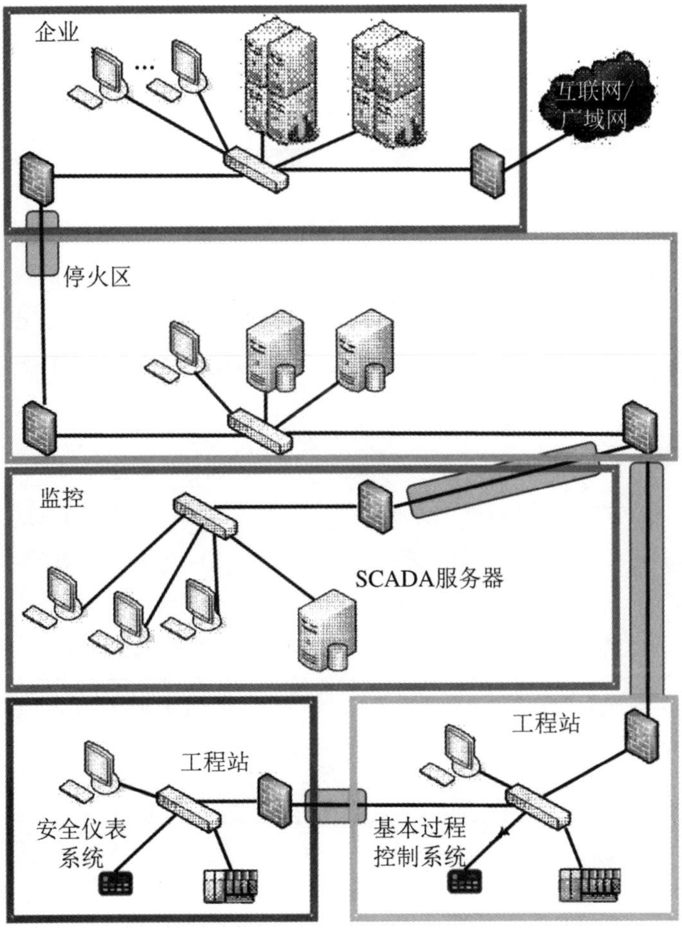

图 7.9 划分子区域和管道的例子

7.5.4 成熟等级

IEC 62443 标准定义了"成熟等级"概念,用于刻画组织措施。成熟等级是根据 CMMI(2010)定义的 CMMI-SVC 模型定义的。它可以简化为 4 个等级(如图 7.10、表 7.3 所示)。

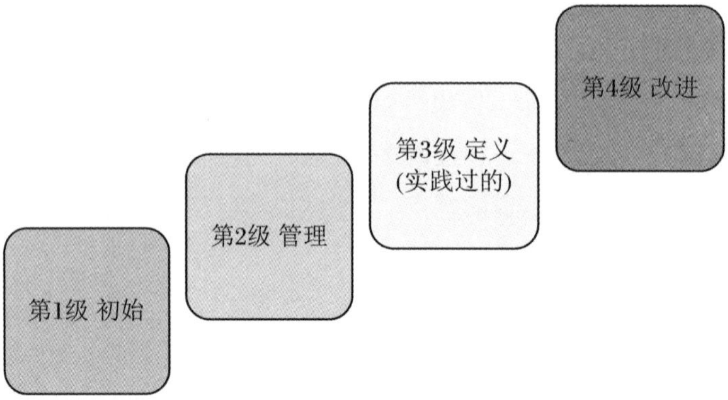

图 7.10 成熟等级

表 7.3 成熟等级含义

水平	分类	含义
1	初始水平	过程的实施具有随机性,经常没有文档记录(或者没有完整文档记录)。因此无法保证时间上前后两个过程的一致性。注意:这里所说的"文档记录"代表实施当前活动的过程记录(即给职员的具体指令),而不是记录过程执行的结果。在大多数工业自动化控制系统中,过程的执行所导致变化一般都要记录在案
2	可管理水平	用文档描述如何管理组织对策能力的产出成果和性能水平。该文档采用书面方式记录执行过程或训练计划,并以此推动对策能力的执行。这种方法在过程的定义和可重复执行之间会有一个延迟。2 级成熟等级影射的方法确保组织对策的实践过程即使在压力很大的时候仍然可以复制执行。如果这些实践到位,组织对策的执行就可以依据书面计划按部就班地实施和管理
3	可用水平	成熟等级 3 级是指成熟等级 2 级的过程经过工业自动化控制系统的实践验证以后所处的水平。成熟等级 3 级的服务表示可以在工业自动化控制系统中持续反复运行
4	优化水平	在这个成熟等级,CMMI-SVC 结合了"量化管理"与"优化"两种水平。使用适当的关键过程性能指示器来证明过程效率和/或性能改进。由此产出一个安全计划,通过技术/过程/管理变化来优化流程

7.5.5 防护等级

标准定义了防护等级的概念，合并了技术层面的安全等级和相关组织措施的成熟等级。前提假设是技术方法能够实际达到防护的最高可实现等级，而不是只能在管理过程中实现这些技术方法。

图 7.11 描述了一个评估防护水平的“成熟度等级-安全等级”矩阵。

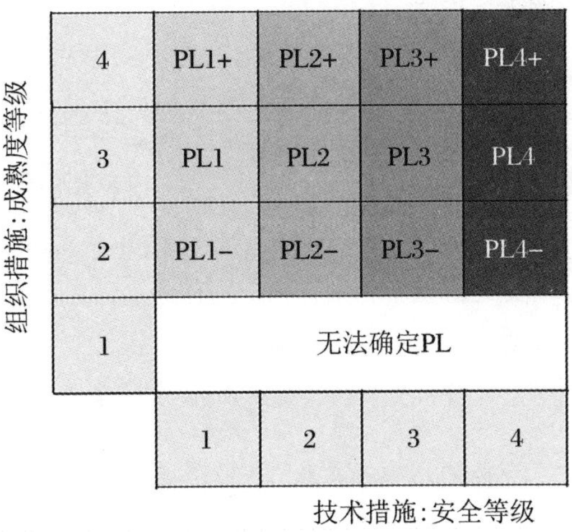

图 7.11　成熟度等级

7.6 风险分析

7.6.1 通用方法

IEC 62443 的实现始于风险分析。具体方法在文档 62443-3-2(图 7.12)中描述。具体步骤如下：

——ZCR1①：标识关注的系统(System under Consideration，SuC)；

——ZCR2：实施一次高水平的风险分析；

——ZCR3：划分区域和管道；

——ZCR4：如果整体风险水平超过了可容忍的范围；

① 译者注：缩写“ZCR”的全称为 Zones & Condult Reqirement，译为“区域和管道要求”。

——ZCR5:对每个区域实施一次风险分析;

——ZCR6:记录网络安全要求;

——ZCR7:获得资产所有者的同意。

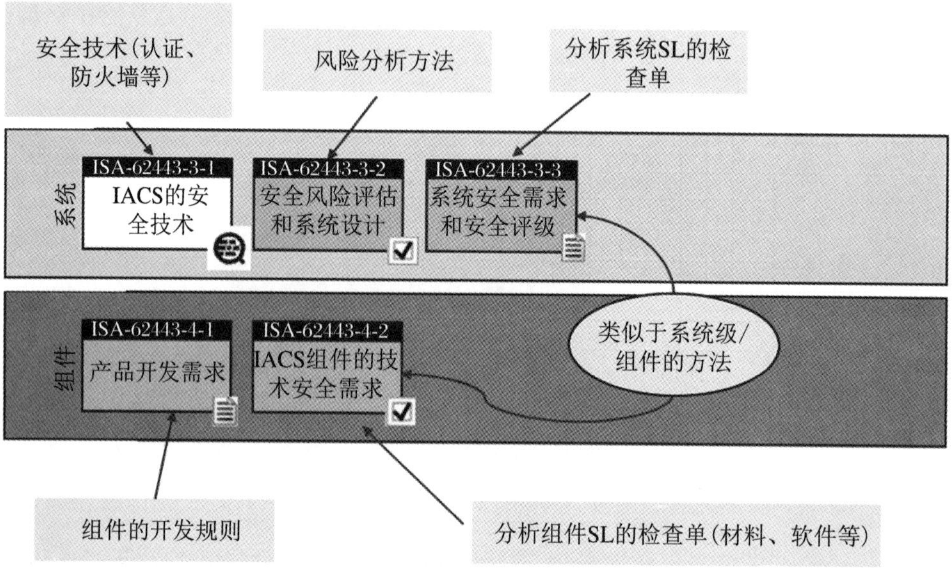

图 7.12 组件级和系统级文档关系

这个过程开始于对被关注系统的标识,包括定义被关注系统的范围和访问点。定义的结果是一个资产列表,可以用架构图表征。

第二步实施一次对被关注系统的全局风险分析。目的是识别工业自动控制系统故障导致的风险,并找到最糟糕的情况。当然,这有可能要依赖工业风险分析或者功能安全分析(参见第 8 章)。用风险矩阵评估风险等级,使我们能够准确地将其与组织对风险的容忍程度进行比较。

第三步(ZCR3)是对被关注系统进行区域和管道划分。划分方法(breakdown)与 7.5.3 小节中定义的方法一致,旨在进行详细的风险分析。此步骤的目的是使区域获得一个给定的安全等级。重要规则包括:

——将 IT 区域与 OT 区域分开;

——为安全信息系统定义特定区域;

——为临时连接设备定义特定区域;

——为无线网络定义区域;

——将区域与外部网络分开。

区域和管道必须记录在案,并且能够用一个体系架构图来表示。

第四步(ZCR4)确定全局风险水平是否超过了可容忍的范围。如果答案是肯定的,需要在第五步(ZCR5)对每个区域进行详细的风险分析。在第五步中,对每个区域或管道的分析结果是该区域或管道所达到的目标安全等级 SL-T,这个安全等级是根据有问题的区域或管道的风险等级定义的。这一步骤将在 7.6.2 小节中详细描述。

第六步(ZCR6)是为安全要求撰写规范,包括:

——描述被关注系统,至少对系统的功能、处理过程,或者控制设备进行综合描述;

——工业自动化控制系统所处的物理和逻辑环境的描述;

——威胁和识别威胁来源的描述;

——强制性的、技术性的和组织上的安全措施;

——风险的可接受水平;

——装置必须遵循的监管义务所适用的场景。

最后一步(ZCR7)是要获得工控自动化控制系统负责人对风险分析的批准,该负责人对被关注系统控制过程的安全性、完整性和可靠性负责。

7.6.2 详细的风险分析

针对一个区域或者一个管道的详细风险分析主要完成如下步骤:

——识别影响该区域或者管道的威胁。更多细节在第 4 章中描述过。

——识别脆弱性。详细分析区域或者管道来识别和记录脆弱性。此项分析能够通过各种文档资源,或者通过脆弱性分析工具达成(参见 5.7 节)。

——确定后果和影响。后果必须将不同区域中最不期望的影响作为评估结果,例如职员安全、金融损失、生意中断和环境影响。

——评估在不考虑任何应对策略的情况下威胁的发生概率。大多数情况下这种评估是定性的。

——确定没有应对策略情况下,与信息安全关联的风险水平。

——确定目标安全等级 SL-T。这个等级由区域风险水平决定。

——识别和评测已有的应对策略。这些策略必须被识别和评估,以确定它们在减小概率或影响时的效果。

——重新评估使用应对策略时威胁的发生概率和安全性。

——确定残留风险。针对每种在第一步中识别的威胁,评估其残余风险。

——比较残余风险和可容忍风险。如果残余风险超过可容忍风险,组织将决定是接受残余风险,还是转移风险,或者是减少风险,还是采用第 3 章描述的通用方法。

——确定额外的应对策略。必须提出措施和方法来减少风险,除非在上一步已经决定接受或者转移该风险。

——记录分析过程,并将结果发送给利益相关方。

7.6.3 SL-T 的确定

标准 62443 给出了根据风险水平定义 SL-T 等级的方法。标准提供了几种方法。最简单的方法是分配一个 SL-T 等级给每个风险水平(如图 7.13 所示)。

IEC 62443-3-2 还根据网络风险削减因子(Cyber Risk Reduction Factor,CRRF)提出了一种计算方法。风险水平由概率和影响的乘积定义,$R = P \times I$。CRRF 定义如下:$CRRF = R/Rtol$,其中 R 代表风险水平,$Rtol$ 代表可容忍水平。安全等级则由如下表达式计算:

$$SL\text{-}T = \min\left\{4, CRRF - \frac{1}{Rtol}\right\}$$

4 级可容忍风险计算得到如图 7.14 所示的表格。但这种方法要谨慎使用(Brahand,2017)。

7.6.4 应对策略

当 SL-T 目标等级确定以后,下一步就是使用表 7.1 分析区域等级,或者直接根据附录 5 选定一个等级。基本水平的系统要求(System Requirements,SR)定义了至少实现 1 级水平的安全措施,以及增加到增强级(Requirement Enhancements,RE)所需要的措施。SR 和 RE 可在附录 5 的基本安全要求表格中找到。

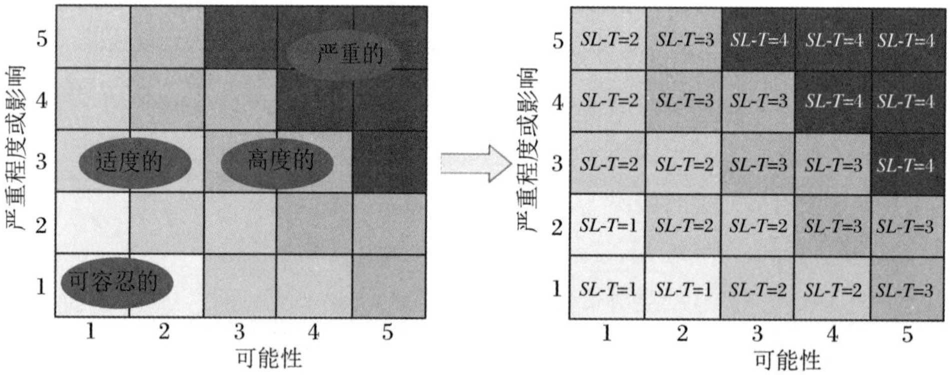

图 7.13 根据风险矩阵确定 SL-T 等级

实现安全措施的通用方法在第 11 章给出。

可随风险为4		
风险	*CRRF*	*SL-T*
1	0.25	0
2	0.5	0
3	0.75	0
4	1	0
5	1.25	1
6	1.5	1
7	1.75	1
8	2	1
9	2.25	2
10	2.5	2
11	2.75	2
12	3	2
13	3.25	3
14	3.5	3
15	3.75	3

可随风险为4		
风险	*CRRF*	*SL-T*
16	4	3
17	4.25	4
18	4.5	4
19	4.75	4
20	5	4
21	5.25	4
22	5.5	4
23	5.75	4
24	6	4
25	6.25	4

图 7.14　用 CRRF 确定 SL-T 等级

7.7　安全管理

文档 62443-2-1 定义了建立、实现、维护和持续改进工业自动化控制系统的安全程序的要求。如果得到认真履行，这些要求可以提供降低安全风险的能力。这些要求的制定和实现相互独立，这就让资产拥有者可以选择最适合他们的实现方式。

如果工业自动化控制系统联合了全体职员和数字技术，则安全程序包含如下内容：

——组织措施，包括一个信息安全管理系统，并为计算机系统按常规定义全企业范围内的安全策略和实践；

——技术安全策略，由硬件和软件实现；

——安全相关的过程，通常用以配置和维护技术的安全能力。

标准涵盖的各个方面通过考虑工业自动化控制系统特性来完善信息系统的信息安全管理系统。一个典型的例子是系统升级管理。在传统系统中，升级管理是自动进行的，但这种方式不适用于工业自动化控制系统，因为升级过程可能导致功能故障。因此标准提出了一些专用方法。

标准提出很多要求，并按域(domain)分组，这些分组称为安全程序要素(SPE)，如下所示：

——SPE1：组织安全；

——SPE2：配置管理；

——SPE3：网络安全；

——SPE4：组件安全；

——SPE5：数据保护；

——SPE6：用户安全；

——SPE7：事件和冲突管理；

——SPE8：系统完整性证明和可用性。

被称为安全控制类(Security Control Classes，SCC)的要求类别与域(domain)有关。例如，对于 SPE1 要素，定义 3 种类别：

——SCC1：安全管理系统；

——SCC2：安全评估和回顾；

——SCC3：物理访问的安全。

每类要求根据 ISO 27001 针对通用要求定义，如果要求是针对工业自动化控制系统的，再特殊处理。

例如，对于 ORG3(表 7.4)，所有安全要求都是在 ISO 27001 中定义的，除了一项只需要在工业自动化控制系统中考虑，而在通用计算机系统中不需要考虑的要求。

表 7.4 ORG3 的安全要求

特殊要求	ORG 3.1	应控制对工业自动化控制系统的物理访问，包括对设施、设备和线缆的接触访问，使其处于可接受的风险目标范围内
ISO 27000	A.11.1.1	物理安全边界
	A.11.1.2	物理入口控制
	A.11.1.3	保护办公区、房间和设施
	A.11.1.4	抵御外部和环境威胁
	A.11.1.5	在安全区域工作
	A.11.1.6	传递和加载区域
	A.11.2.1	设备选址与防护
	A.11.2.3	布线安全
	A.11.2.8	无人值守的用户设备
	A.12.1.4	隔离开发、测试和操作环境

7.8 防护水平的评估

标准的 IEC 62443-2-2 部分定义了一组要求，用于满足每类安全措施（SCC）。这些要求包括组织要求和技术要求。对于一个已经存在的设施，可以根据观察工业自动化控制系统及其组织运行来评估系统的安全要求。组织措施根据成熟度等级范围 1～4 进行评估，技术措施则根据安全等级范围 1～4 来评估。对于每一个要求类，基于如下标准构建关联要求列表：

——标准 62443-2-1，为实现信息安全管理系统构建组织安全要求；

——标准 62443-2-4，服务提供商要求；

——标准 62443-3-2，风险分析要求；

——标准 62443-3-3，技术系统要求；

——标准 62443-4-1，产品开发要求；

——标准 62443-4-2，组件级的技术要求。

所获得的评估结果用于确定防护等级，详情参见 7.5.5 小节。

7.9 IEC 62443 标准的实现

IEC 62443 是一个包罗万象的标准，适用于工业网络安全的所有利益相关方。能够以不同方式使用该标准。

7.9.1 证书

有两个文档针对产品供应商：IEC 62443-4-1（产品开发要求）覆盖了所有产品开发过程的要求；IEC 62443-4-2（工业自动化控制系统组件的技术安全要求）为每个源于系统要求（SR，RE）的组件定义要求（Component Requirement，CR）。这些文档可以作为组件证书的基准使用，如由 ISASecure① 或者 TUC② 发布的证书。

被认证为具有一定安全等级（SL-C）的组件能够通过非常严格的安全等级评估（参见 7.5.2 小节）。

① 参见 www. isasecure. org。

② 参见 https://www. tuv. com。

7.9.2 服务提供商和集成商

大多数工业控制系统由集成商开发、安装。系统维护由外部第三方实施。这种交叉介入是一种非常重要的威胁源，风险非常高。

IEC 62443-2-4（对工业自动化控制系统解决方案提供商的安全要求）关注对工业自动化控制系统提供商安全策略和事件的鉴定。这份文档在标准中的状态为“被采纳”。

7.9.3 IACS 运营商

制定一个安全方案、实现一个网络安全管理系统都必须遵循一套严格的、可证明的方法论。IEC 62443 标准提供了这样一套方法论。该标准基于如划分区域和管道、风险分析（全局和具体），以及安全措施的实现等一整套基本概念。该标准并不孤立于其他方法之外，而是经过多年发展，与其他方法，特别是与 ISO 27000 标准家族，在共同点上逐渐融合。ISO 27000 将在本书第 11 章中阐述，它遵循了 62443 标准的基本方法。

第 8 章

功能安全和网络安全

8.1 概述

8.1.1 操作安全的组成部分

网络安全问题，更具体地说是工业和信息物理融合系统的网络安全，是一个相对较新的问题。由于第 0 章“介绍”中所提到的原因，系统设计师关注这些问题的时间还不到 20 年。

从另一方面来讲，确保一个系统可靠地运行、不给周围的人带来风险已经是一个老生常谈的问题了。在第二次世界大战和 20 世纪 60 年代的太空探索期间，提高系统可靠性的方法逐步发展完善。起初最主要的是机械故障，后来，电子器件和可编程电子器件的可靠性则变得越来越重要。进入 21 世纪后，随着标准 IEC 61508(2010)的出版，解决可靠性问题的惯例被标准化。我们用于确保系统正常运行的一套方法属于“操作安全”规程的一部分(图 8.1)，这里我们主要考虑可用性(一个实体在给定时间提供所需服务的能力)和安全性(在系统生命周期内不伤害人、环境或任何其他资产)。

可用性和安全性这两个属性都是基于所关注系统的可靠性。这一概念(可靠性)可以看成一个实体在给定的条件下和给定的时间间隔内执行所需功能的能力，可以用这个实体在时间间隔$[0,t]$内正常运行的概率来衡量。

功能安全或操作安全研究的步骤与传统风险管理流程的步骤一致：

——情景定义：分析了哪个系统，利益相关者有哪些，系统运行的约束条件有哪些，监管义务有哪些；

——风险分析；

——安全要求的定义；

——安全措施的落实(安全完整性等级(SIL)等级的分配，具体概念见下)。

操作安全的具体要点涉及如何测量风险，以及如何用 SIL 量化保护系统，使其达到给定的风险等级。

操作安全和网络安全中使用的方法不仅类似，并且必须协同使用。事实上，为了确保整个系统正常运行，在对不同类型的危害（技术、人或组织）进行风险分析时，必须补充分析针对可编程设备的网络攻击相关风险。

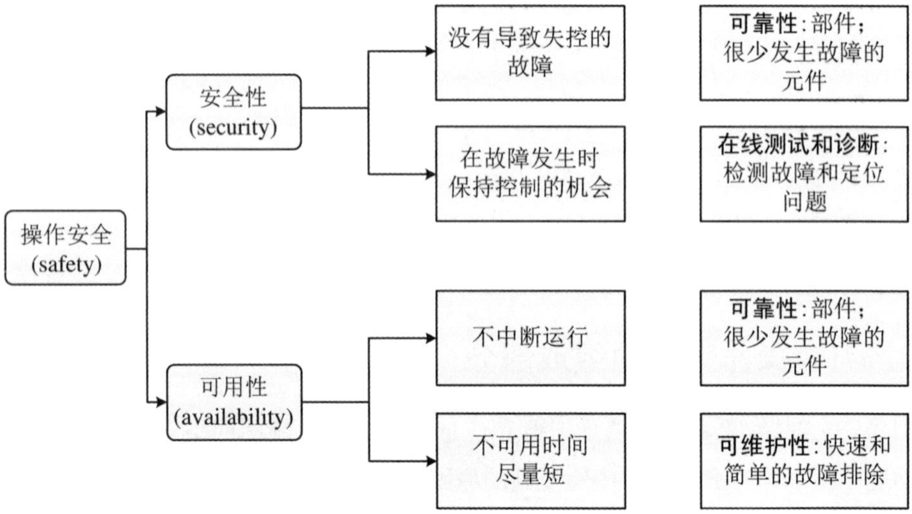

图 8.1 操作安全的组成部分（RAMS：可靠性（Reliability）、可用性（Availability）、可维护性（Maintainability）和安全性（Safety））

这里举一个化工制造过程分析的例子，其使用控制回路通过调节冷却流体的流速来控制温度。通过分析故障原因，可以确定：

——与传感器相关的测量问题，可能是由于传感器的硬件故障或校准错误，其产生原因可能是人员操作失误（故意或非故意），或者网络攻击；

——与冷却阀有关的问题，可能是由于硬件故障或操作流程错误，原因可能是人员操作失误或网络攻击；

——温度设定值的变化，也可能是人为错误或网络攻击造成的。

假设温度失控导致了爆炸，对后果的分析可能包括：

——对工作人员和周围人口健康的损害；

——产品损失及相关经济损失；

——环境破坏；

——违反管理规定；

——原材料损坏。

在这个例子中，我们可能会注意到，虽然导致恶性事件的原因可能完全不同，但产生的后果是相同的。

在大多数情况下，网络安全和操作安全分析有很多相似之处。但是，在综合研究中必须考虑到两种视角之间的差异(如表 8.1 所示)。我们并非总能简单地决定问题的解决方案(图 8.2)。例如,更新软件可以减少 IT 漏洞,但可能会增加操作安全的风险,那该如何确定更新软件的频率呢?

本章的其余部分提出了操作安全方法中的重要概念,如 SIL、IEC 61508 标准的主要内容和主要风险分析方法。这有助于将其与网络安全中相应的方法进行对应,并提出一种协同的方法(参见第 9 章)。

表 8.1 操作安全和网络安全

特 征	操作安全	网络安全
风险的性质	由一个随机的、相当罕见的故障元素造成的风险	由蓄意攻击、有计划地利用一个或多个漏洞造成的风险
	不太可能同时发生的故障(具有相同原因的故障除外)	攻击者试图同时利用几个漏洞
	远程攻击几乎不可能	远程攻击非常常见
分析的方法	识别一个灾害事故,然后分析其后果和原因。方法:FMECA、PHA、故障树分析	识别安全要求和灾害事故,分析影响和威胁。方法:EBIOS、OCTAVE、CORAS、攻击树等
功能安全/信息安全的例子	安全屏障、冗余、减少相同模式、培训、工作组织	流量过滤(防火墙、二极管)、安全架构、IDS、用户培训、角色定义和认证
风险等级测量	可能性或概率(通常较低)和后果的严重程度	可能性(使用已知漏洞的可能性通常很高)和后果的严重性
容许风险等级的规范	SIL(用定量值表示的指数)	SL 等级构成的矢量(定性)
兼容的例子	安全屏障、冗余、减少相同模式、培训、工作组织	流量过滤(防火墙、二极管)、安全架构、IDS、用户培训、角色定义和认证
潜在冲突措施的例子	不经常更新以减少风险	经常更新以限制漏洞
	加密影响实时性	加密提高了安全性
	故障安全模式、降级运行模式和紧急停止提高了安全性	网络攻击者可以使用故障安全模式、降级操作模式和紧急停止来制造生产设施故障
经验分享和反馈	反馈的来源很多。未来的故障和过去的故障是相似的	必须以全局方式组织反馈,保护系统不受已发现漏洞的影响
利益相关方之间的任务分配	强独立约束:设计师、验证者等	没有理由不让同一个人同时进行设计和验证

续表

特　征	操 作 安 全	网 络 安 全
监管方面	2003 年颁布的法律(2003 年 7 月 30 日 2003-699 号)和 2010 年颁布的工业设备法令	2018 年 2 月 26 日,针对 OIVs 的 NIS 指令被纳入法国法律
法律方面	责任链可以基于实体链(供应商、维修)	通常很难发现来自于法律行为鞭长莫及的某些国家的攻击源
认证(证书)	不同软硬件使用一个标准(IEC 61508)	几项不同的标准(ISO 27000、IEC 62443、CC、CSPN 等)

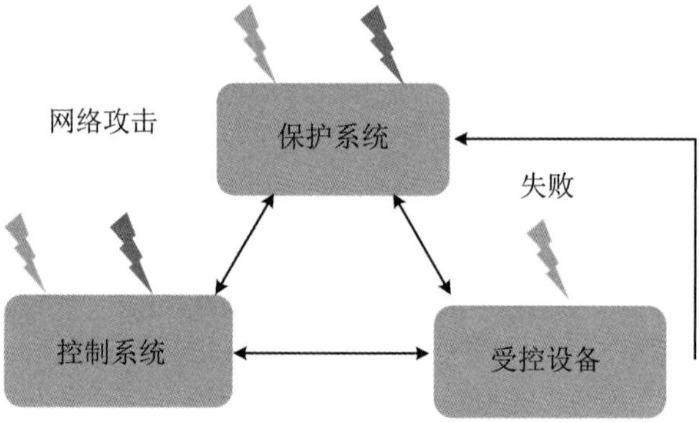

图 8.2　网络攻击和故障

8.1.2　SIS 和 SIL 等级

在安全边界中,一类特别重要的系统就是安全仪表系统(SIS)。SIS 是一个自动化的系统,用来应对恶性事件。SIS 由以下部件组成(见图 8.3):

——“一个或多个”传感器;

——“一个或多个”处理单元(安全控制器、嵌入式系统);

——“一个或多个”执行器(阀门或其他)。

安全仪表功能(SIF)是一种在检测到预定义的事件或系统漂移时,维持受控设备(EUC)处于安全状态或使其重返安全状态的功能。对于每项安全功能,安全仪表系统(SIS)的组件允许它实现三种子功能:

——检测功能,由传感器实现,传感器可以将物理信息(压力、温度、流量、浓度等)转换为可以测量的电量值。这个值被变送器转换成一个信号,再传送到处理单元。传输信号可以是 4～20 mA 的模拟信号或者开/关二进制信号(数字或 1/0)。

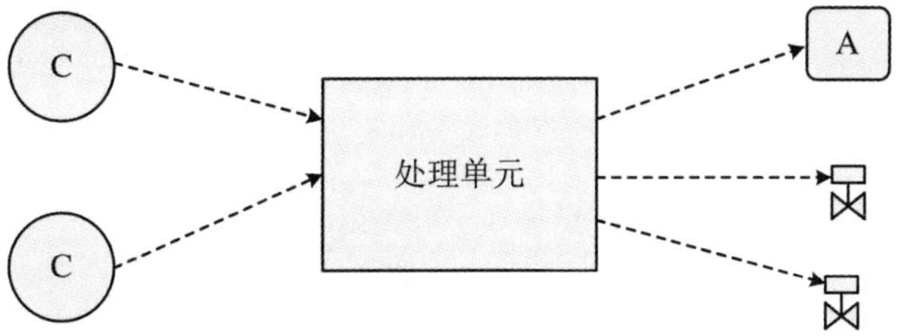

图 8.3 安全仪表系统(SIS)的架构示例

——简单或复杂的处理功能,可以简化为一个简单显示,或比较后产生一个执行器命令。主要有两种技术(可靠性和处理能力不同):

—连线技术,基于基本逻辑组件(如中继器),以电子、气动或液压方式连接在一起;

—可编程技术,基于数据采集单元或报警器、可编程逻辑控制器(其中一些可能专用于安全)、工业计算机、基于微处理器的电路板,或可编程逻辑。

——操作功能,由执行器执行,将信号(电动、气动或液压)转换成一种物理现象用以控制一个部件,如泵、阀门等。根据驱动能量的不同,我们称之为电动、气动或液压执行器,执行器与末端元件耦合,比如阀门、泵、报警器等。

这些元件之间的通信使用各种技术:电缆、电磁波、光纤、气动或液压管道。

一个场景被破坏造成的损失越严重,降低破坏概率的安全系统就必须越可靠。SIL 等级是衡量安全系统可靠性水平的一个指标。

安全完整性等级(SIL)是 SIS 提供的功能安全级别的一个指标,在 IEC 61508 和 61511 中有详细介绍。SIL 有四个等级与两种定义方式(表 8.2),具体取决于安全系统是在低负荷模式下运行(如保护功能),还是在连续或高负荷模式下运行。每个操作模式都定义一个故障概率,以及该概率的大小与 SIL 级别之间的关系。

表 8.2 安全完整性水平

安全完整性等级	安全信息系统的要求		风险降低因子
	不常见的 PFDavg(响应失效率)	常见的 PFH(每小时响应失效率)	
4	$[10^{-5},10^{-4}]$	$[10^{-6},10^{-5}]$	10000～100000
3	$[10^{-4},10^{-3}]$	$[10^{-5},10^{-4}]$	1000～10000
2	$[10^{-3},10^{-2}]$	$[10^{-4},10^{-3}]$	100～1000
1	$[10^{-2},10^{-1}]$	$[10^{-3},10^{-2}]$	10～100

安全仪表系统通过执行某些安全功能将风险水平降低到一个可接受的范围

(图 8.4)。在我们周围有越来越多这样的系统:化工过程的紧急关闭、发生火灾时的自动检测和喷洒、气体检测、列车自动刹车、安全气囊、汽车驾驶辅助系统(ABS)、医疗放射设备安全系统等。此外,它们之间的联系也越来越紧密,这构成了一个重大的网络安全问题。第 4 章介绍的 TRITON 攻击就是针对这些系统的。

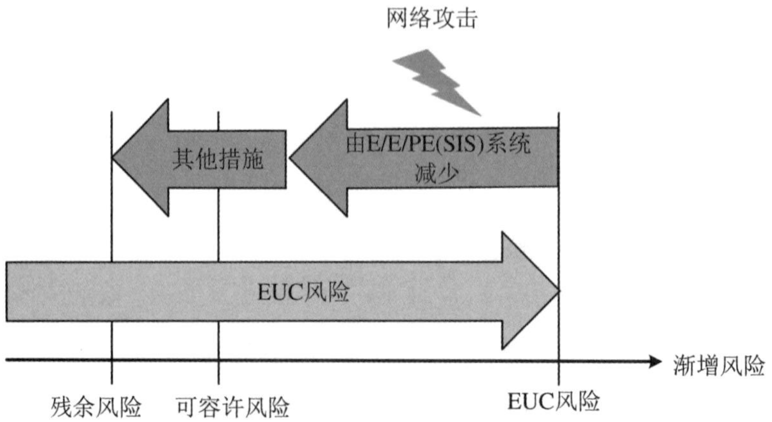

图 8.4 降低风险和安全仪表系统

8.2 IEC 61508 标准及其衍生版本

目前,针对 SIS 的设计存在许多标准。其中通用标准为 2002 年发布的 IEC 61508(图 8.5)。标准全名为:电气/电子/可编程电子安全相关系统的功能安全(functional safety of safety-related electrical, electronic and programmable electronic systems),它由七个部分组成,描述了如何使用 SIS 来管理设备的功能安全。每个部分的标题如下:

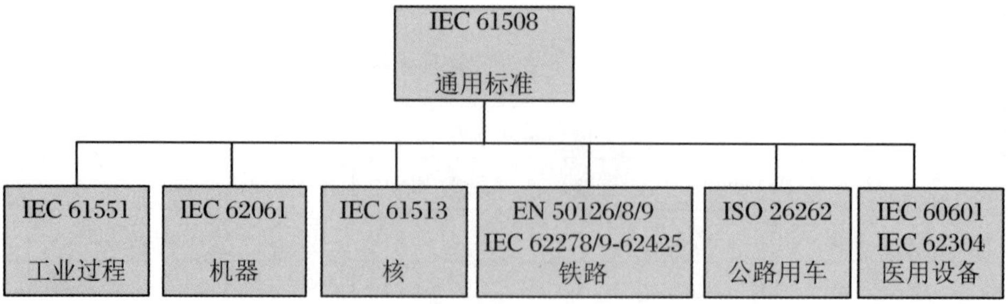

图 8.5 行业标准

第一部分:通用设计要求(生命周期);

第二部分:电气/电子/可编程电子系统的安全要求;

第三部分：软件要求；

第四部分：定义和缩略语；

第五部分：确定 SIL 等级的方法示例；

第六部分：第二部分和第三部分的实施指南（IEC 61508-2 和 IEC 61508-3）的应用指南；

第七部分：技术和措施概述。

IEC 61508 已扩展到不同领域：

——流程工业：IEC 61511 或 ANSI/ISA-84.00.01-2004，流程工业安全仪表系统的功能安全；

——机械：IEC 62061，机械安全-电气/电子/可编程电子控制系统的功能安全；

——核电：IEC 61513，核电厂——重要安全系统的仪器和控制命令；

——铁路：IEC 62278/9 和 IEC 62425，铁路应用——可靠性、可用性、可维护性和安全性（FDMS）的规范和演示；

——汽车：ISO 26262，道路车辆——功能安全；

——电子医疗设备：IEC 60601，医用电子设备——基本安全和基本性能的一般要求。

IEC 61508 是供应商所依赖的标准。基于给定 SIL 等级，可以凭借标准实现相关的系统。在后续，本书将解释标准中提到的一些确定 SIL 级别的方法及原理。

实现该方法的步骤如图 8.6 所示。

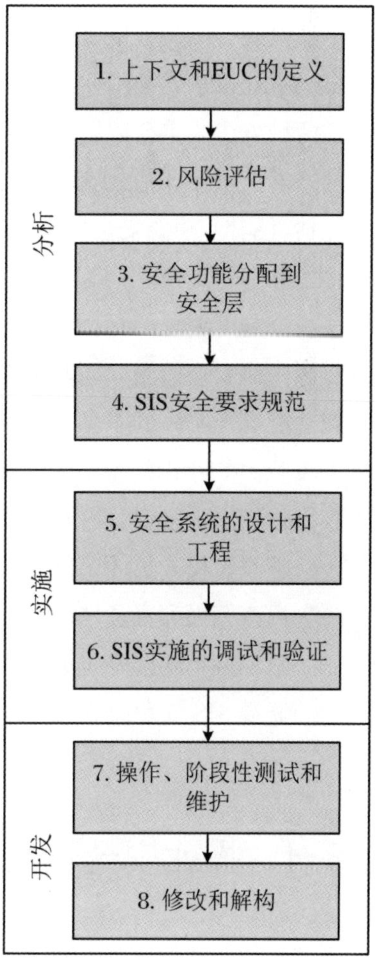

图 8.6　IEC 61508 提出的流程

第一步是初始风险分析，这里使用本章稍后介绍的方法之一来进行分析。此步骤的目的是确定系统中的危险和危险事件，导致危险事件的事件顺序，与危险事件相关的风险，降低风险的要求以及降低风险所需的安全功能。例如，对于存在过热可能的锅炉，安全功能可能是检测过热并关闭加热源。

第二步是定义安全要求。这一步需要确定可承受的风险水平，并将其转换为满足目标 SIL 等级的安全功能要求。如果使用 LOPA 方法（参见 8.4.4 小节），则会将安全功能分配给不同的保护层。

第三步，对于不同的 SIS，根据 SIL 等级确定了实现安全功能所需的安全要求。

第四步，对应于SIS的设计和实际实施，以满足调试期间的要求。

8.3 功能安全与网络安全的协同

IEC 61508标准并未真正考虑网络安全。该标准在撰写的时候，ICS的网络安全性还不是主要问题。人们认为，控制系统的隔离和其他特定技术已足够应对安全问题。最新版本的IEC 61511(版本2016和2018)(IEC 2016)添加了一条IT安全条款，该条款指出必须考虑SIS的IT漏洞，但未在这一方面进行详细说明。第7章介绍的IEC 62443标准解决了这个问题，并且这两种方法都旨在遏制流程故障造成的有害后果，无论故障来自网络安全问题或隐患。功能安全与网络安全的结合都是一个有意义的方向，这个方向目前已经发表了许多方案(Kriaa et al.,2015;Abdo et al.,2018)。这些方案将在第9章中结合风险分析来详细阐述。

这两种方法的生命周期可以匹配(图8.7)。可以在功能安全风险评估(步骤2)之后进行网络安全风险评估(步骤5)。如上所述，结果是相似的。但是，需要用不同的度量标准来评估可能性：功能安全性的概率定量评估和网络安全性的定性评估。这一点将在第9章中得到进一步阐述。该风险评估还必须以SIS规范描述(网络安全步骤2)为依据，因为这些规范是可编程的，可能会受到网络风险的影响。在网络安全步骤5阶段的SIS中必须实施网络安全措施。而其他步骤可以并行进行。

在功能安全实施的步骤6中，有效性通过验证其组件的SIL等级在安全功能的SIF级别来校验。在网络安全方面，有效性通过验证每个区域的安全级别来校验。

在操作和维护阶段，动作是相似的：

——限制授权人员的访问；

——提高警惕和人员培训；

——定期检查功能安全或信息安全措施；

——监视SIS的负载和故障率，同时基于网络安全探测新漏洞。

8.4 操作安全中使用的风险分析方法

本节将要介绍的这些分析方法(Flaus,2013)对于学习第9章所述的功能安全和网络安全的融合有很大帮助。

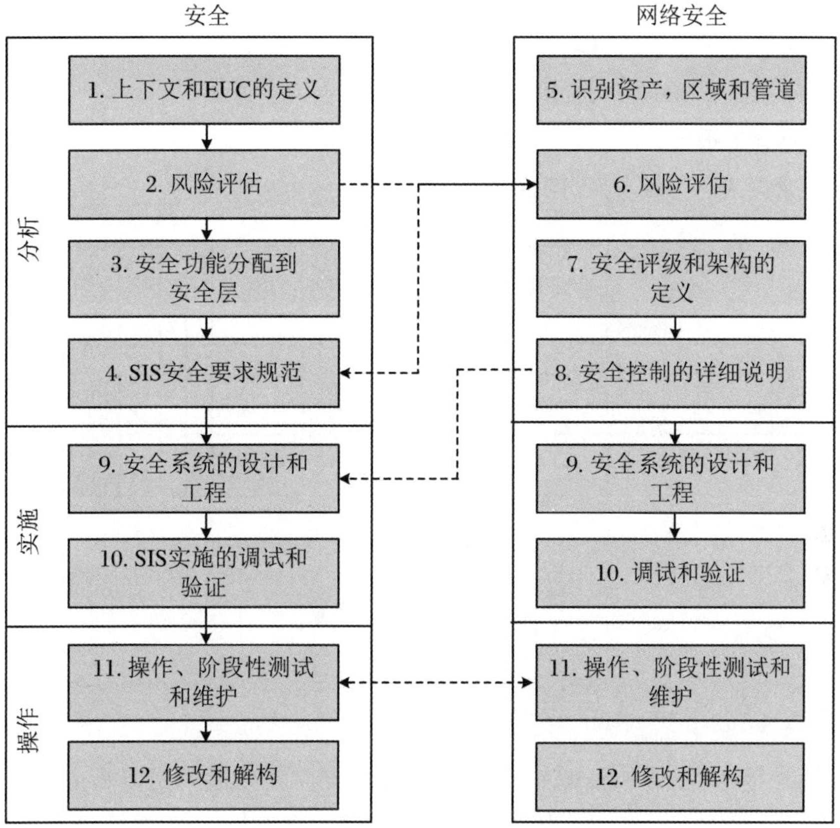

图 8.7 功能安全和网络安全协同

8.4.1 初步危害分析

初步危害分析(PHA)的目的是在灾害事故发生之前,先识别出可能的危险事件。这是通过检查设施中存在的元素和运行的状态确定危险源并检查危险事件的可能性来实现的。

对于系统,应检查其元件和操作。如果必要,还要检查有害后果。通常以定性或半定性的方式评估确定各种风险的重要性。

PHA 的步骤如下:

(1) 分析准备:确定上下文、研究资料和观测数据;

(2) 工业设施的描述和建模;

(3) 识别隐患和危险事件,危险事件表征了导致有害后果的机制或现象;

(4) 分析可能引起危险事件的危险情况和原因;

(5) 根据对潜在目标的损害分析后果;

(6) 确定现有的安全措施；

(7) 以定性或半定性的方式评估严重性、频率或可能性；

(8) 根据需要建议新的安全措施；

(9) 起草分析报告。

结果通常以表格形式显示(图 8.8)。

系统	原因	危险情况:元素和漂移	恐怖事故	后果:目标和损坏	L	S	RL	现有安全屏障	L′	S′	RL′	待添加安全屏障	L″	S″	RL″
	可选择				可选择							可选择			

L:可能性 likelihood
S:严重性 severity
RL:风险等级 risk level

图 8.8 标准 PHA 表

8.4.2 故障模式与影响分析

故障模式与影响分析(FMEA)与 PHA 方法一样，是先验风险分析方法。但是，与 PHA 方法不同，它的目的不是寻找可能导致损坏的灾害事故，而是首先检查系统的所有故障模式，无论是造成损坏还是仅产生故障，然后分析其影响并调查其原因(图 8.9)。此外，当要评估每种故障模式的临界状态时，我们都会提到 FMECA 方法(故障模式、影响和关键性分析)。但是，通常可以使用术语故障模式与影响分析(FMEA)来泛指该方法。

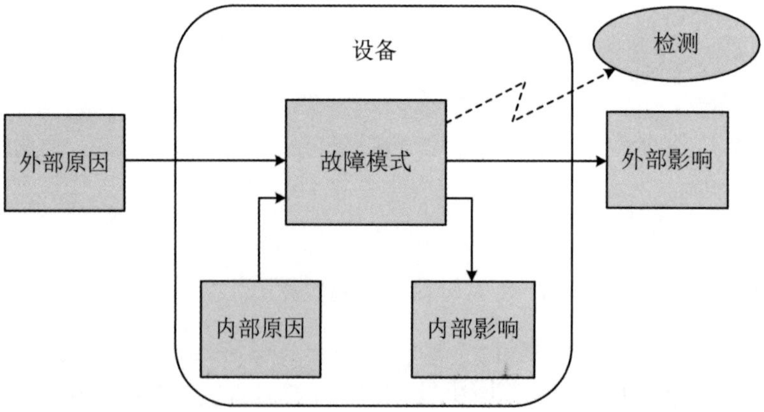

图 8.9 故障模式

故障模式的影响类型多样，并且在大多数情况下，它们不会对目标造成损坏，而是会导致系统任务中断，或生产产品无法满足其设计需求。因此，FMEA 方法不仅用于安全风险分析，还用于许多领域，尤其是作为质量要求（ISO 9000 标准）的一部分或用于产品设计。

FMEA 的步骤如下：

——分析准备：定义环境上下文、研究资料和观测数据；

——工业设施的描述和建模；

——分析故障模式，其影响和原因；

——概率评估；

——严重性评估；

——评估分析和将采取的措施；

——起草分析报告。

结果以表格形式提供（图 8.10）。

系统	实体或功能	故障模式	可能的原因	可能的影响	S	P	检测方法	现有的预防手段	备注

图 8.10　FMEA 表的示例

8.4.3　HAZOP

HAZOP（危险性与可操作性分析）方法是 ICI[①] 在 1963 年为化学工业提出的。描述此方法的第一批出版物可追溯到 20 世纪 70 年代。该方法的原理是，系统地分析操作模式中各个要素或阶段操作参数的所有偏差，并从中搜索可能导致危险现象发生的那些偏差。它特别适用于涉及材料和能量流的系统。能量流使用诸如流速、温度、压力、液位和浓度等参数刻画，并测验参数偏差。从本质上讲，此方法是通过检查流程图或者管道、仪表图来完成的。

主要分析步骤如下：

——首先，选择一个分析点。分析点通常包含设备和与其相关的连接，这些设备和连接关系是在建模阶段确定的。

---

① 译者注：帝国化工，Imperial Chemical Industries。

——选择一个操作参数[1]。

——为该参数选择一个关键字并产生偏差;关键字是 HAZOP 方法定义的列表,例如(大于,小于,其他……)。

——考查这种偏差的后果。如果它们不会造成有害的后果,则不需要分析预防的原因和手段。

——确定造成这种偏差的潜在原因。

——考查该偏差的检测手段、防止其发生的措施、限制其影响的措施。

——评估这种偏差的严重性和可能性(可选)。

——如有必要,提出建议和改进方案。

——保留相同参数的新关键字,产生新的偏差。

——考虑所有关键字后,分析下一个新操作参数。

结果以表格形式提供(图 8.11)。

系统	功能实体	偏差	原因	结果	S	P	检测方法	现有的预防手段	备注
					可选择的				

图 8.11 HAZOP 表

8.4.4 保护层分析

保护层分析(Layer of Protection Analysis,LOPA)方法是由化工过程安全中心(Center for Chemisal Process Safety)在 19 世纪 90 年代后期提出的。此方法的目的是评估系统上现有保护措施的风险控制级别,并确定是否应添加其他保护措施。方法的作者将其定义为简化的半定量方法,因为它用 10 的幂定义级别,用以表示风险发生的概率、频率和严重性。

LOPA 方法中的一个关键概念是独立保护层(Independent Protection Layer,IPL,图 8.12)。该方法旨在确定是否已采取足够的保护措施,以确保系统工作在可承受的风险水平下。

一个独立保护层被定义为主动或被动执行安全功能的系统,该系统必须能够:

① 译者注:操作参数是指与"设备"运行所关联的参数,如"锅炉内温度"。

——发现、预防或减轻特定危险事件的后果，例如失控或失控反应；
——独立于与危险事件相关的其他保护层（系统）；
——可靠，可将风险降低到指定水平；
——可以定期验证其提供的安全功能。

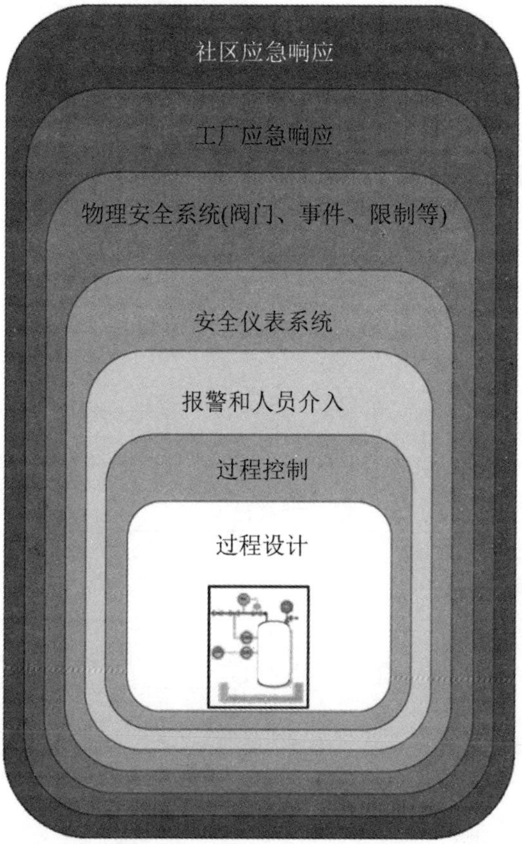

图 8.12　独立保护层(IPL)

具体来说，IPL 可以是标准操作程序、过程控制系统、被操作员确认的警报、安全仪表系统、阀门、火灾探测器、洒水器等。

LOPA 方法通过逐步添加保护措施，来确保将风险控制在可接受的水平，如图 8.13 所示。它类似于第 3 章中描述的深度防御方法。

8.4.5　故障树和蝴蝶结图分析法

故障树是一个突显故障逻辑组合关系的模型，而这些故障可能引发一个被关注的主要事件，也称为“顶级事件”(top event)。故障树的图形表示是一棵树(图 8.14)。各种事件通过逻辑连接符连接。故障树的表示与攻击树的表示非常相似(参见第 9 章)。

在操作安全中，故障树用于定量分析。每个基础层事件有其对应的概率，并且可以根据故障树的结构来计算顶级事件的概率。

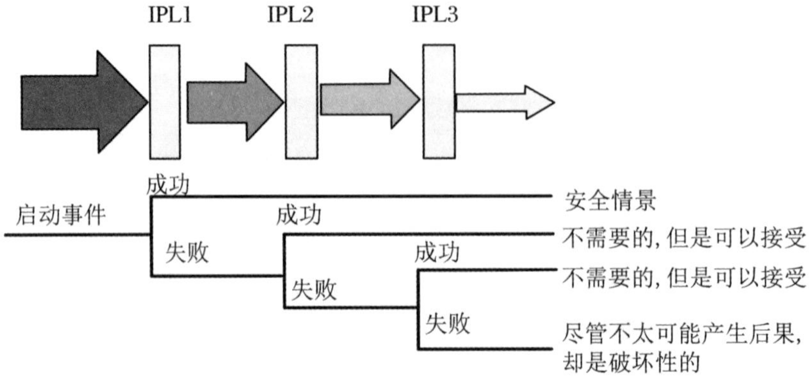

图 8.13　IPL 和风险管理

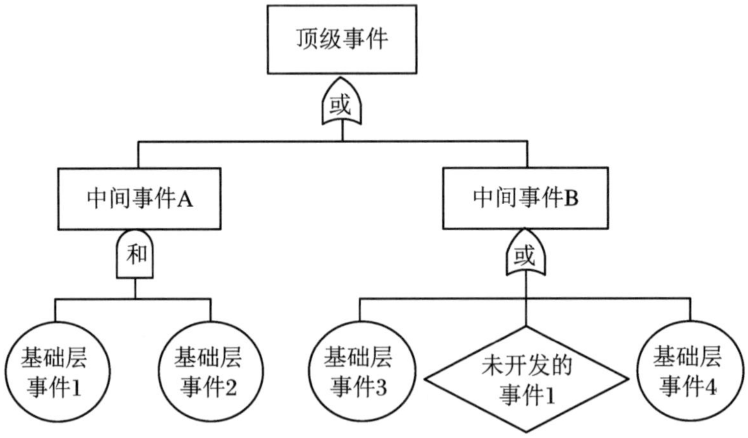

图 8.14　故障树示例

蝴蝶结图是另一个经常使用的图形化表示。该方法表示每个危险事件的所有原因和后果(图 8.15 和图 8.16)。原因和后果可以有多个层次。这种类型的图表还可以表示各种保护措施，从而能够直接看到相关场景的风险控制级别。

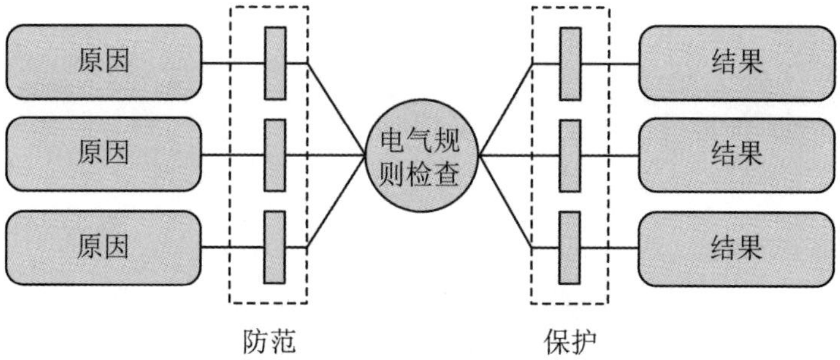

图 8.15 蝴蝶结图示例

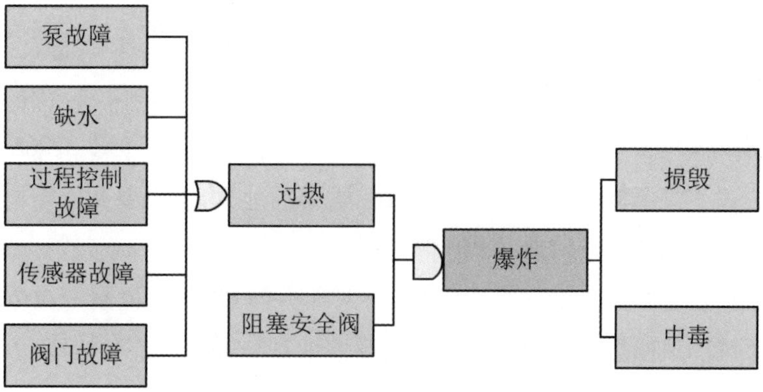

图 8.16 蝴蝶结图示例

第 9 章

风险评估方法

9.1 概述

工控系统(ICS)的网络安全管理中存在一个重要的主动管理阶段,在该阶段实施各种安全措施以降低攻击者对系统造成损害的概率。这种方法在 ISO 27005 的风险管理过程中有所描述。为了能够将精力和资源放在重要的地方,首先要做的事情是分析设备或系统运行的风险及其对环境造成的风险。

在考虑工业设备的网络安全时,必须分析两种类型的风险:控制－命令系统的风险分析和物理系统的风险分析。第一种是对工业信息系统进行风险分析,可以直接采用针对信息系统的风险分析方法;第二种是所谓的工业安全或操作安全的风险分析,这部分将使用第 8 章中描述的方法,如初步危害分析(PHA)或危险性与可操作性分析(HAZOP)。这两种分析方法不是独立的,因为攻击 ICS 的后果可能触发物理环境的危险。

评估整个系统风险的方法如下:

——对工业信息系统进行风险分析,并考虑设备失控的影响,对失控严重性进行近似评估;

——对物理流程进行风险分析,并考虑 ICS 遭受网络攻击的原因,粗略描述这些原因的可能性;

——对信息系统和物理过程进行融合分析,可以更准确分析工业控制系统和设施引发的整体安全风险;

——对物理过程进行风险分析,识别出其中由网络安全引发的风险,并构筑一个“不可攻击”的防御屏障,以确保系统整体安全。

具体方法的选择取决于问题和背景。本章其余部分首先介绍信息系统风险分析方法,以及如何将这些方法用于分析工业系统案例,然后介绍如何将第 8 章中提出的方法应用到网络系统安全中,以及如何将两种方法融合使用。

9.2 风险分析的一般原则

9.2.1 概述

有许多IT系统的风险分析方法。表9.1列出了最常用的方法。大多数方法遵循ISO 27005中定义的步骤,因此有一些共同点。一般方法如图9.1所示。这是一种自顶向下的分析方法。风险分析非常困难:它首先要求分析精确,能够涵盖所有风险和所有情况,同时保持所有风险分析结果的统一化。[①] 为了使分析过程尽可能严谨,分析方法首先应该是一个步骤简单的系统化方法。这些步骤通常包括:① 盘点系统;② 以某种方式表示系统;③ 按照通用列表识别风险再使用明确的尺度评估风险。使用列表是为了避免分析人员忘记要点。[②] 根据分析方法的不同,要点会描述组件类别、威胁、脆弱性、可能产生的影响,或者一些更通用的情况。

这些方法可以分析不同层级的风险:可以用来分析全球层面的影响,可以检验公司企业层面的组织流程风险,也可以直接分析技术层面的风险。

对全球层面的影响,分析侧重于不同类别的危险:火灾、自然现象、恐怖主义、工作场所暴力、流行病、网络安全、各种故障、供应商违约等。对公司层面的影响,分析重点在:原材料损坏、经营损失、客户损失、财务损失、环境污染、对组织的信任损失、罚款和处罚、诉讼等。对于网络安全来说,影响分析是强调信息技术安全风险的先决条件,以便把管理融入网络安全控制方法中。

企业要使用风险管理方法,需要在流程层面分析风险,以确保企业能够符合最佳实践,或者符合信息安全管理的国际标准。

表9.1 信息安全风险分析的主要方法

名 称	设 计 者	参 考 链 接
EBIOS	ANSSI, 1995, 2010, 2018	https://www.ssi.gouv.fr/uploads/2018/10/guide-methode-ebios-risk-manager.pdf
MEHARI	CLUSIF,1995	http://www.meharipedia.org/home
OCTAVE	CarnegieMellon,1999	http://www.cert.org/octave/osig.html

① 译者注:指结果统一量纲,统一语义,可以通过加权平均直接计算。

② 译者注:通用列表定义要点,以防分析者遗漏。

续表

名　称	设　计　者	参　考　链　接
CORAS	UiO/SINTEF,2001	http://coras.sourceforge.net/
MAGERIT	西班牙公共管理部,1997	http://www.csi.map.es/csi/pg5m20.htm
SP800-30	美国国家标准技术研究所,2002	http://www.csrc.nist.gov
CRAMM	英国中央计算机和远程通信局,1985	http://www.cramm.com(已失效)
TARA	MITRE, 2011	https://www.mitre.org/publications/technical-papers/threat-assessment-remediation-analysis-tara

更详细的分析可以在技术层面上实现,操作安全通常也在技术层面分析。例如,使用 STRIDE 模型在技术层面进行威胁建模,分析的目的是评估脆弱性,同时也考虑技术措施。

如 NIST SP 800-30 指南或 IEC 62443 所述,风险分析方法可以混合使用。评估得到的风险级别和技术方法相关,如是否有反病毒软件,也与管理和更新部署的组织过程有关。

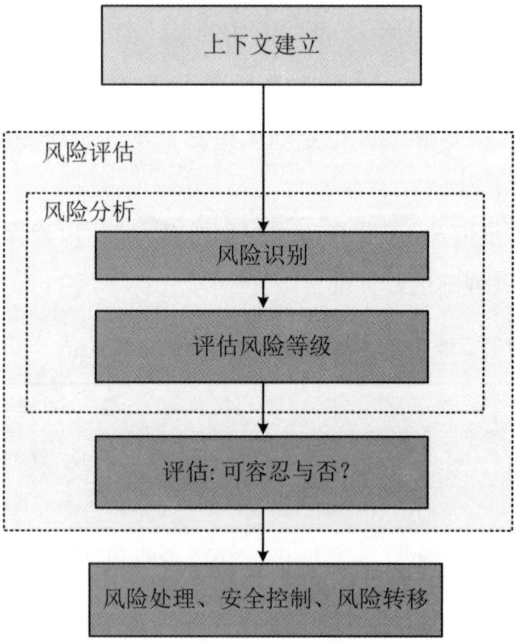

图 9.1　风险分析的一般方法

风险分析过程中必须时刻牢记:“信息安全风险管理,就像一般的风险管理一样,不是一门死板的科学。它汇集了组织中个人和团体的最佳集体判断。”(NIST SP 800-39)，这一点非常重要。

风险分析方法的目标只是提供一种尽可能系统化的识别和评估信息系统安全风险的方法。实施风险分析，能够让人们更好地了解该系统并发现它的脆弱性，这与风险分析的结果同样重要。

下面将详细介绍风险分析方法的主要步骤。

9.2.2 环境设置

环境设置阶段包括：确定分析目标，所分析工业设施的外围边界，以及一些重要的假设。该阶段对应于 ISO 27005(参见第 3 章)中风险管理过程章节中的定义部分，一般包括盘点系统要素、定义度量标准(如何度量风险级别)，以及要考虑的威胁三个步骤。

第一步是盘点系统要素，即确定用于信息处理的所有硬件和软件组件。这些组件在下文中被称为“资产”。对于工业控制系统来说，资产集合由一端连接 IT 网络或互联网，另一端通过传感器和执行器连接物理过程的连接组成。

盘点出的资产清单包括工作站和服务器、特定设备(PLC、HMI 等设备)，也包括信息传输手段(网络、路由器、防火墙等)。网络可能是无线的，有些设备可能是移动的，特别是在公司允许员工自带设备时。对于每个系统，清单都应该提供操作系统类型及其版本号，并列出已安装的应用程序及其版本号。这样的清单对于识别用户及其权限非常有用。

虽然有不少盘点工具，但在这个阶段要做的工作仍然很多(参见 11.1 节)。混合使用这些工具，就可以以图的形式(图 10.1 和图 10.2)，或者以资产列表的形式绘制出一张工业设施的安装部署图。

在工业控制系统的上下文中，识别控制系统和被控系统之间的联系很重要。要做到这一点，应对物理系统进行功能分析，确定控制系统需要支持的功能。确定工业控制系统需要的安全功能也非常必要。

例如，在一个化工生产系统中，我们尝试确定系统主要功能，例如灌装、排空和温度调节。一个安全功能可能是要限制温度。然后，要确定执行这些功能的设备列表。最后一步是找出它们之间的交互关系，以及它们如何与其他信息系统资产交互。

资产一边遭受不同威胁，一边还要执行业务流程。在工业控制系统中，必须定位生产功能和安全功能，并且确定执行这些功能的资产设备。只有这样才能系统地确定影响的大小和范围。

风险发生的可能性、严重程度和风险级别的度量标准(参见 3.3.7 小节)在这一阶段中定义。

9.2.3 风险识别

资产和服务的清单可以帮助公司建立关键资产和流程的列表。每项安全目标(可用性、完整性和机密性)的检查结果可以用来分析影响。对于作用于现实环境的控制系统,还必须考虑物理系统失控的后果。

除了直接影响,还经常会出现导致财务损失的间接影响,如突然的关机导致产量损失和质量下降,糟糕的服务或机密数据泄露导致图像损坏。

威胁的影响确定以后,问题就转变为与威胁相关的事件是否会发生。首先需要寻找导致威胁事件发生的原因,也就是要识别工业设施可能影响各种组成部分和业务过程的潜在漏洞或弱点,将其作为威胁的根源开展分析。这个识别过程最终提供一个不同场景的列表。

例如,对于"设备失能"事件,其原因可能是 DoS(拒绝服务攻击)①、电源故障或房屋被水淹没。

每种场景都与一个威胁源相关联。例如,DoS 攻击可能来自于一般性攻击,也可能来自于一个专门针对工业设施的攻击者。

9.2.4 风险等级的估计

根据影响的可能性和严重程度,使用风险矩阵来评估风险等级。影响的严重程度可以通过分析该影响对所定义指标的重要性进行评估。每种场景产生风险的可能性,可以根据产生威胁的事件评估,也可以通过分析脆弱性和攻击者水平来评估。

估计风险等级可以使用不同的度量标准,有些已经在第 3 章中介绍了。9.3 节将给出其他度量指标,安全目标的需求表达与识别(EBIOS)的准确度,以及 9.5.2 小节中描述的网络 PHA 度量指标。

9.2.5 风险评估与处置

在风险评估和处理阶段,风险清单已经拟定完毕,每一项风险都已完成评估。下一步是根据风险等级决定是否采取行动,以及采取哪些行动。

有些分析方法提出了通用安全措施列表。其目的当然是减少漏洞(如图 9.2 所示)。可采用的不同措施清单如下:

① 这种攻击的更多细节详见第 4 章。

——ISO 27002(ISO/IEC,2013),包括 14 个大类的 35 个目标和 114 项风险抑制措施,如图 9.3 所示,14 个大类对应图中的 5～18;

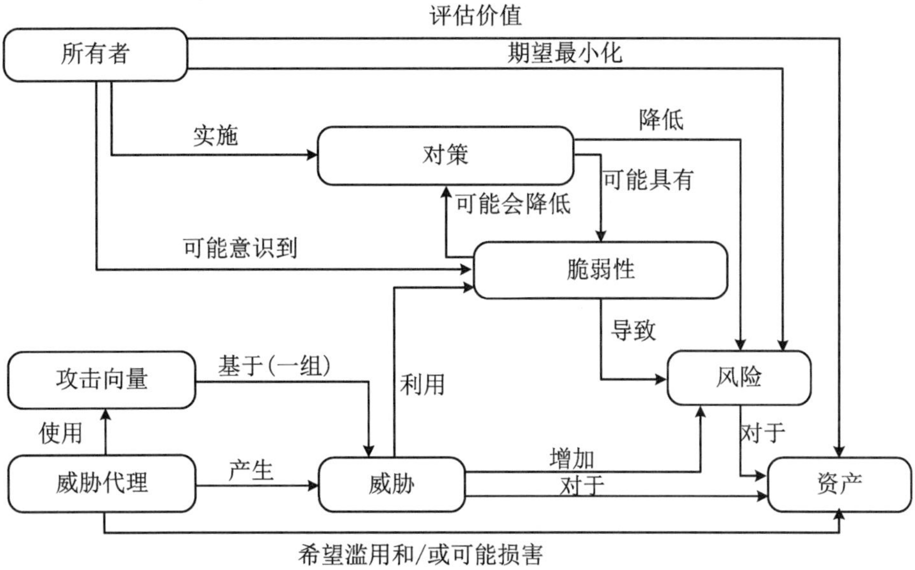

图 9.2　控制和风险

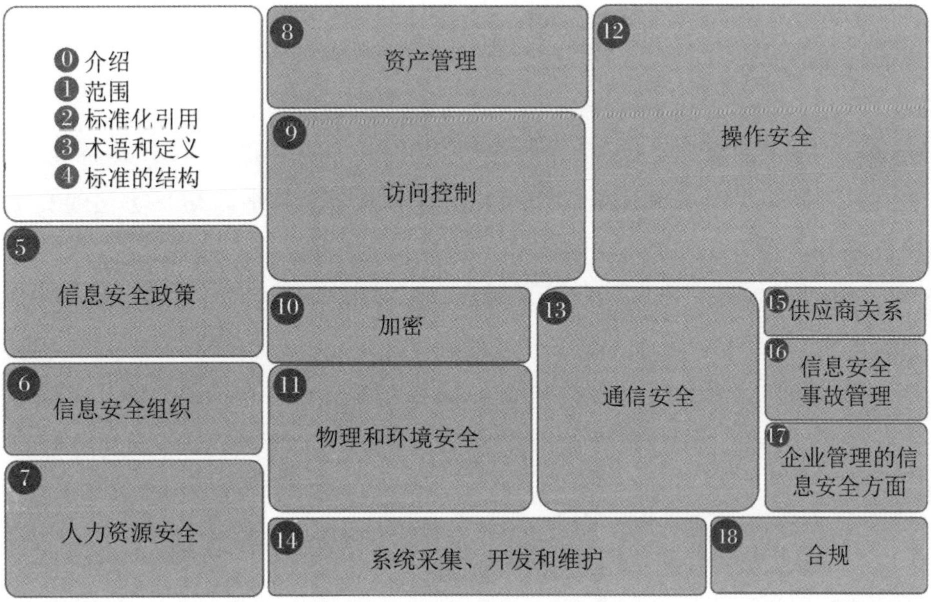

图 9.3　安全控制(ISO 27002)

——NIST 指南 SP800-53(NIST,2014),163 项措施的目录,按是否涉及识别、保护、检测、响应和恢复阶段进行分类,并可按是否涉及管理、技术或操作方面进行分组;

——专用于 ICS 的 IEC 62443-2-5(ISA,2018);

——专用于 ICS 的 NIST 指南 SP 800-82(Stouffer et al.,2015)(附录 3);

——专用于 ICS 的 ANSSI 指南、详细措施(ANSSI,2013a)(附录 4)。

还有基于 NIST 知识库的 OSA 知识库,以及面向应用的 OWASP。

9.2.6 定制化方法和工业控制系统

根据上面提到的各种要素,可以为一个公司,或者针对一个问题构建定制化方法。重复前面给出的步骤,对特定指标,威胁、漏洞和控制方法的指南列表稍作调整,就可以定制出满足要求的风险分析方法。

此外,对于 ICS 或信息物理系统,最重要的安全要求是可用性,确保控制的实时性和安全功能的正常运行。数据的完整性也非常重要,无论是存储在磁盘上的数据库,还是设备之间的交换数据,抑或存储在 PLC 和各种设备工作内存中的数据。这些数据包括控制程序、变量和配置。

9.3 EBIOS 方法

在法国,使用最广泛的是 ANSSI(ANSSI,2018)推荐的 EBIOS[①] 方法。下面将详细介绍该方法。

EBIOS 方法的通用建议分成五个步骤(图 9.4),大体上遵循 ISO 27005 标准的步骤。该方法的最新版本是 EBIOS RM(EBIOS 风险管理),旨在简化 EBIOS 方法的实现。与以前的版本不同,使用 RM 版本,简单的初级分析就足以定义出风险控制方法的优先级向量,而无须详细评估场景风险和发生概率。详细分析只有在进行完整的风险研究时才需要做。

此外,新版本旨在创建一种安全管理方法,旨在将风险分析过程与各种标准提供的合规性检查表结合起来。合规检查在最初步骤(步骤 1)中主要用于确定潜在的安全漏洞。

9.3.1 步骤 1:框架和安全基础

步骤 1 分为四个阶段:

---

① 法语缩写,Expression des Besoins et Identification des Objectifs de Sécurité(安全目标的需求表达与识别,expression of needs and identification of security objectives)。

① 定义分析框架；

② 定义业务和技术范围；

③ 识别威胁事件及其严重性；

④ 确定安全基础：应用标准的列表、应用状态、不符合项的识别和证明。

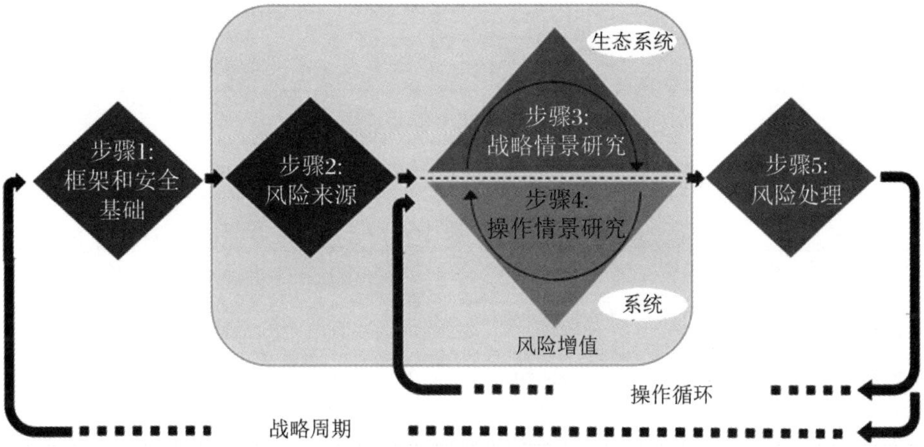

图 9.4　EBIOS 方法的步骤

9.3.1.1　分析框架的定义

这一步骤包括明确研究目标（例如，实施与信息安全相关的风险管理流程），确定信息系统或完成风险等级清单。这些目标决定了应用 EBIOS 方法而实现的粒度和步骤的选择。

如果目标是合规性分析，则选择实现步骤 1 和 5。如果目标是进行初步风险分析，将通过选择步骤 1（宏观），2，3 和 5（阶段 a）进行研究。如果目标是进行详细的研究，则实现所有步骤。

确定目标后，就需要确定不同步骤的参与者及其角色。最后，规划不同阶段的时间。

9.3.1.2　经营范围和技术范围的定义

经营范围和技术范围的边界由以下条目定义：

——任务，或者换句话说，工业设施的用途（例如，制造给定的产品）。

——商业价值，也称为基本（或核心）资产，是执行任务（例如，管理一条生产线）所必需的过程、功能和信息集合。每项商业价值都有其对应的安全要求（AIC，4.1.1 小节）。表 9.2 中建议的等级可用于描述这些要求。

——实现商业价值的必要资产，即实现执行过程或管理信息的具体要素。它们分属于不同类别，包括：

—设备类：电脑、通信延迟、U 盘、硬盘等；

—软件类:操作系统、电子邮件、数据库、商业应用等;

—计算机通信类:电缆、无线网络、光纤等;

—人:用户、信息技术管理人员、决策者等。

该集合可以组成一个表(表9.3)。

表9.2 AIC等级

可用性的度量水平	每种度量水平的详细描述
1—不是非常重要	属性的可用性不是非常重要
2—重要	属性可能在有限时间内不可用
3—极其重要	资产的正常功能极其重要
完整性度量水平	每种度量水平的详细描述
1—可检测的	如果检测到改变,可能会有一定的完整性损失
2—可控的	如果识别出改变,而本质属性完整,可能信息是不完整的
3—完全集成的	必须达到严格完整性
机密性度量水平	每种度量水平的详细描述
1—公开的	对所有人都可用
2—有限访问	只有对职工可用
3—机密的	仅对指定的人可用

表9.3 系统描述

任务目标	商业价值(核心资产)	安全要求(可用性、完整性、机密性)	必要属性(最重要的)和责任

9.3.1.3 识别威胁事件[①]及其严重程度

威胁事件可以通过分析每项商业价值的标准来获得,它代表了与安全要求之间的偏差。例如,对于必须保密的财产,失去保密性就是一项威胁事件(未经授权的人访问)。

① 译者注:feared events,统一译为"威胁事件"。

接下来，对于每一项威胁事件，为其每一种类型的影响确定其可能的严重程度。影响的类型包括：对企业的影响、对人的影响、对财产的影响、对环境的影响等。按照表9.4中的严重程度水平来评估这些影响的严重性，并使用最高值作为威胁事件的严重程度水平。

表9.4　威胁事件的严重程度

严重程度水平	不同程度的具体描述
1—可忽略的	没有影响
2—不严重的	可恢复影响
3—很严重的	造成困难但是在管控范围内的影响
4—灾难性的	非常显著，且不可逆转的影响

整体影响以表格形式来总结(表9.5)。

表9.5　威胁事件研究

任务/业务价值	事故	影响	严重性

9.3.1.4　安全基准的确定

要确定安全基准，就必须要明确想要采取的安全措施。这些安全措施要么来自于系统必须遵守的标准或指南，要么来自于风险分析期间建立的安全控制列表。

适用的标准有很多(ISO 27000、计算机清洁规则等)。

如果存在待分析的系统，就应该评估系统安全措施的实施情况，并汇总成表(表9.6)。这个过程可以通过确认是否采用了这些安全措施来完成。对于每个待确认的资产，都必须确认已经采取的安全措施(逻辑或物理安全产品、配置、规则、过程等)，并评估其与标准的偏差。

每一种安全措施都可以根据其所属的"防线①"(预防、保护或恢复)进行有效分类。对安全措施进行分类将有助于根据纵深防御的原则设置额外(如有必要)的安全措施。

① 译者注：the line of defense，译为"防线"。

表 9.6　安全基础

参考类型	参考名称	应用状态	偏差	偏差的理由
有效实践的规则	参考指南或标准	在约束下应用		

完成步骤 1,我们对系统、问题,以及与基线的偏差等有了一个全面概括的了解。

9.3.2　步骤 2:风险来源

本步骤旨在识别风险源(Sources of Risk,SR)和这些风险源的最终目的(Target Objectives,TOs)。然后评估 SR/TO 配对①,确定它们的相关性水平。例如,风险源可能是竞争对手,而其目的是窃取信息,或者在 ICS 系统场景下,风险源可能是一个网络恐怖分子,他试图通过设施失控来制造一场工业灾难。

本步骤的研究以完成步骤 1 时获得的任务和商业价值为基础,寻找可能影响组织任务的风险源,以及风险源可能的所有目的。

本步骤的工作流程如下:

(1) 识别风险来源和目的:可以参考一个通用的风险来源表(表 4.1 和表 4.2),根据上下文选择可能的风险来源。例如,具有重要资源的外部来源可能是竞争对手或网络恐怖分子。

(2) 评估 SR/TO 配对:在前一步中获得的每个 SR/TO 配对都要进行评估,以选择最相关的配对。通常使用的标准是风险源的动机、财政和技术资源、技能水平,以及其在研究范围内或有关领域内的活动。整体可以用表格的形式总结.

(3) 选择在后续分析中使用的 SR/TO 配对:基于前一步的信息,根据相关性对 SR/TO 配对进行评估。挑选出最相关的一对,并确保它们能够相互区分。

表 9.7　风险来源和目标

风险源	战略目标	动机(强弱)	资源(需求)	活跃性(高低)	关联性(高低)
竞争对手	窃取信息	+ + +	+ +	+ + +	High
网络恐怖分子	工业意外	+	+ + +	+	Low

① 译者注:Pairs 译为“配对”。

9.3.3 步骤3:战略情景研究

步骤3的目的是,在由利益攸关方组成的生态系统这一级别,确定风险源可能采取的攻击路径。利益攸关方,包括合作伙伴、各种服务提供者、供应商和客户,特别容易受到攻击,并且越来越多的攻击模式开始利用这类弱点。

在此分析过程中建立的攻击设想称为战略层面的设想。本步骤可被看作一种初步风险分析,以确定:

(1) 对利益生态系统和重要利益相关者的数字威胁概览;

(2) 相关联的战略设想和威胁事件;

(3) 为利益生态系统选择的安全措施。

9.3.3.1 生态系统数字威胁映射关系的构建与重要利益相关方的选择

当有可能成为攻击向量时,利益相关方被称为“重要利益相关方”(CCS)。例如,那些有对研究对象的数字化特权访问,有漏洞,或者有暴露的利益相关方。

这一步要完成的工作包括,根据信息系统及其利益生态系统的映射关系,建立利益相关方列表(客户、合作伙伴、服务提供者、供应商等)。对于每一个利益相关者来说,有必要分析研究对象的威胁程度。根据曝光标准(依赖性、普及性)和与网络安全相关的风险控制水平(成熟度、信任)对利益相关者进行评估。

9.3.3.2 战略设想的形成

上一步主要目标是构建威胁映射和识别重要利益相关方。这一步的目标是创建让攻击者达成其目标的设想方案。这些设想方案(又称战略层面的设想)通过从SR/TO配对列表中搜索如下事项来形成:

——风险源为实现其目标而必须追求的组织的商业价值;

——对攻击相关的商业价值有特权访问权限的生态系统中的重要利益相关方。

然后,对每项商业价值和重要利益相关者配对,确定可能导致威胁事件的步骤。由此产生的这一系列事件可以参考战略设想的描述。战略设想可以树或攻击图来表示(9.4节)。

战略设想情景的严重程度通过所产生的威胁事件的严重程度来确定。在战略设想形成阶段需要考虑的威胁事件列表是在步骤1中构建的,当然,这些威胁事件可以根据需要进行修改和更新。

9.3.3.3 生态系统安全措施的定义

本步骤的目的是定义安全措施,以降低达成指定设想情景的可能性。这些措施可能涉及由重要利益相关方引入的威胁(例如,减少对分包商的依赖),或影响对战略设想的形成的威胁。

9.3.4 步骤 4:操作情景研究

步骤 4 的目标是确定更具体的、操作层面的攻击路径,以落实风险源在步骤 3 中明确下来的战略设想。所采用的方法主要聚焦在那些与各种任务和商业价值相关的资产。

这个步骤分为两个阶段:

(1) 制定操作方案:针对每项战略设想,都要构建一个操作方案。方案可以用攻击树来表示(9.4 节);

(2) 评估可能性:战略设想是实施攻击的原理图,而操作方案则要确定详细的路径,以确保可以评估其可能性。一种方法是用安全基线要求的安全措施来初步评估每个操作的可能性,然后再将它们组合起来得到整体的可能性。当然,直接评估整体可能性也是可能的。

在这个步骤中,可能会出现战略设想需要修改甚至需要添加/删除的情况。

表 9.8 可能性等级

可能性度量水平	度量水平的详细描述
L4—基本确定发生	沿着设想中的攻击路径发展,风险源几乎一定能达成其预期目标。风险发生的可能性非常高
L3—非常可能	沿着设想中的攻击路径发展,风险源大概率达成其预期目标。风险发生的可能性很高
L2—可能	沿着设想中的攻击路径发展,风险源有可能达成其预期目标。风险发生的可能性值得关注
L1—不可能	沿着设想中的攻击路径发展,风险源不可能达成其预期目标。风险发生的可能性很低

9.3.5 步骤 5:风险处理

此步骤的目的是综合已明确的风险场景,定义安全措施和风险控制计划。

该步骤的主要过程如下:

(1) 融合所有风险情景;

(2) 定义风险应对策略和安全措施;

(3) 评估和记录残余风险;

(4) 实施风险监测框架。

9.3.5.1 融合所有风险情景①

风险评估过程就是检验哪些情景会产生不同的威胁事件。每当威胁事件和产生它的攻击情景相遇,风险就会产生,它是由威胁事件影响的严重性和情景发生的概率来刻画的。产生风险的情景是那些与商业价值所依赖的核心资产相关的情景。

需要指出的是,可能性和严重性的评估要考虑已明确存在的安全措施。这些措施能够:

——通过防止可能发生的威胁事件来保护商业价值或重要资产,例如,减少已明确的核心资产的漏洞;

——通过限制威胁事件的直接后果来减少影响;

——通过增加恢复能力来减少影响。

第一种评估被称为"总风险评估",不考虑已有的安全措施。第二种评估被称为"净风险评估",是对每一种风险的严重程度和可能性做出评估,并考虑已有安全措施(如果有的话)的影响。

将(Risk Scenarios, Fear Event)二元组表示的不同风险放在风险矩阵上(图 9.5),以定义它们的风险等级。

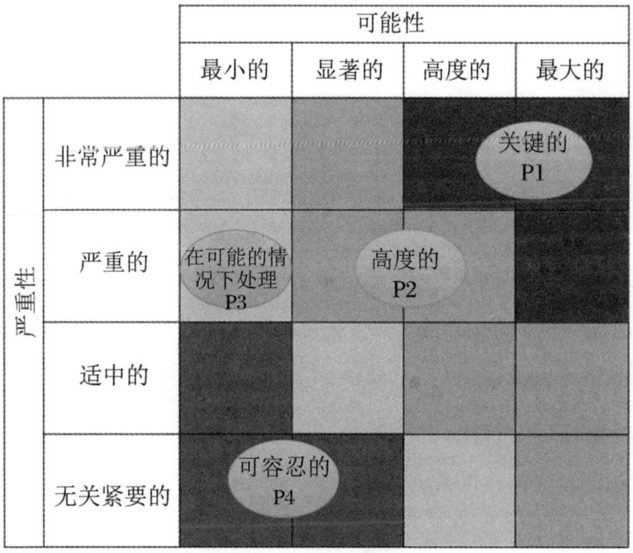

图 9.5 风险矩阵

检查威胁事件覆盖度可能是有用的,即检查是否为每个威胁事件构建了至少一个风

① 译者注:Risk Scenarios 译为"风险情景"。

险情景。

9.3.5.2 定义风险应对策略和安全措施

根据评估出来的风险水平来选择应对方案，定义要实施的安全措施。根据图 9.5 所示的风险矩阵，选择策略如下：

——级别“P4：低”：风险可接受且无需采取任何措施；

——级别“P3：中度”：通过指标监控风险，并尽快采取行动；

——级别“P2：高”：通过指标监控风险，并迅速采取行动；

——级别“P1：严重”：操作停止，立即实施安全措施。

对于 P1，P2 和 P3 的某些风险级别，需要定义安全措施以降低风险。在应对措施中补充一些步骤 3 中针对利益生态系统的操作。所定义的安全措施可以增强根据安全基线设计措施的效果，也可以专门为所分析的情景设计安全。安全措施的目标是降低情景发生的概率，也能够影响威胁事件的严重程度。

所有安全措施均应记录在案，对于每项措施，应记录安全措施的：

——类别（预防性、保护性或恢复性）；

——与所用标准相关的可用参考资料；

——为了便于优化安全措施而使用的核心资产（其所有者对使用该安全措施负责）；

——负责实施的人员；

——成本；

——实施的最后期限。

整个过程支持制订持续的安全改进计划（CSIP），并且随时间交错有序进行（表9.9）。一般来说，计划中的每项行动都应符合“SMART”准则：

——S：特定的（一个参与者，一次一个域）；

——M：可衡量的（进度指标的定义）；

——A：可达成的（可能通过几个步骤，利用必要的资源）；

——R：可实现的（取决于参与者和他们的能力）；

——T：时间相关的（有一个期限，需要在规定期限内）。

表 9.9 实施措施计划

安全控制	相关风险	负责人	实施障碍和困难	成本/复杂度	完成日期
操作人员意识	Ri	IT 安全			3 个月

9.3.5.3 评估和记录残余风险

这一步主要分析残余风险。在实施某项安全措施以后，识别和评估系统存在的残余风险，在充分了解事实的情况下核实这些风险的可接受性。检查安全措施不会产生新的风险，这一点也非常有用。

描述风险情景、相关的威胁事件和降低初始风险的安全措施，以此记录残余风险。必要时重新评估威胁事件发生可能性和严重程度。

9.3.5.4 实施风险监测框架

这一步的任务主要是基于关键风险指标(KRI)定义一个监测框架。这些指标能够验证所采取措施的有效性和对威胁状态的适应性。

同时，建立一个持续的安全改进过程(指导委员会、定义风险分析更新周期等)。

9.3.6 在ICS系统中的运用和实践

EBIOS方法最初为信息处理系统研发，而非为控制命令系统研发。因此，在其框架下，通常需要考虑的核心资产主要是可能会无法访问、损坏或者暴露的数据，以及可能无法使用的信息处理服务。

在ICS系统环境中，商业价值或核心资产主要是指能够控制物理系统和相关数据的功能：由基本过程控制系统(BPCS)提供的控制和调节功能，以及由安全仪表系统(SIS)提供的安全功能。

这些功能通过传感器访问物理系统的运行状态，对其进行处理后存储其中的一部分，然后通过执行器将命令发送回物理系统。重要信息由测量值、存储值、执行处理的PLC程序和各种配置信息组成。因此，所有这些信息和相关功能必须具有非常好的完整性。

此外，由于物理系统是连续运行的，安全操作必须要立即做出反应，这就要求ICS系统必须能够实时做出控制响应，时刻保持可用状态，其最大不可用时间要非常短(毫秒级)。

就机密性而言，即使对生产信息有保密要求，但由于恶意人员通常拿不到PLC程序以及安装描述的文件，无法用其检测漏洞，信息泄露风险也是比较低的。

另外，从实践的角度看，使用简化表(图9.6)是一种不错的选择。

9.4 攻击树

在上面提到的方法(表9.1)中，风险情景以文本形式描述。不过为了详细分析，使用形式化的方法描述能够更好地突出攻击路径和安全措施。一种方法是使用“攻击树”描述,这种模型是受到了故障树模型的启发。

核心资产	恐怖事故	安全需求	影响	威胁源	L 可能性	S 严重性
监视	篡改测量数据	3.完整性	监视屏幕与实际值不一致	内部人力资源,带有恶意和有限权力	3.高可能性	3.显著的
			不受控制的生产	外部人力资源,带有恶意和有限权力		

图 9.6 EBIOS 分析表的示例

攻击树(图 9.7)是由序列化事件组合的图形表示形式,描述了系统被攻击的不同方式。树的顶端节点代表攻击的最终目标。最终目标是子目标的组合,每个子目标可以代表装置的中间状态、系统漏洞或攻击者的操作。不同的事实①通过逻辑“与”和/或“或”连接器联系在一起。在攻击树上还可以显示标记安全措施。

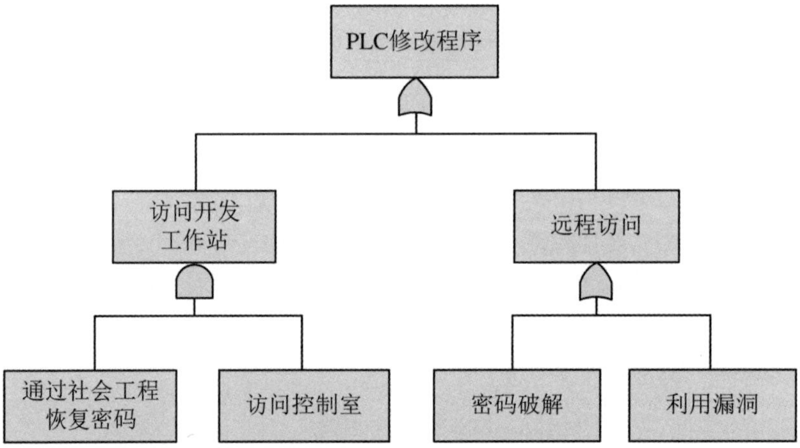

图 9.7 攻击树示例

这种表示类似于第 8 章提出的故障树,1999 年首次在信息领域采用(Schneier,

① 译者注:这里的“事实”可以理解为“攻击事件发生的事实”,如“访问开发工作站”这个攻击事件发生,即为一个已经存在的“事实”。

1999)，然后在 2006 年被形式化(Mauw，Oostdijk，2006)。2004 年诞生了基于故障树的应用程序，用于分析工业控制系统漏洞(Byres et al.，2004)。

图形化的结构树表示法可以提供有趣的概览效果，适用于系统威胁分析工具。它也是分析安全措施的有用工具。

攻击树可以用不同的方法生成。考虑一个被称为“攻击图”的事件图，它能够表示多个情景，生成若干个攻击树(McQueen et al.，2005)。

可以在攻击树中添加防御机制，从而揭示在现有防护下的可能攻击路径(Kordy et al.，2011)。每一种防御措施用矩形节点[①]表示，防御措施节点放在两个攻击树节点之间的“链接”(link)上，代表该防御措施可以减小这种链接关系的作用。也可以在攻击树上显示构成该防御措施的要素(图 9.8)。就像攻击树类似于故障树一样，这些攻防树非常类似于蝴蝶结图(第 8 章)。这些表示工具之间的相似性将信息安全和操作安全风险分析自然地融合在一起。

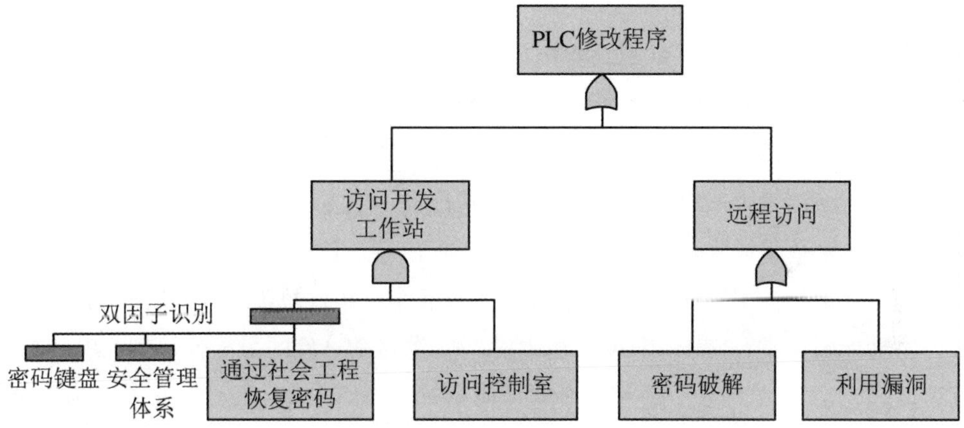

图 9.8　攻防树示例

9.5　网络 PHA 和网络 HAZOP

9.5.1　原理

通常情况下，如第 8 章所述，工业系统需要进行风险分析。最常用的方法是 PHA 方法，但也使用 HAZOP、FMEA 方法，偶尔也使用其他方法。风险分析是功能安全研究或

① 译者注：图 9.8 中实心无字矩形。

隐患研究的一部分。

在传统方法中，通常不考虑网络安全问题。所考虑的危险情况的原因是部件故障、人为错误和来自环境的异常事件。

要在这些研究中考虑网络安全风险因素，就必须考虑造成已发现的偏差或危险情况的新原因。在PHA方法中，对于每个威胁事件，除了与技术故障或人为错误相关的原因外，还要考虑由计算机系统引起的有意或无意的操作。同时，对于每个基于计算机系统或嵌入式系统的安全仪表①，还要考虑由网络安全引发的故障。通过分析工业风险或操作安全，我们可以标注出那些可以引发物理系统故障的信息技术要素，从而表达工业系统安全对信息安全提出的具体要求。

一般来说，只要有一个故障原因与过程控制问题有关（传感器、执行器、执行器命令的计算），就会有数据完整性要求。另外，主要系统需要连续性时间控制和监控，就会对可用性提出要求。如果系统是一个SIS系统，对可用性的要求会更高。

可以通过考虑功能安全和网络安全，并使用网络故障树或网络蝴蝶结分析法来评估设施的整体风险水平（Abdo et al.，2018）（9.6节）。

要采用网络PHA方法，必须使用双重评价标准。实际上，计算机受攻击的概率和发生故障的概率不在同一个数量级上。前者发生概率高，后者代表故障发生的可能性相对较低。将两个不同量级的组件融合使用会造成其中一个组件被掩盖，因此最好的方法是使用双重标准来评估风险。

第一个评价指标用于评估物理成因，如诱导事件②、组件故障、人为错误、防护装置故障等。物理成因通常对应于PHA方法中发生操作安全事件的可能性，记为 P。该评价指标可以是定性的，例如我们将用一个字母标示五个级别，范围从A到E，表示从很可能到几乎不可能。它也可以用概率定量表示，即0到1之间的实数。

第二个评价指标用于评估计算机遭受攻击的可能性，无论它们是执行对系统有害操作的攻击，还是使仪表化或计算机化防护装置进入故障状态的攻击。为了更容易将其与物理风险发生概率区分开，将其记为 L，并使用整数进行表示，例如从1到4，如表9.8所示。

风险情景可以由物理故障单独产生，可以由网络攻击单独产生，也可以由两者共同产生。由此将情景分为以下几种情况：

——由技术或人为故障（如操作安全）引起的操作安全问题。

---

① 译者注：barrier，专有名词，这里泛指具备保护功能的设施，如工业系统中保障物理设施安全的阀门、瓦斯管道压力监测仪表等。译为“防护装置”“防护设备”或“防护屏障”。

② 译者注：initiating event，指可以引发威胁事件的诱因，此处译为“诱导事件”。

——由计算机攻击引起的网络安全相关问题。

——由两种因素共同引发的情况，例如，遭受网络攻击，因为物理防护装置缺失导致威胁事件发生；或者反过来，防护仪器因网络攻击失效，引起技术故障，进而导致威胁事件发生。

在第一种情况下，故障发生概率用指标 P 的一个水平来表示；在第二种情况下，故障发生概率则用指标 L 的一个水平来表示；而在最后一种情况下，故障发生概率则由指标对 $L|P$ 或 $P|L$ 来表示，而概率要以两个指标的乘积来评估，因为它需要体现两个原因的综合。然而，由于诱导事件的性质不同，实际评估重启事件发生概率时并未使用乘法，而是保留了双重评价的方式，以通过扩展的风险矩阵评估风险水平来表达(图 9.9)，以避免掩盖由于网络安全所引起的重启问题。

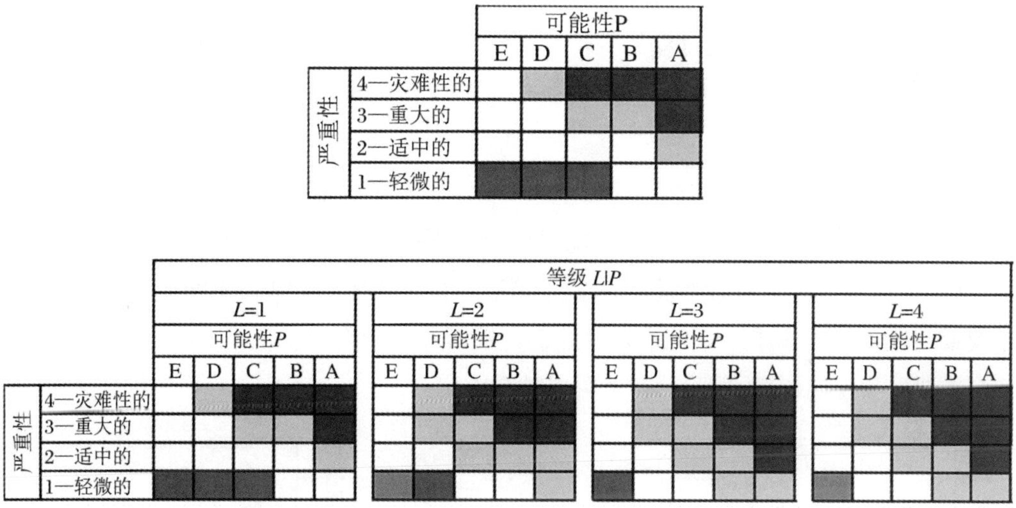

图 9.9　经典风险矩阵(顶部)和范围

例如，这种评价系统可以在涉及灾难级影响的地方给出严苛的防护要求，即要求将全部安全性都构筑在物理防护上；同时也可以在影响不大的情况下给出更灵活的防护方案，即可以同时使用物理和计算机防护措施来实现系统安全。

通过检验风险情景发生导致后果的严重程度来评判情景的严重性，方法类似常用做法。

对于风险等级的评估，依据上面的评价体系，是否信任信息技术防护取决于后果的严重性。如果后果特别严重(灾难性的)，那么风险等级完全取决于指标 P；随着后果严重性下降，风险等级可以逐渐降低对物理防护的约束，将信任适当转移给信息技术防护。

这种方法可用于设计风险矩阵(图 9.9)，具体设计准则如下：

——如果情景中不存在网络因素，风险矩阵与物理系统风险分析矩阵相同；

——如果后果是灾难性的，那么一切都基于物理系统，所以我们同样使用物理系统风险矩阵（无论 L 值如何，$S=4$ 的评级都不变）；

——如果后果严重，而发生可能性不大，可以考虑使用计算机系统的因素来降低风险，因为计算机系统在控制总体风险方面效果很好；

——如果影响是中等水平的，则网络风险性很大，从而导致降低了整体风险水平；

——如果影响很小，则认为基于信息技术的要素被认为可以显著降低风险水平，即使它们很脆弱（对于低影响风险，灵活性是首选）。

9.5.2 网络 PHA 评估方法

网络 PHA 评估方法可被视为 PHA 方法的一种扩展，因为它考虑到了在威胁事件和防护失效情况下的网络安全问题（图 9.10）。

网络 PHA 评估的一般过程如下：

（1）分析准备：确定背景和范围，收集信息和观察结果；定义可能性与严重性的度量标准。

（2）工业设施的描述或建模。设施可以被分解为多个系统，每个系统都可以看作一组执行功能的组件（图 9.11）。每个系统都要接收物料和信息流，并产生新的物料和信息流：这些物料和信息流标记为系统的输入和输出（图 9.12）。模型还要展示这些信息处理系统或功能（BCPS 或 SIS 系统），以及它们与物理系统（传感器、执行器）之间的接口，这非常重要。模型越详细，风险分析就可以越系统化。

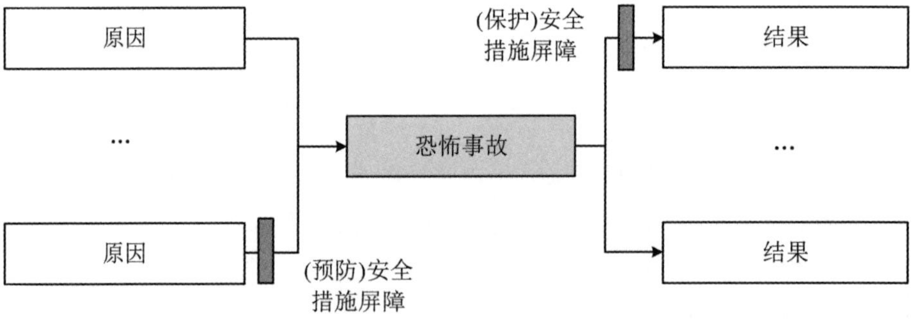

图 9.10 一般情景描述

（3）分析每个系统面临的威胁事件和后果。威胁事件主要对应物理设施的失控。

（4）分析每个威胁事件的诱因，包括错误的控制命令或测量操作等。这些诱因被称为网络诱发事件[①]，记为 Cyber-IE。

① 译者注：Cyber-initiating events，诱导网络威胁事件发生的事件。

(5) 分析每种威胁事件及其引发的后果。后果分为不同类型:人的影响、对设备的损坏、对环境的破坏,以及经济损失。需要考虑的后果分类列表在分析准备阶段定义。在这个阶段,威胁事件、诱因和效果的组合表示一个风险情景(图 9.10),记录在 PHA 表格一行中(图 9.13);

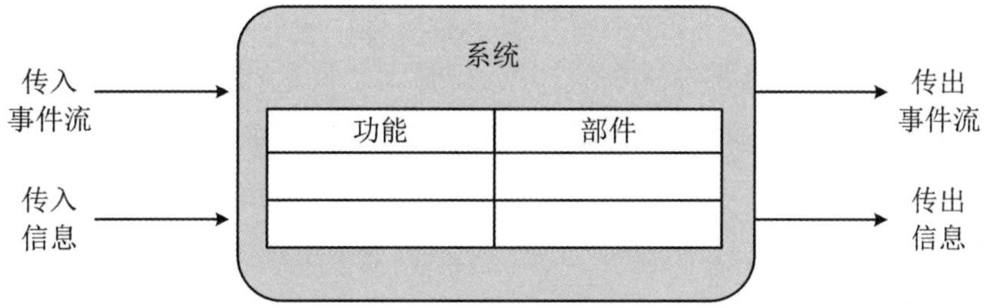

图 9.11 系统模型

系统	原因	组件	输入(可选)	输出(可选)

图 9.12 设备操作描述

系统	原因	起源	恶性事件	后果	无屏障		功能安全/网络安全屏障	屏障	
					P|*L*	*S*		*P*|*L*	*S*

图 9.13 网络 PHA 分析表格

(6) 分析已有的安全设施,确定这些设施是否是网络可攻击的,或者说,确定这些设施是否与一个可编程设备(如安全 PLC 设备)一起工作。[①] 例如,一个安全阀门是不能通

① 译者注:如果一个工业设施纯粹按照物理规律运行,不受信息系统控制,则认为该设施是网络不可攻击的。

过网络手段攻击的，一个基于微处理器的燃气检测系统则是可以通过网络攻击的，一个人机混合的安全设施如果包含了数字化设备（比如，带有禁止制动按钮的系统）是可以通过网络攻击的，而一个人机混合的安全设施如果只单纯是一个机械设备，则不能被网络攻击（如机械阀门）。

(7) 使用 9.5.1 小节中的方法来评估风险的严重性和可能性。对于一个威胁事件，如果有几种可能的原因，则取各种原因中风险值最大的作为威胁事件的风险值。

(8) 如果需要，建议一种新的物理防护设施或数字化安全仪表，确定 Cyber-IE 网络诱发事件源系统的安全等级（SL），以及数字化安全仪表控制系统的安全等级。

PHA 方法可以看作信息系统风险分析方法（例如 EBIOS 或其他方法）的准备阶段，用来确定工业控制系统的安全要求。

该方法还可以用于 IEC 62443 的风险评估，用于确定目标系统的安全等级（SL）。事实上，网络 PHA 方法可以发现系统面临的最重要风险，特别适用于网络安全要求等级高，发生概率极高且一旦影响巨大，尚未采取防护措施加以缓解的情景。

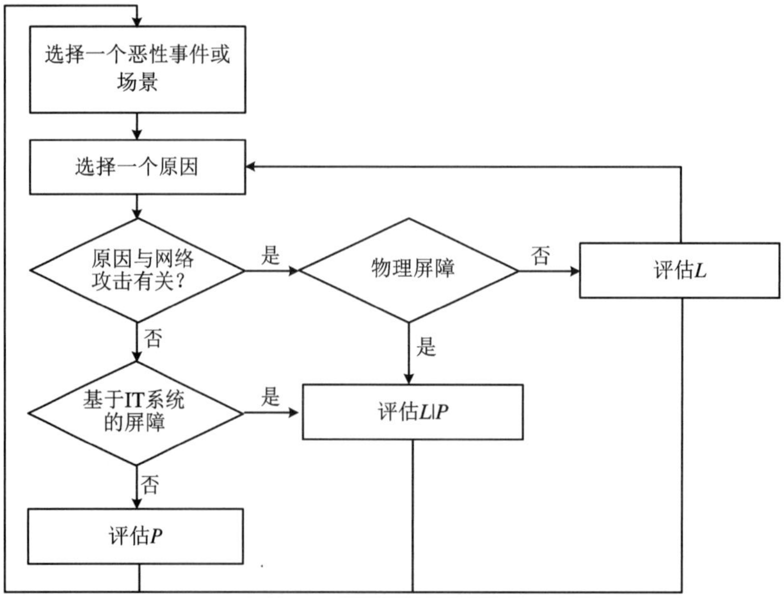

图 9.14　安全风险可能性评估

例如，在锅炉加热过度的情况下会产生爆炸后果。如果温度只用一个信息物理设备（cyber-physical device）来控制的话，那么其 SL-target 目标的网络安全水平会很高。如果一个机械设备可以用来停止加热，则目标的安全等级可能会比较低。

提示：可以通过添加计算机因素，重新评估情景发生概率的方法，直接把现有的 PHA 方法转变成网络 PHA 方法使用。

9.5.3 网络HAZOP

在本小节中，我们将介绍一种称为"Cyber HAZOP"(网络HAZOP)的方法。该方法与网络PHA方法类似，是从HAZOP方法(危险与可操作性分析)拓展出来的方法。

网络HAZOP方法与计算机危险与可操作性分析(Computer Hazard and Operability Study, CHAZOP)不能混为一谈。CHAZOP是"Control/Computer HAZOP"的缩写。网络HAZOP的主要思路是分析控制系统在演变过程中产生的偏离效应。在网络HAZOP中，会使用一些特殊关键词，如无信号、超出正常范围外的信号、无供电、无通信、输入输出面板(I/O板)失效、错误的或不恰当的软件编程、网络攻击等。

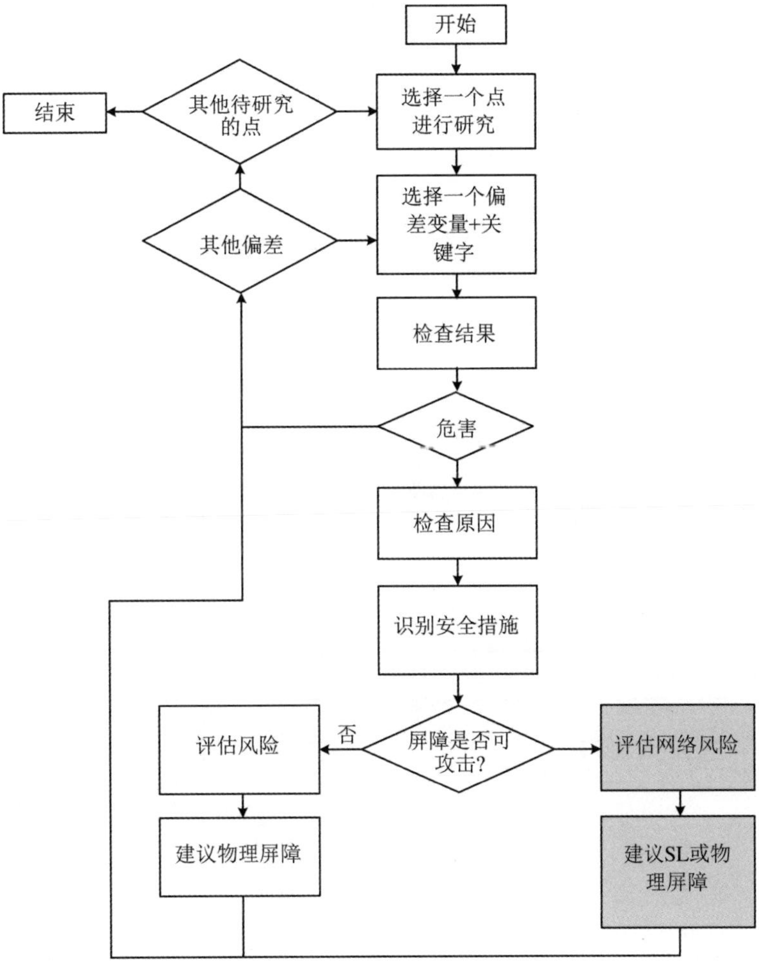

图9.15 网络HAZOP方法

网络HAZOP是一种强调网络安全的HAZOP分析方法。图9.15给出了网络HAZOP的方法流程。如果偏差效应可以被至少一个不可攻破的防护设施所阻止(如安全阀)，则偏差的后果就不会由网络攻击造成，进而认为网络系统是不可攻击的。这种情况可以采用传统措施应对。否则，如果产生偏差的防护设施采用了数字仪表类系统，则防护设施被认为是可攻击的。这种情况采用如下措施是恰当的：

——提供足够可靠的不可攻破的安全设施；

——基于企业风险标准(表 9.10)，提出符合要求的 SL 等级。

两个选项可以根据发生偏差所造成后果的严重性和风险管理的可选项进行选择。例如，对于非常严重的安全后果，更建议使用一种不可攻击的安全措施。

网络 HAZOP 的分析结果可以作为 IT 风险分析的输入。安全防护措施及其相关的后果列表对应于在发生失控事件情况下的安全要求和影响，如图 9.16 所示。

表 9.10 基于安全后果的简化后的安全等级

水平	后果		所需 SL 级别
1	利益相关方不会感到不适	不影响过程	1
2	利益相关方不会感到不适	操作性下降	1
3	利益相关方不会感到不适	影响产品质量和安全性	2
4	涉及生存或者人员伤残	生产停工或者事故	3
5	少量潜在的受害者	生产设备的部分毁损	4
6	很多场外受害者	生产场地的毁损	物理屏障

过程部分	偏差变量+关键字	原因	结果	无屏障		功能安全/网络安全屏障	屏障	
				P|*L*	*S*		*P*|*L*	*S*

图 9.16 网络 HAZOP 分析表

9.6 蝴蝶结网络图

初步风险分析(Preliminary Risk Analysis，PRA)可以辅以更深入的详细分析：对于可能导致严重后果的威胁事件,需要更深入地分析和探索产生威胁事件的风险情景的细节。详细分析获得的风险情景可以用蝴蝶结图来表示。

在详细分析中,可能需要分析导致计算机被攻击的原因。这些原因可能包括:

——没有软件或控制系统数据的完整性校验;

——可用性缺失,尤其是 SIS 系统不可用。

可以在蝴蝶结图上表现引起计算机安全问题的原因。图 9.17 给出了一个例子,一个代表执行器命令执行出现故障(图上阀门开度太小)的事件,将两种类型的图链接在一起,形成一个网络蝴蝶结图。

使用这种表述方式来评估安全风险水平时需要注意,计算机攻击与计算机故障的可能性不在一个数量级上。前者发生的概率比较高,而后者发生的概率非常低。

风险情景中的控制功能和数据的安全要求取决于风险发生所造成破坏的严重程度。建议采用与网络 PHA 方法类似,使用故障概率和网络攻击概率这两项指标来评估系统(Abdo et al.,2018)。

在 PHA 给出的方法中,双重评估指标中,衡量技术和人为故障发生概率的指标采用介于 0 和 1 之间的定量评估变量表示,而网络攻击发生的概率指标采用定性评级的方法表示,因为给出一个确定性的攻击概率值基本没有用处,并且也不现实。

在网络蝴蝶结图中,连接两组分析的事件代表输入或输出过程变量的偏差。因此,在使用 EBIOS 方法分析风险之前,执行 PHA 过程对于定义安全要求、确定问题的优先级非常有用,它可以对产生最严重后果的 IT 元素进行更详细的分析。

9.7 IIoT 系统的风险分析

工业物联网(IIoT)系统有其自身的特殊性。这类系统可以动态添加新对象,因此系统配置可能经常变化,很难用传统方法对系统进行遍历。一般需要以抽象的方式定义 IIoT 系统的边界,例如,所有加入网络,位于给定边界内的、给定类型的传感器。

有一些新风险需要考虑,例如与对象增加或移除有关的风险,以及在获取该对象时就已经损坏的风险。与对象增加相关的风险主要是指添加时授予不正确的身份验证或不正确的权限配置。与对象移除相关的风险主要是指对象移除后仍然保留在系统中的信息面临的被泄露风险。另一个重大的风险与对象的物理操作(第 5 章)有关,主要指通过物理手段从对象中提取信息的风险。

最后,需要考虑的另一个方面是,物联网对象可以被用作攻击平台,特别是同一种类型的对象,它们能够被用来以相同的方式并行发起攻击。

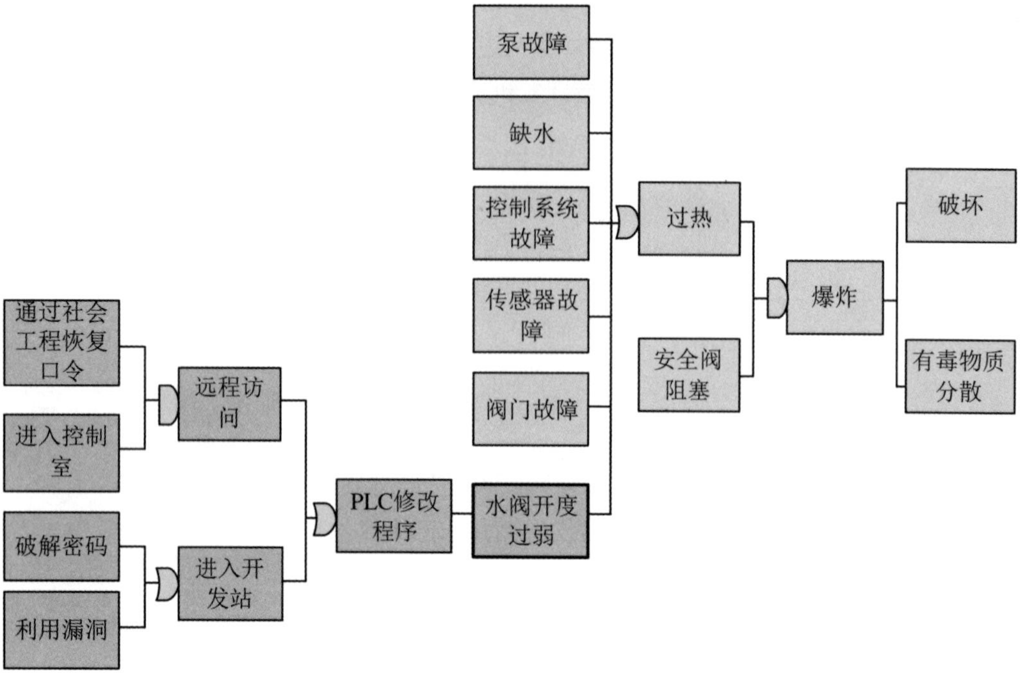

图 9.17　网络蝴蝶结图示例

第10章

工业系统安全相关方法与工具

10.1　资产识别

任何风险评估首先要做的都是对工业设施的资产清单进行盘点。盘点过程涉及识别控制系统元素，以及元素与物理世界、数据处理世界之间的交互接口。盘点得到的资产清单包括与商业计算系统的链接、互联网访问链接、通过调制解调器或通过其他类型通信的连接，以及通过可移动存储器（如 USB 记忆棒）之间的信息交换。

工业系统组件包括硬件组件、软件组件和通信设备。人为因素也可以被看作一种系统组件。识别机器之间、系统组件之间的物理连接关系和逻辑链接关系也非常有用，使用这些连接/链接，我们可以绘制出工业设施之间的映射关系图。

如果网络安全研究开始成为新型工业设备设计的一部分，就会有描述网络安全功能和计划实施相关的文档①。基于网络安全研究，通常还会有一个功能安全的研究方向。对于已经存在的工业设施，其描述主要基于现实的设备和各种可用文档。

首先，需要确定资产识别的研究范围，应包含基础设施（网络、交通、电力等）的所有关键部分。若工业设施非常复杂，可依据关键程度划分为子系统。

边界的描述必须以工业设施的功能、地理位置、时间（我们感兴趣的工业设施的使用寿命）等为依据。从这个边界出发，我们要能够从物料、信息和人的视角估算出通过该边界的输入/输出流的数量。下一步，要理解工业设施的一般功能，识别业务需求。为此，我们需要探索工业设施所能提供的主要功能或流程。理解逻辑（数据与软件）数字设备和物理设施之间的关系也非常必要，它们之间的接口设备主要是可编程逻辑控制器和 IIoT 设备。

① 译者注：文档是进行资产和关系识别的重要依据和知识来源。

表 10.1 关于系统元素的描述

功能或流程	类型	IT 或 OT 组件	物理固件或某控制系统的一部分

工业设施的功能可以分成几种类型，主要根据它们是否构成基本过程控制系统(BPCS)、安全仪表系统(SIS)的一部分，或者它们是否属于维护、配置或管理等支撑功能的一部分。

物理组件包括可编程逻辑控制器(PLC)、远程 I/O、人机界面(HMI)单元、传感器和执行器、中央测量系统和编程设备。这些物理组件安装和存储的软件、数据也是资产识别的一部分。详细描述各要素与外部世界之间的通信方式也非常有用。下面这些要素都要给出具体详细的描述：

——清单名称；

——设备类型：工作站、移动计算机、服务器、存储单元、交换机、网关、调制解调器、PLC、HMI 等；

——品牌和型号；

——操作系统的版本；

——应用程序及其版本列表；

——提供的服务及其版本；

——嵌入式软件模块的版本号；

——物理位置；

——连接到不同网络端口的其他设备列表；

——对于连接到网络的设备，设备配置的网络信息(IP 地址、掩码、网关、MAC 地址或特定地址)也要识别。

设备资产清单中还需要补充一定量的网络信息：

——对于 IP 网络：由交换机连接的局域网 IP 地址范围列表，以及与其他局域网范围的互联关系；

——对于非 IP 网络：设备的 MAC 地址列表或协议特有的地址[①]、关联的交换机，以及其他网络元素列表，尤其是 PLC 设备组成的网络；

——非以太网接入点列表，每个接入点的访问端口、地址和连接设备列表；

——连接的服务器和工作站列表；

① 译者注：非 IP 网络也有网络层协议，网络层协议都会定义网络地址，以标识网络中的不同节点。

——连接到网络的可编程逻辑控制器和设备清单(远程输入/输出设备、智能传感器/执行器、IIoT 设备等)。

设备之间的通信链接可以以图形化方式表达(图 10.1)。它也可以表示为网络连接图,称为"设备的逻辑视图"(图 10.2)。这个逻辑视图可以显示不同的子网、网关,以及它们与外部世界的链接。

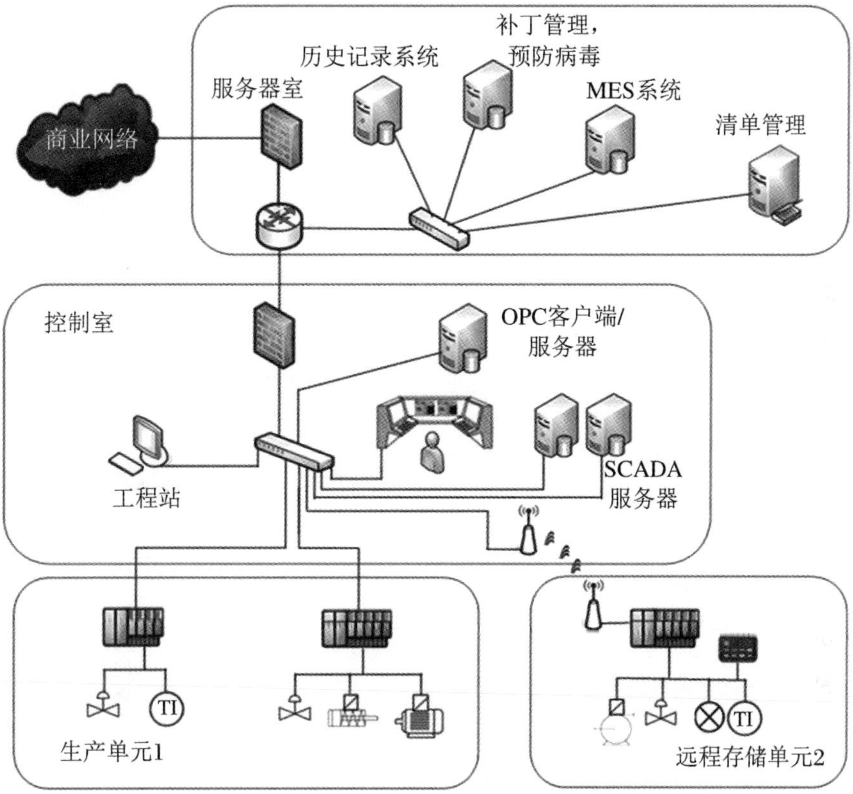

图 10.1 物理映射图示例

在盘点完工业资产和它们的链接关系以后,还要盘点专用于 ICS 系统的应用程序,以及它们之间的通信流①。这些应用程序包括 SCADA 工作站的 HMI 应用程序、数据历史记录、PLC 程序等。

对于每个应用程序,需要盘点以下要素:

——应用程序类型;

——所有者;

——用户数量;

① 译者注:communication flows,这里指网络应用之间的数据会话连接,如应用之间的 TCP 连接。

——此应用程序工作所需的设备(物理或逻辑层面);
——网络和关联端口上的侦听服务;
——应用程序之间的数据流;
——应用程序的版本。

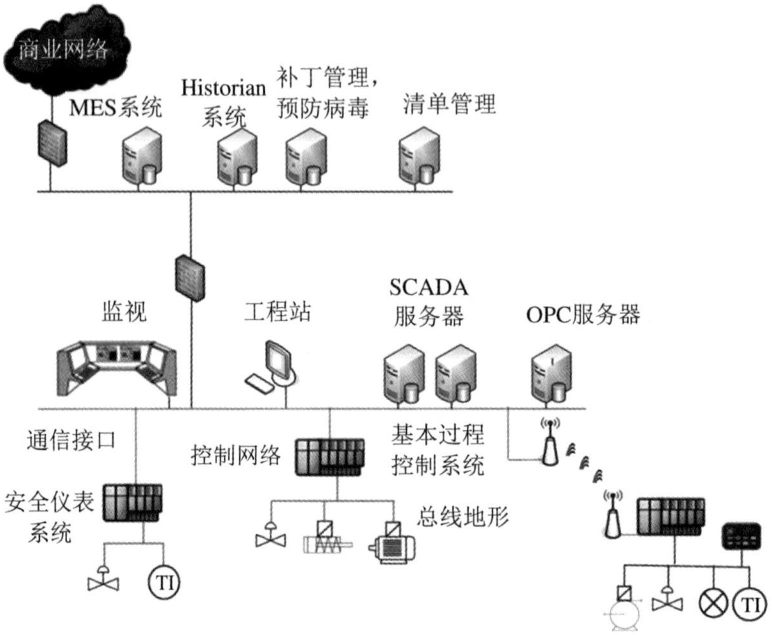

图 10.2 逻辑映射图示例

可以以图的形式来表示不同的应用程序与它们之间的数据流。这些盘点出来的数据主要用于区域定义、防火墙配置,以及后面要提到的其他过滤或检测设备。

盘点各种工作站、服务器和设备是一项既乏味又容易出错的任务。在 IT 领域中,有一些工具可以识别工作站和正在运行的应用程序。在 OT 领域中,这并不总是可行的,因为设备操作系统可能过于陈旧或功能受限,无法进行工具识别。

但是,有些网络工具还是可以使用的,例如 arp-scan。此外,也开始出现一些支持图形界面的商业或开源工具,例如 Grassmarlin(图 10.3)(NSA,2017)。

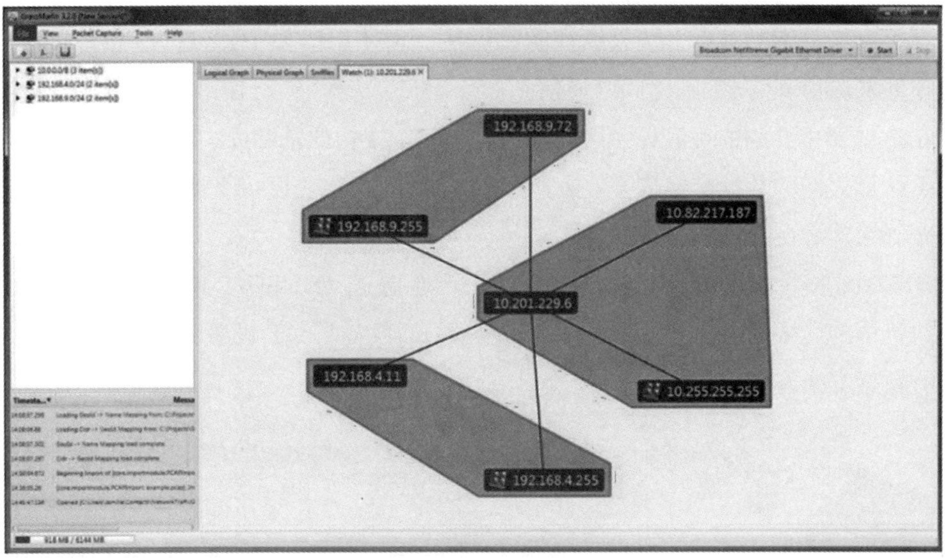

图 10.3 Grassmarlin 截图

10.2 安全架构

10.2.1 介绍

大多数网络都使用 TCP/IP 协议,它也支持工业协议,如 Modbus,如第 2 章所述。IP 包路由基于地址解析协议(ARP),比较容易被绕过。需要注意,在局域网中,由于协议不安全,设备之间的交换帧很容易被破坏(篡改),一台机器能够伪装成另一台机器(中间人攻击,第 4 章)。因此,将工业控制系统(ICS)局域网与其他外部网络(尤其是 IT 或 Internet)进行隔离非常重要。

在工业控制系统中,安全架构的设计涉及区域划分、区域间的流过滤和监控。此外,区域内的活动也可以被监控。

10.2.2 安全架构

在 20 世纪 90 年代之前,ICS 系统都没有与企业信息系统网络连接。计算机攻击风险都是通过物理隔离来控制的,要攻破一个工业系统,需要采用物理访问或物理入侵的方式。物理隔离的方式随着 OT 与 IT 融合而被淘汰。

安全架构的目标是在 IT 和 OT 系统之间提供尽可能好的隔离,以便尽可能少地暴露 ICS 中易受攻击的协议和设备。

保护 ICS 系统的基本方法是纵深防御方法。它使用诸如 IEC 62443 推荐的区域和管道模型来保护可信空间①之间的通信。

在第 2 章中介绍的普渡模型可以作为构建安全架构的基础(图 10.4)。为了确保 IT 和 OT 区域之间的数据交换安全,便于防火墙配置,通常增设一个非军事化区(DMZ),其安全等级定义在 3 级和 4 级之间。

DMZ 既是一个物理子网,也是一个逻辑子网,充当 OT 和 IT 网络之间的中介。它为组织机构的局域网增加了一个额外的安全层:IT 设备与 OT 设备分别与 DMZ 区域设备进行数据交换。

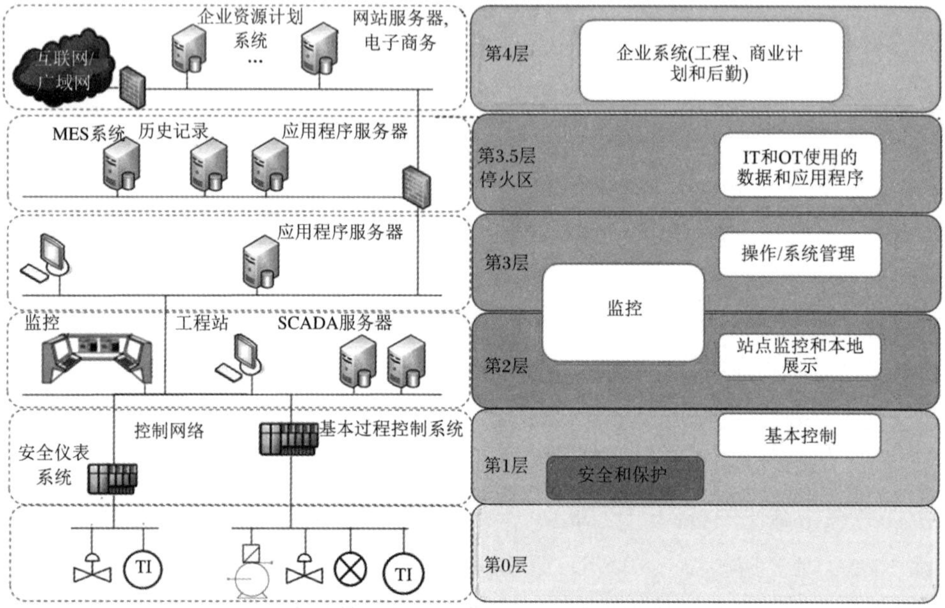

图 10.4　具有 DMZ 的架构

将 IT 网络可以访问的资源②放置在 DMZ 中,OT 区域和 IT 区域之间不再需要直接通信。防火墙可以防止来自 IT 网络的未经授权的数据包进入 OT 网络,还可以过滤来自网络其他区域的流量,包括 OT 网络。通过一套精心设计的规则,可以清晰分割 OT 网络和其他网络,使得 IT 和 OT 网络之间的流量很少,甚至没有流量。

这种安全架构的主要安全风险是 DMZ 中的计算机遭到入侵,被入侵的计算机可以

① 译者注:trusted spaces,这里主要指可相互信任和相互访问的区域(Zone)。

② 译者注:这里的资源是指 OT 区域产生的资源,通常指传感器感知的数据资源,单纯 IT 区域的资源不需要通过 DMZ 区传递。

通过从 DMZ 到 OT 网络的授权应用流量对 OT 网络发起攻击。可以通过定期强化和更新 DMZ 中的服务器,或者配置防火墙,只允许 OT 网络设备发起到 DMZ 的连接,以此来降低风险的发生。

10.2.3 不同区域的划分

安全区域是资源的物理与/或逻辑分组,或具有类似安全要求的资源分组。这个概念在 IEC 62443(第 7 章)中特别定义。物理区域是根据资源的物理位置定义的资源分组。逻辑或虚拟区域是根据功能标准定义的资源分组,或为分析特定协议通信定义的资源分组。在资产识别阶段开发的控制架构(设备映射图)中的物理模型和功能模型,可以用来定义区域。

每个区域都需要定义安全策略。区域内还可以定义区域,这种模型为构建纵深防御体系提供条件。

信息可以在安全区域内流动,也可以从安全区域流向外部,或者从外部流向内部。即使在不联网系统中,也会有通信存在(例如,当使用 USB 盘为编程设备创建系统、维护系统,或者传递信息时,在编程设备与 USB 盘之间建立起来的临时连接)。这些与外部之间的通信定义为一个区域的"入口点"和"出口点"。提供通信功能的资源可以分组到一个特殊的、被称为"管道"的区域。

管道可以是单个服务(即一个以太网),也可以包含多个数据载体(多条网络电缆、直接物理访问)。与区域一样,它们可以是物理的,也可以是逻辑的。管道可以连接一个区域中的实体,也可以连接不同区域的实体。

将系统构建为区域和管道,可以为每个区域定义适合的安全级别,并通过在管道中设置安全设备,阻止威胁事件的影响的进一步扩大,就像船舶中的隔水舱设计一样,然后将区域和管道锁扣在一起,构建纵深防御体系(图 10.5)。

区域概念模型比普渡参考模型更为优秀。该模型已被提议用于 IT 和 OT 融合工程中。区域和管道的划分还有另一个目的,就是根据不同的安全要求来构建系统。

我们从物理架构图开始定义区域,如果可能的话,根据普渡模型进行组织。第一个层级的划分是根据安全级别进行分割的。

剩下的分割要通过分析不同元素的功能和使用的协议来进行。从操作到维护和配置,各个不同阶段都将被纳入考虑范围。如有必要,还可以创建子区域。此外,有些资源要被分到特定区域中:安全仪表系统(SIS)、无线设备、临时链接的设备(编程控制台)和通过不安全网络链接的设备(如远程设备)。

当一个资源支持多种功能时,该资源要被分配到最高安全要求的区域中,或者单独创建一个具有特定安全策略的区域。例如,如果多个应用程序有不同的活跃等级,并且运行在同一台物理服务器上，就可以为每个应用单独创建一个逻辑区域。在这种情况下，对特定应用程序的访问仅限于具有该应用程序权限的用户。例如，一台机器同时运行 OPC 服务程序和原本应该运行在 OPC 客户端上的分析工具。对 OPC 服务的访问仅限于具有高级别权限的用户，而所有用户都可以使用 OPC 客户端插件访问电子表格程序。

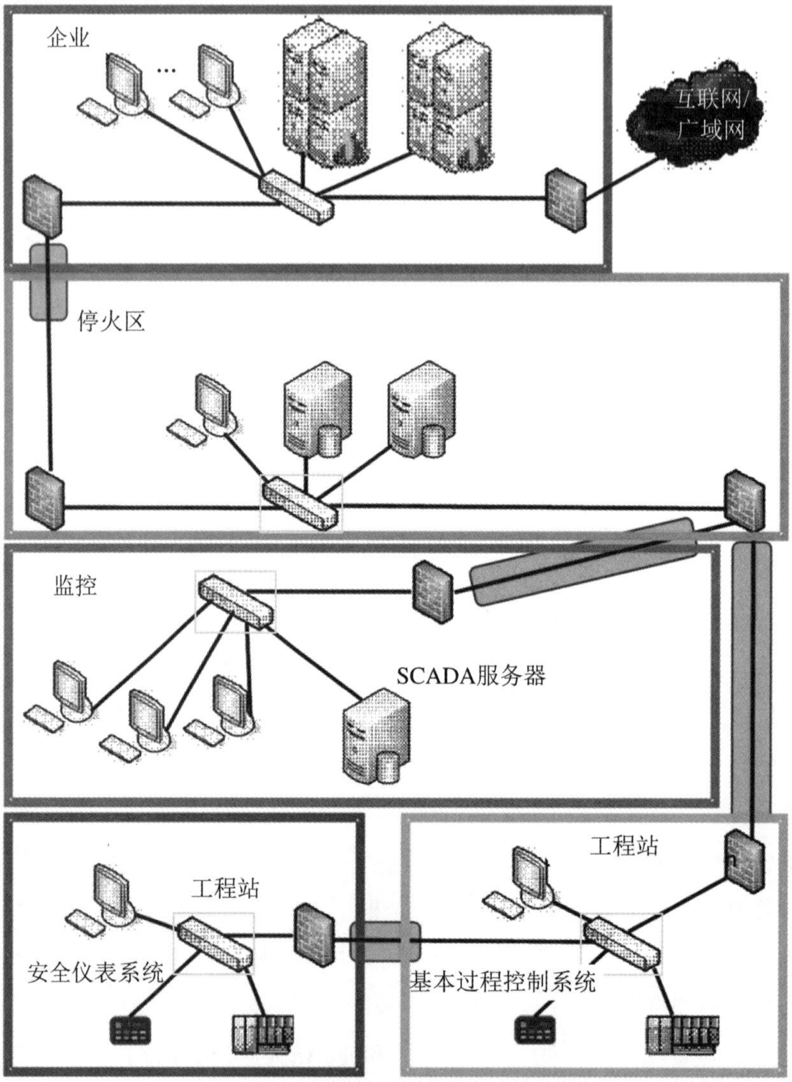

图 10.5 划分为区域和管道的示例

10.3 防火墙

防火墙是一种允许在两个区域之间应用不同策略的设备。它可以过滤、监控并记录数据流。防火墙有两种类型:网络防火墙和安装在主机上的防火墙,如操作系统防火墙,操作原理相同,但保护安全架构主要依靠网络防火墙。

任何网络防火墙的基本技术功能都是过滤传输控制协议(TCP)/互联网协议(IP)通信数据包。它是通过定义规则来配置的,这些规则可以使用源地址、目标地址或端口。防火墙检查它收到的每个数据包以确定其是否符合规则。例如,可以阻止不是来自规则中定义的源地址的流量。防火墙主要用在区域的边界。规则可以将流量限制到单台服务器,也可以限制仅允许某些类型的工作站的流量通过,例如运维工作站。

防火墙提供的安全性与配置规则的准确性密切相关。一般来说,对于 IP 流,通过源 IP 地址、目的 IP 地址、协议(例如 UDP 或 TCP)以及与应用类型相关的源和目的端口号(如果适用)来标识,原则如下:

——禁止任何未明确允许的流量通过,或者说,默认情况下拒绝流量;

——仅允许工业系统运行所需的流量;

——必须记录和分析被拒绝的流;

——必须记录工业系统中的所有流入和流出流量。

对于工业系统,IT 和 OT 部件之间的交换必须保持在最低限度。

当设置 DMZ 区时,可以将两个区域配置为不允许有流量:流量只能传送到 DMZ 区的服务器上。例如,IT 网络工作站使用 HTTP 协议与 DMZ 历史服务器通信,而 OT 网络设备使用 Modbus 与该历史服务器通信。①

这种方法将协议从中间打断②,可以显著提高安全性。表 10.2 总结了常用的配置规则。需要注意的是,9～11 条规则涉及防火墙本身的安全性,这一点不容忽视。

在工业系统的情况下,防火墙既能够检查数据包的内容,也能够识别工业协议。除了分析源地址和目标地址以及端口号外,防火墙还会分析帧的内容。例如,它能够解码 Modbus 协议并识别功能类型、写入或读取的地址以及发送的数据。这个过程被称为深

① 译者注:流量不能穿过 DMZ 区直接进入另一个区域。

② 译者注:将原本端到端的通信协议打断,通过一台中间设备完成数据交换,可以屏蔽掉大多数通过网络协议发起的攻击。

度协议包检查(Deep Packet Inspection①,DPI)。通过 PLC 和 SCADA 的配置,可以为这些元素定义规则。例如,规则可以阻止写入 PLC 设备的内存区域,或给工控命令中的参数限定阈值。许多商业产品都实现了这些功能,Snort、Suricata 或 Bro 等开源软件同样支持。

表 10.2 配置规则

序号	规则和条款
1	所有基本规则必须为“阻止所有流量”
2	所有授权流必须具体到源地址、目标地址和端口号,并且在必要时是有状态的
3	倾向于阻止控制网和公司网之间的任何直接流量。所有协议流量都应在 DMZ 区中结束
4	控制网和公司网之间的流量可以在风险分析后逐一授权
5	控制网和 DMZ 区之间允许的任何协议不应在 DMZ 区和公司网之间显式允许(反之亦然),以确保协议终结在 DMZ 区
6	从公司网到控制网的所有传出流量都应受到源、目标和端口过滤的限制
7	来自控制网或 DMZ 区的传出数据包只有在分配给控制网或 DMZ 区设备的正确源 IP 地址时才应被允许
8	控制网的设备不得直接连接到互联网,即使该区域有防火墙保护
9	所有防火墙管理流量必须在单独的安全管理网络或具有多因素身份验证的加密网络上传输。还要使用 IP 地址规则限定特定管理站访问
10	需要定期测试所有防火墙策略
11	调试前必须立即备份所有防火墙配置

远程访问是防火墙规则管理的一个重要问题。供应商或集成商通常要求允许远程访问维护,甚至要求远程操作设备。这种访问必须通过适当的身份验证系统(通常是多因子认证系统)和安全网络连接(如虚拟专用网(VPN))来管理。访问管理服务器必须放置在 DMZ 区中,或作为 IT 基础架构的一部分。构建二级身份验证系统来管理 OT 网络的访问是一种有效的方法。

10.4 单向网闸

单向网闸,也称为“单向网关”,是一种仅允许数据沿一个方向传送的设备。该系统

① 译者注:原文中使用“Deep Protocol Inspection”,是不正确的。

可以软件实现，也可以硬件实现，例如使用光学系统实现，确保了数据流向的不可逆性，如图 10.6 所示。

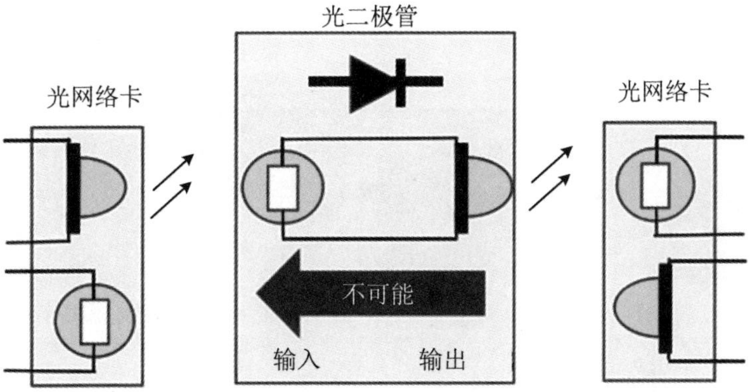

图 10.6 单向网闸的原理

ANSSI 分类的第 3 类设施中明确要求要有单向网闸设备。单向网闸可以与一台软件设备结合，实现数据库复制、仿真一台服务器。

单向网闸可让数据仅从 OT 到 IT 的方向上通过，实现生产数据上传。可以使用多个单向网闸和具有协议中断功能的 DMZ 区实现双向通信，这种方式非常适合保护 IT/OT 两种类型网络之间的连接(图 10.7)。

10.5 入侵检测系统

10.5.1 工作原理

入侵检测包括监视计算机系统或网络中发生的事件，并对其进行分析，以检测可能违反安全规则或策略的事件，或即将对信息系统或工业设施产生的威胁。

入侵事件有很多种来源，例如恶意软件(病毒或间谍软件)、从 Internet 访问系统的恶意用户，以及滥用特权或试图获得额外特权的系统授权用户。尽管许多事件是恶意的，但也有些是用户误操作造成的。

有两种类型的入侵检测系统：

——监控网络流量的网络入侵检测系统(NIDS)；

——安装在监控工作站活动的工作站上的主机入侵检测系统(HIDS)。

NIDS 使用一个或多个探针收集网络流量，并根据协议、类型、来源、目的地等对其进行分析。NIDS 能够监控进出网络区域的流量(图 10.8),并寻找特定的、可能是敌对行为或滥用的网络活动,例如拒绝服务攻击、端口扫描、数据包中的恶意代码(特洛伊木马、病毒或蠕虫等)、暴力攻击等。有一种 NIDS 可以阻止流量。这种 NIDS 有时也被被称为入侵防护系统(IPS)。

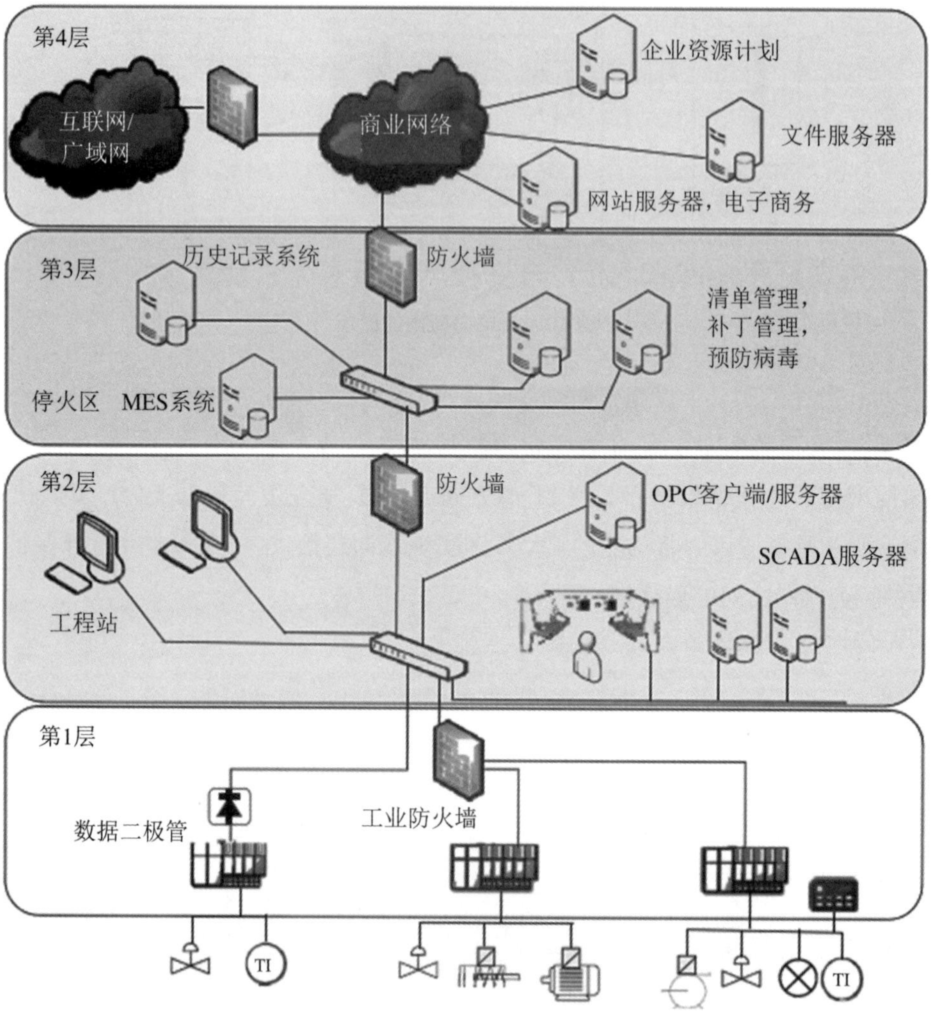

图 10.7 具有单向网闸、防火墙和工业防火墙的架构示例

与 HIDS 相比,NIDS 的优势在于以更少的系统资源和通常更少的部署、维护和更新成本,提供网络入侵检测服务的覆盖。此外,它还可以查看所有网络流量,关联分析多个系统之间的攻击。NIDS 的缺点是需要额外配置大量探测器,一个收集信息的独立安全网络,以及相对较高的处理能力,以避免运行速度的下降。

另一个需要注意的应用局限是,当流量被加密时,NIDS 是无效的。

入侵检测系统也可以部署在主机、工作站或服务器上(图 10.9)。这种工具称为主机入侵检测系统(HIDS)。HIDS 检查主机日志文件并查找事件,例如特殊时间段的连接尝试、连接身份验证失败、添加新用户账户、更改或访问关键系统文件、更改或删除二进制(可执行)文件、启动或停止特定进程、尝试增加权限或使用某些程序等事件。HIDS 还可以检查特定主机的流入、流出的流量,有些 HIDS 还支持对特定应用的网络流量检查(如 FTP 或 Web 服务)。

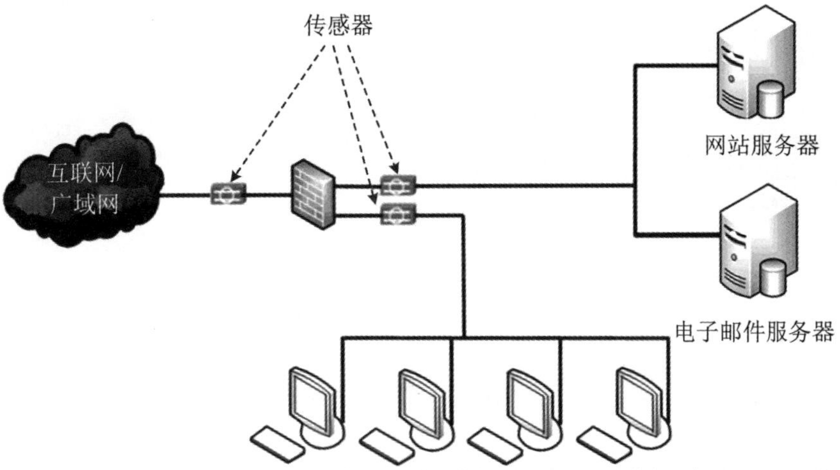

图 10.8 NIDS

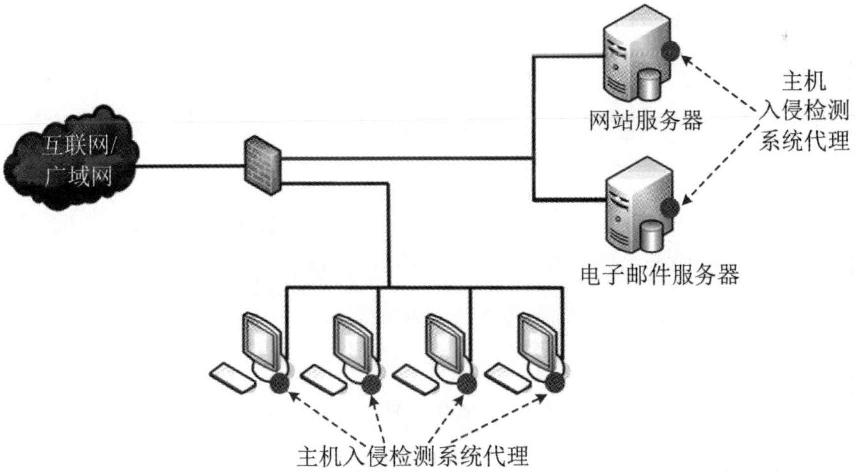

图 10.9 HIDS

HIDS 系统是很有益的,但部署较为复杂,不太适合 ICS 系统,ICS 系统的监控重点是网络流量,并且有许多工控设备无法部署 HIDS。在很多情况下,两种方法组合使用。

入侵检测系统(IDS)处理模块的一般结构如图 10.10 所示。分析数据来自于网络流量或主机活动。分析引擎利用这些数据,配合攻击介绍、正常系统行为等知识,共同检测入侵。生成的安全报警可以传输到安全信息和事件管理(SIEM)系统中进行实时分析。该系统将在下一节中描述。

IDS 是用于监控的系统,是第 11 章中介绍的 NIST 网络安全框架的第三项功能。

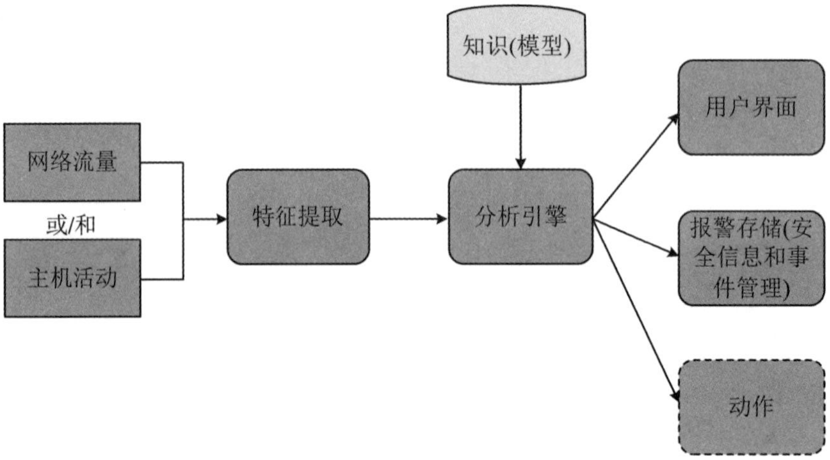

图 10.10 某个 IDS 的结构

10.5.2 检测方法

为了检测入侵事件,IDS 使用可以表示正常或异常行为的知识或模型:

——第一种情况,模型描述正常行为,基于此行为对异常情况进行搜索,这种方式被称为异常行为检测系统;

——第二种情况,模型描述入侵行为,这种方法被称为基于指纹特征的检测方法。

模型由专家或通过自动机器学习方法构建。

如果模型不充分,例如如果签名丢失或不匹配,或者未能正确捕获正常行为,则 IDS 可能会对非恶意的良性流量产生警报,即称为误报。同样,与 IDS 签名不匹配,或者与正常活动相似的敌对活动未能检测到,则称为假阴性(安全性错误场景)。

这种功能的不完善限制了 IDS 系统的应用,因为它经常会被视为产生误报的干扰系统。这也是几乎不使用 IPS 模式操作的原因,因为中断正常操作的风险太高。对于工业系统来说尤其如此。

检测方法将在后面进行更详细的介绍。许多 IDS 系统采用独立使用或集成使用两种检测方法的方式来提高性能。

10.5.2.1 基于特征的识别

这类检测方法的思路是通过基于特征的模型来描述已知攻击的行为,并监控网络流量以找到与这些特征相匹配的流量。一般使用的特征包括:

——内容特征，例如 telnet 会话中的/etc. passwd 等字符序列；

——上下文特征，例如潜在入侵者执行扫描以查找开放 Web 服务的行为特征，或识别 Nessus 扫描、ping 洪泛攻击的行为特征。

基于特征的检测在检测已知威胁方面非常有效，但在检测未知威胁或许多已知威胁变体方面效果不佳。基于特征的检测技术对许多网络或应用协议的识别效果很差，无法跟踪和了解复杂通信过程的状态。例如，基于特征的 IDS 无法将请求和与其相对应的响应流量关联在一起：如对特定页面的 Web 服务器的请求，不知道其返回的响应状态码为 403，即服务器拒绝响应该请求。IDS 没有能力在处理当前请求时记住以前的请求。这种局限使得基于特征的检测方法难以检测包含多个事件的攻击，如果没有任何一个单独的事件能够给出明确的攻击指向。

此外，如果将特征检测方法应用于 ICS 系统，则 IDS 的攻击特征库必须要包含与 IT 攻击特征库中特征不同的特征，并且这些特征必须充分考虑工控协议。

IDS 和 IPS 供应商为各种 ICS 协议(如 Modbus、DNP3 和 IEC 60870)开发和总结攻击特征。

10.5.2.2 基于异常行为的方法

基于异常行为的检测包括将观察到的活动与被认为是正常的活动模型进行比较。基于异常检测的 IDS 拥有可以表示用户、主机、网络连接或应用程序正常行为的特征模型。

为了实施这种方法，首先面临的问题是选择行为的特征要素。这些要素包括原始网络流量数据、协议行为(状态)、变电站活动指标，甚至信息物理系统的行为特征。对最后一种情况，检测网络物理系统模型相关的异常，将在下一节中讨论。

第二个问题涉及构建模型的方法：人工确定的模型或自动化学习得到的模型。对于后者而言，选择一种学习方法(Flaus，Georgakis，2018b)，可以是统计方法或者深度学习方法，然后定义检测周期，将检测周期内行为标记为正常或具有异常行为。

基于异常检测方法的优势在于它们具有对未知攻击和内部攻击的自适应性。例如，可以快速检测到内部攻击(例如，使用被盗用的用户账户)，因为这种行为是不常见的。此外，攻击者永远不知道什么行为可能或不可能产生警报，也就很难找到绕过检测的方法。

基于异常检测方法的缺点包括，需要很长的初始化时间、初始化学习期间对系统缺乏保护、正常行为描述困难，以及对假阳性或假阴性的解释很困难。这种方法在商业产品中仍然未得到广泛使用。

10.5.2.3 实用工具

某些 IDS 软件程序可以分析工业系统的流量，如 Snort、Suricata 或 Bro。Snort 已经为 ModbusTCP、DNP3 和 IEC 60870 开发相应的规则。Snort 是一个开源入侵检测和预防系统，它使用基于规则的语言来对特征、协议和异常行为进行检查。Bro IDS 平台还添加了 DNP3 和 Modbus 等工控协议的规则。

Ossec 是一个开源的 HIDS 系统，可以执行日志分析、文件完整性分析，以及一些其他功能。

10.5.3 基于流程模型的入侵检测

对于信息物理系统，特别是 ICS 系统，有一种特别的检测方法，检测物理系统模型或控制系统的行为异常（图 10.11）。

该方法假设攻击者的目标是将目标系统置于临界状态，因此通过监控信息物理系统的运行，检测系统是否进入临界或前临界状态，从而启发式地检测攻击。这种技术基于物理系统和控制系统模型，其思想受到了监控和诊断物理系统所用方法的启发。

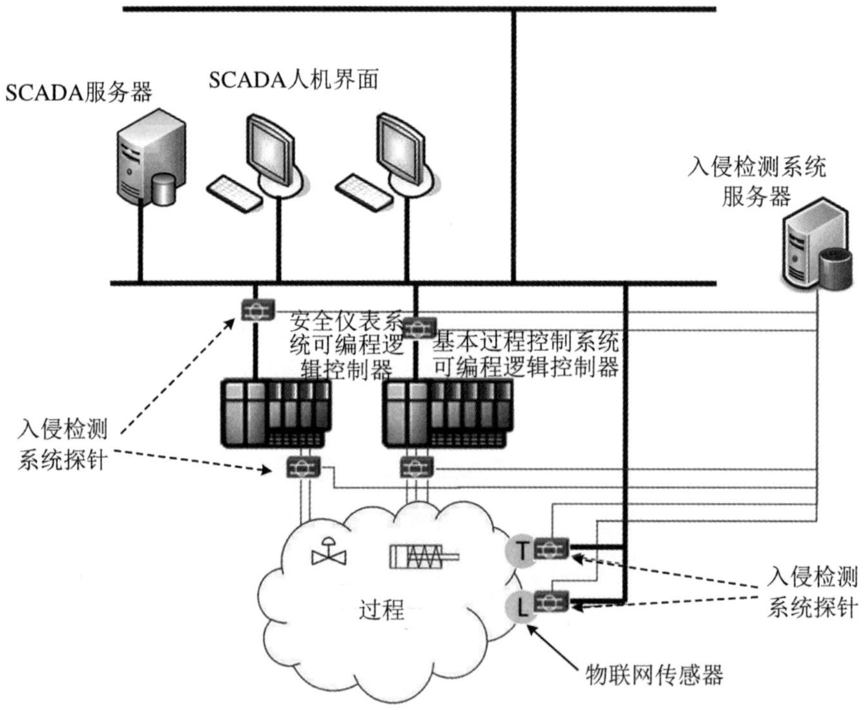

图 10.11 工业 IDS 的结构

这种方法是近年来发展起来的，并且在化学处理（Cárdenas et al.，2011；Fovino et al.，2012）、水处理（Hadziosmanovic et al.，2013）、电力分配（Liu et al.，2011）等不同领域都有应用，甚至医疗系统（Hei et al.，2013）等领域也有应用。

从实际操作的角度来看，需要从以下要素检测和分析系统的演变：

——一种正式描述物理系统和临界状态的表示语言；

——用于监视或重建被监视系统当前状态的系统；

——临界状态距离度量，用于计算状态与临界状态的接近度；

——一种检测或预测可能性的算法，用于确定系统是否正在向临界状态发展。

实现这些功能存在可选择的不同方法。这类方法遇到的困难是需要开发一个系统模型，这个系统模型必须具有强鲁棒性，并且具有管理建模行为与实际行为之间差距的不确定性的能力。前者是一种限制，随着系统不断发展，这个限制变得更加重要，模型必须重新调整。设计专用的自动学习引擎是一种可能的选择。

10.6 安全事件和事件监控

前面介绍的各种设备(防火墙、IDS、单向网闸)、工作站、服务器、网络设备、ICS 设备、身份验证系统，会生成表征系统状态和发生的事件。这些信息包括：

——防火墙提供的阻断流量的信息；

——IDS 提供的入侵检测警报；

——来自身份验证系统的登录失败警报；

——有关防病毒软件提供的已识别恶意软件的信息。

这些信息的集中和利用对于监控 ICS 系统安全非常有用。这就是安全信息和事件管理(SIEM)(图 10.12)的作用。

SIEM 系统的功能包括：

——集中视图的生成，通常以仪表板的形式呈现；

——接收事件的规范化，一方面，将它们转换为标准和可读的格式，另一方面，根据配置定义的类别对它们进行分组；

——事件的关联：根据预定义的规则生成警报，这可以根据历史数据或实时完成，规则形式如“如果 5 分钟内登录失败超过 5 次，则生成警报”；

——报告和警报：可以计算不同的比率，可以绘制演变曲线，且可以根据粘贴的事件序列并根据比率生成警报；

——日志管理：将事件和日志存储在中央数据库中，同时确保存储质量和存储条件符合要求。

此外，将观察到的情况与定义为“正常”情况进行比较是有一定意义的。可以用 SIEM 定义的基线行为作为“正常”情况。

有许多开源工具可用于实现 SIEM。例如 ELK 软件套件[①]或 OSSIM 软件。

图 10.12 SIEM 界面

10.7 安全元素

与 PLC 等传统设备相比，IIoT 设备有一些特殊的脆弱性：

——从实体设备的角度来看，它们更容易被访问，成为物理攻击的对象，例如基于功耗分析的辅助信道攻击（第 4 章）；

——从软件的角度来看，它们使用传统的计算机语言进行编程，比 PLC 上使用的语言的约束更少，更可能开发出具有重大漏洞的软件；

——IIoT 设备使用普通元件（COTS[②]），这些元件可能会在供应链中被修改和破坏，例如被植入后门。

IIoT 系统不会停止工作，这会给从网络中添加与删除设备带来不便。

① 译者注：由 Elasticsearch、Logstash 和 Kibana 构成的软件套件。

② 译者注：Commercially available Off-The-Shelf，商用货架产品。

为了保护使用 IIoT 设备的系统，需要实现如下操作：

——设备的认证；

——数据传输的安全性；

——保护设备上敏感数据的存储；

——提供安全的代码执行环境。

具体解决方案是使用安全元素（Secure Element，SE），构建防篡改平台（通常是集成在芯片上的安全微控制器），能够安全地托管应用程序，并根据由一组明确的可信认机构定义的安全规则和要求来存储加密数据和密码数据。

例如，使用一种 SE，用于存储设备的私钥和安全证书。为了尽可能安全，最好将其集成到片上系统（SoC）中（图 10.13）。事实上，通过观察 SE 和主电路之间的传输可知，如果使用外部电路实现 SE，很容易受到辅助信道攻击。

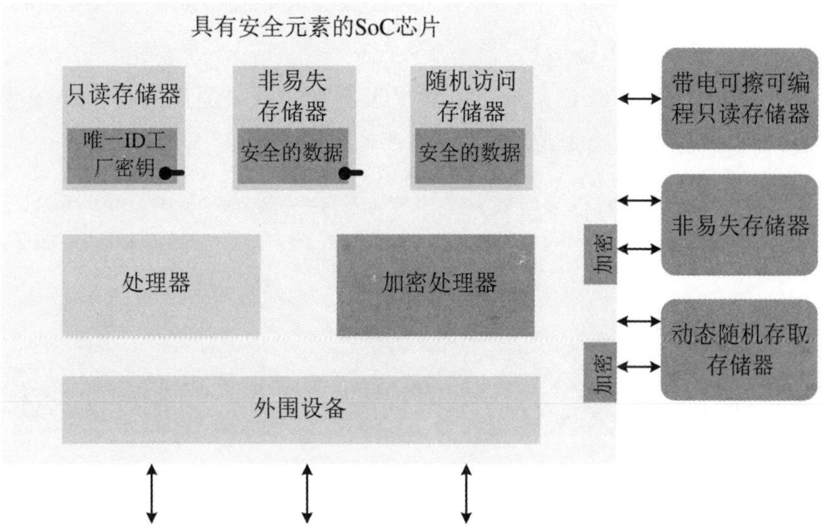

图 10.13　具有安全元素的 SoC 芯片

一个安全 SoC 会提供以下部分或全部功能：

——密钥存储安全：密钥可以在制造时存储在不可修改的只读存储器（ROM）中，或在配置期间存储在闪存中。存储必须能够抵抗物理攻击（例如侧信道攻击）。

——启动安全：启动代码必须安全地存储在不可编辑的存储器（ROM）中。此代码被认为是安全的（信任根）。通电后，处理器开始执行引导代码，其主要任务是在验证应用程序签名后启动它（附录 1）。此过程可以确保一次安全的启动。

——固件/软件更新安全：使用安全的方式更新设备，如使用签名，如果可能，对需要保密的数据使用加密方法。

——静止数据保护(DARP[①]):在对设备的物理访问事件中,数据必须处于不可读取状态。因此,支持此功能的 SoC 设备必须能够加密存储在闪存或 RAM 中的数据。

——密码处理器:为了能够方便地实现数据加解密,最好用硬件实现加解密功能。

——可信执行环境(TEE):TEE 是主处理器级别提供的一组机制,可实现库和敏感数据的安全隔离。这种安全环境可确保按计划存储、处理和执行数据。其目的是避免任何对代码的攻击,或不能读取敏感密钥或秘密数据。

——真正的随机数生成:使用电子电路生成无法预测的加密密钥。随机数的生成对于密码算法很有用。

——唯一标识符:必须能够以安全和唯一的方式标识设备。一种理想的解决方案是在 SoC 中存储一个唯一且安全的标识符。

此外,系统最好具有能够方便安全管理的功能。事实上,当部署大量设备时,需要一个集中的安全管理系统。系统询问每个设备,这些设备都能够提供与其各自特性、状况,以及所有安全事件相关的足够信息。

依靠这些功能的实现,SoC 系统可以满足工业互联网联盟规范行为(6.9 节)定义的基本、增强或关键各个等级的需求。

① 译者注:静止数据保护,是指设备在不工作的情况下,其内部数据的保护。

第11章

ICS 网络安全管理方法的实施

11.1 概述

11.1.1 流程组织

控制命令系统的保护涉及许多方面。组织保护流程也有很多种方法可供选择。一种直观的方法是根据风险演变的不同阶段组织，或者更准确地说，根据造成破坏的事件过程组织保护流程。

首先，要在合适的位置采取控制措施，以此限制意外事件发生的概率。在这种情况下，尽管攻击仍会发生，但控制措施可以确保检测到攻击，并提供适当的保护机制。如果检测到攻击，为了控制损害范围，还是要做好计划并采取必要的响应措施。最后，在检测攻击作出响应之后，如果仍发生损坏，就需要能够恢复系统，并吸取教训以改进系统安全性。这种方法是著名的 NIST 网络安全框架（图 11.1）中提出的方法，该方法关注风险管理的几个不同阶段①：

——识别（I）；

——保护（P）；

——运行时检测（D）；

——对攻击的响应（R）；

——恢复（R）。

上述每个阶段都涉及很多不同领域和大量不同的安全防护措施。

在保护阶段，对于工业系统来说，可以采取一种基于纵深防护模型的方法来组织整个防护体系。这跟在工业系统中操作安全经常采用的 LOPA 方法，以及在核电站使用的纵深防御方法都非常类似。

IEC 62443（第 7 章）建议的区域和管道模型也非常适合为工业系统建立纵深防御体

① 译者注：也就是我们常说的 IPDRR 模型。

系(图 11.2)。

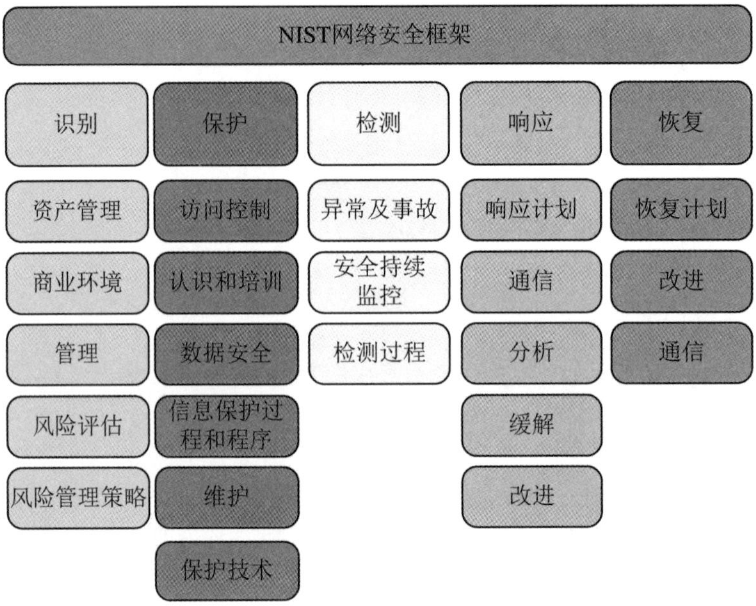

图 11.1 NIST 框架的结构

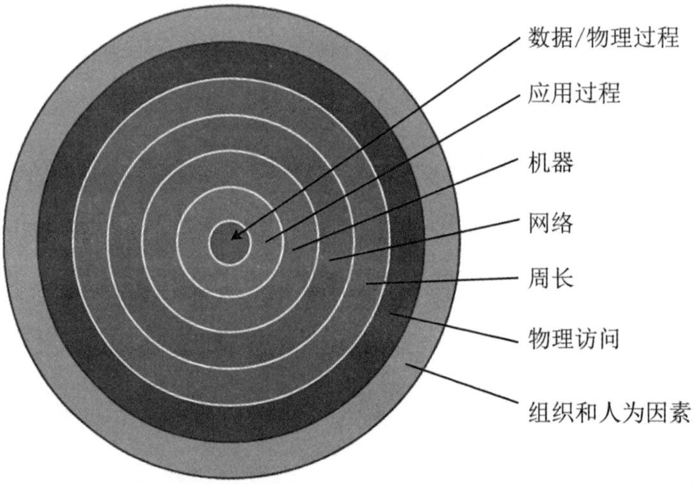

图 11.2 纵深防御

11.1.2 技术、人力与组织层面

基于检查表或深度分析的风险分析方法可以发现系统漏洞、部署安全措施,以达到指定的安全控制等级。这些措施中有很大一部分不是技术性的,而与组织和人为因素有关。其中许多措施不局限于工业控制系统使用,而是对整个信息系统都有用。

11.1.3 实施与成熟度的不同等级

不是所有措施都能马上得以实施。大多数情况下，安全措施会按照图 11.3 中给出的顺序逐步落实。首先部署保护措施，然后在第二阶段部署监控系统。

此外，安全措施部署到位可以或多或少提高安全控制水平。一般安全措施实施的质量采用成熟度等级指标来评价，例如 IEC 62443 方法（第 7 章）提出的成熟度等级，该方法的灵感来自于 CMMI 量表。

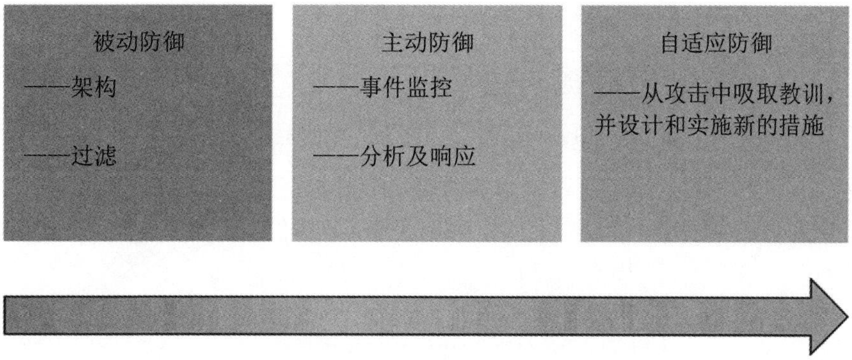

图 11.3 不同层次的安全对策

本章的其余部分首先提出保护 ICS 的简化方法，然后详细介绍方法的所有实施步骤。选择两种方法中的哪一种取决于问题本身，以及风险等级。

11.2 简化方法

如果风险很低，使用简化的风险控制方法就足够了。简化方法基于 ANSSI（ANSSI，2012a）提出的 13 项最佳实践。这个最佳实践覆盖了风险控制的所有重要方面。

即使是简化方法，绘制设备映射图（11.4.1 小节）也是有用的，用该图可以确定：

——保护范围内的所有工作站和服务器；

——网络设备；

——PLC 和其他低等级控制命令设备。

简化方法基于工业设施的描述和对其所属范围的了解，是纵深防御方法中的一部分。简化方法包括了 13 项最佳实践的实施过程，本章稍后将对其进行更详细的描述：

——BP01：对设备和现场总线的物理访问控制（1.1 节）；

——BP02：划分网络（11.10 节）；

——BP03:确保通过可移动介质进行的离线交换也被分区(11.11 节);

——BP04:用户访问控制和用户授权管理(11.14 节);

——BP05:强化配置(11.12 节);

——BP06:设置异常事件日志并生成警报(11.16.1 小节);

——BP07:管理 PLC 配置和程序以避免不必要的更改(11.13 节);

——BP08:进行验证备份(11.19.1 小节);

——BP09:为授权用户保留所有设施相关的最新文档(11.4.2 小节);

——BP10:通过定期更新实施防病毒保护(11.12.6 小节);

——BP11:定期应用安全补丁(11.17.2 小节);

——BP12:以各种技术极限尽力保护 PLC(11.12.3 小节);

——BP13:重点关注工程师站,确保上述最佳实践得到正确使用,尤其是移动控制台的正确使用(11.12.2 小节)。

这些方法将在下面详述。它们可以为非关键设备提供了令人满意的安全水平。

11.3 详细方法

上述实用化方法主要应用一些相对通用的保护措施,可以实现“不错的[①]”安全水平,通过定期更新和持续监控将系统的安全威胁保持在最低限度。

如果我们想要部署一套适配度更好的方法,并且对要实施的措施有更详细的了解,则这种方法要从风险评估开始,包括图 11.4 中描述的多个步骤。这些步骤可以分为五类。

——风险识别:

(1) 清点设施(11.4 节);

(2) 评估风险(11.5 节);

(3) 建立一个治理系统,也可以先选择建立一个风险管理系统(11.6 节)。

——保护(具有纵深防御):

(4) 通过定义政策和程序,确保组织机构层面的安全(11.7 节);

(5) 保障人员层面安全:安全意识培养与训练(11.8 节);

(6) 保障物理层面安全(I.1 节);

(7) 保障网络层面安全(11.10 节);

① 译者注:good,这里译为“不错的”。

(8) 安全的离线交换(11.11 节);

(9) 安全站和设备(11.12 节);

(10) 保障数据和配置安全(11.13 节);

(11) 保障用户访问安全(11.14 节);

(12) 与供应商的安全互动(11.15 节)。

——检测:

(13) 部署事故检测系统(11.16 节);

(14) 设置安全监控(11.17 节)。

——响应:

(15) 建立事故处理计划和警报链(11.18 节)。

——恢复:

(16) 实施恢复和活动连续性方案(11.19 节)。

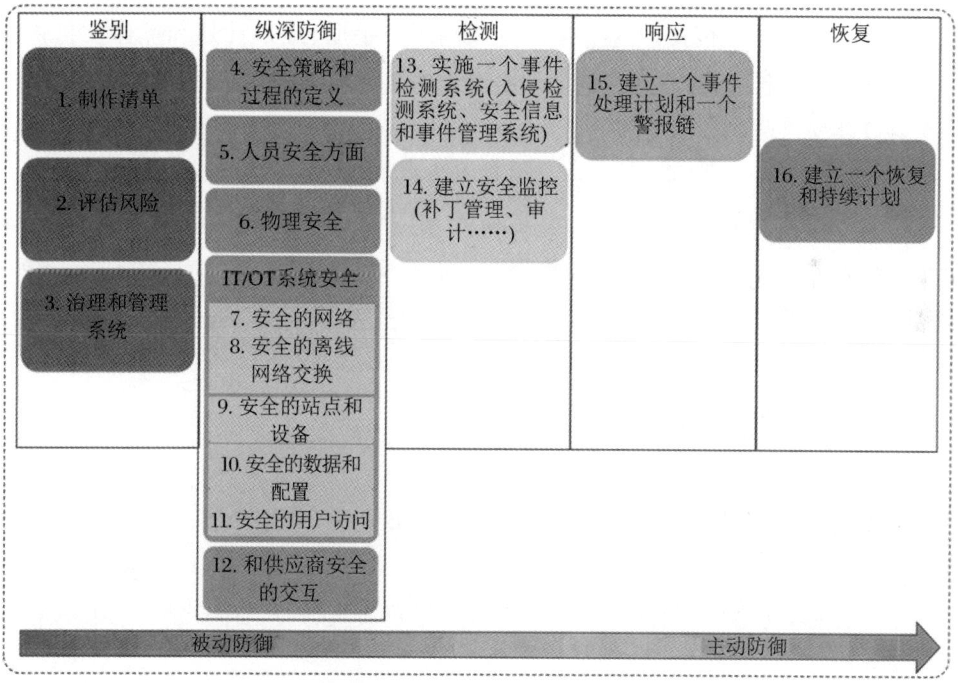

图 11.4 ICS 安全过程中的步骤

下面详细介绍每个步骤。

11.4 资产盘点

11.4.1 资产映射图

无论是评估风险，还是简单系统地实现“最佳实践”方法，都必须首先对工业设施的各种要素进行盘点。

第 10 章(10.1 节)中描述了盘点的主要方法。

这些方法可以用来绘制物理映射图和逻辑数据流映射图。

11.4.2 文档管理

映射图的描述、工业设施的技术文档、架构和地理位置图，以及寻址方案，合在一起提供了工业设施的一个镜像。这些文件可以用用户手册、维护计划和操作文件进行补充。有些文件可能包含访问密码(例如一些在线的文件)。

所有这些文件都必须尽可能保持最新状态并受到保护，因为它们可以向潜在攻击者提供敏感信息。

必须定义文档管理策略(更新过程、保留期、邮寄列表、存储等)。与信息系统相关的文档不应保存在系统内部。

11.5 风险评估

此步骤的目的是评估工业设施的风险级别。第 9 章介绍了风险评估方法。评估重点在于：

——一方面，网络攻击的影响是什么，特别是对人员、财产、生产能力等物理损害方面的影响；

——另一方面，导致这些影响的意外事件发生的概率有多大。

发生概率取决于 ICS 系统的脆弱性，但也取决于操作安全措施是否能够有效防止不正确控制系统行为。

风险分析的目的是确定工业设施中最关键的部分，并以其关键程度来决定要采取的安全措施。

风险分析的一个问题是工业设施是否可以根据经验分割成不同的区域，这不是一项简单的工作。IEC 62443 标准建议先执行一个初步的全局分析，可以方便后续将工业设施分割为区域，然后再针对每个区域进行详细分析。

为了进行这种风险分析，可以使用第 9 章中介绍的风险分析方法或 ANSSI 类方法(第 6 章)，这允许以简化的方式确定其阈值。

11.6 安全治理与信息安全管理体系(ISMS)

11.6.1 ICS 系统及其环境治理

ICS 系统安全管理的挑战之一是运营技术(OT)安全治理和信息技术(IT)安全治理通常由不同的人员管理，他们通常有不同的文化和目标。

ICS 系统的 OT 设备由运营经理或自动化部门管理，而其 IT 设备由 IT 部门管理，在某些情况下，由双方共同管理(图 11.5)。通常，谁对 ICS 基础设施的安全负责存在争论，这可能导致安全管理方面的严重隔阂。

因此，必须分析和记录各种职责和任务。分析和记录的信息可以用于定义安全策略中的角色和职责。

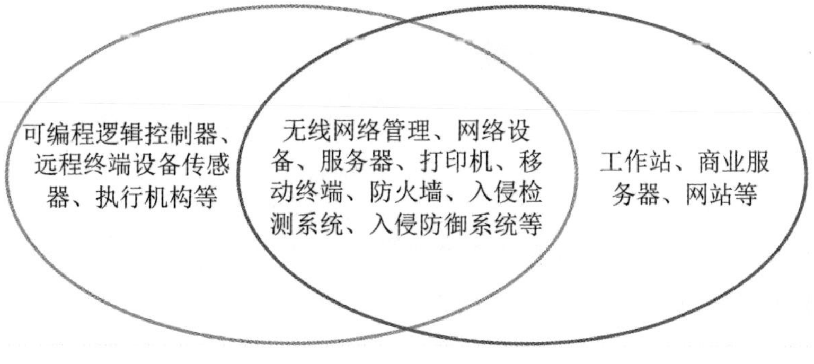

图 11.5 OT/IT 职责

11.6.2 ICS 的信息安全管理系统(ISMS)

11.3 节中介绍的方法描述了实现 ICS 安全的步骤。最终，这种方法将成为 PDCA[①] 类型安全管理系统的一部分(第 3 章)。步骤 1～13 包含的“识别”“保护”和“事件检测”对应于“计划”和“执行”阶段。“检查”阶段包括监控安全性，在步骤 14(审计)中部分解

① 译者注：包含“计划”“执行”“检查”和“行动”，可参考缩略语列表。

决。在“检查”阶段，以下两类指标将被监测与确定：

——流程是否(正确)实施了安全措施，例如安全补丁的部署率；

——该安全措施是否有效降低了风险，例如，通过测量被污染工作站的数量或点击被黑电子邮件①的用户数量(最好是由 IT 部门发送的测试邮件)。

两类指标提供的信息可以在“行动”阶段调整优化(纠正)图 11.4 中建议的每个步骤中实施的安全措施。

11.7 安全政策与程序定义

从组织机构的角度来看，首先就要为 OT 系统的相关方面定义安全政策和执行程序，以补充公司的信息系统安全政策②(Information Systems Security Policy，ISSP)。考虑到要与现行法律和法规保持一致，这项工作必须要做。

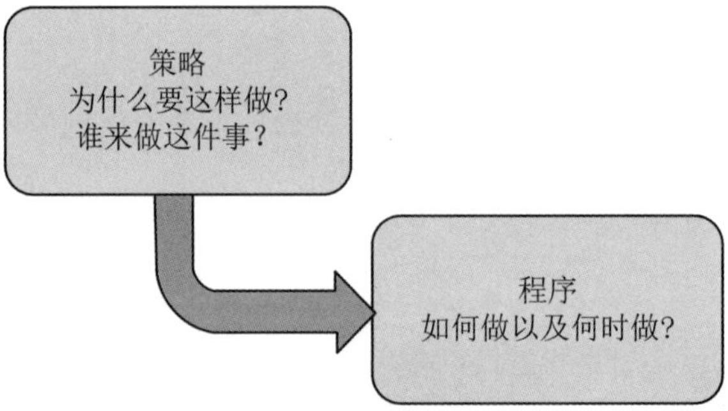

图 11.6 安全策略和程序

ICS 系统安全策略可以从描述 ICS 系统的背景和范围开始，然后回顾工业安全的挑战。此后，使用角色和职责定义 ICS 安全的组织架构，特别是在 IT 和 OT 两个机构之间的关系，以及与外部服务提供商的关系。对于核心服务运营商(OES)，与职权相关的各个方面都必须定义清楚。

安全政策还必须解决诸如用户账户管理、移动介质的使用、远程访问、移动设备、个人终端的使用、防病毒管理、安全更新管理、变更管理、备份和恢复程序以及事件响应等问题。它还可以处理文档管理(更新过程、存储、持续时间)、外包管理和合同条款等问题。

---

① 译者注：被黑客修改，插入恶意附件、恶意链接的电子邮件，也包括黑客发送的钓鱼邮件。

② 译者注：针对 IT 系统定义的安全政策和执行程序。

制作独立于 IT 系统 ISSP 之外的安全政策文档，在必要时参考它们。

基于安全政策，还发展出了许多关于如何实施政策的程序和指南。当然可以依赖各种指南和标准给出的建议（第 6 章）来实施。实施指南定义了使用规则、最佳实践等。例如，这些指南可能还涉及运营商、网络管理员或外部服务提供商等。实施程序描述了如何执行不同的任务，例如，具体应该如何分析漏洞。

11.8 保障人员方面的安全

人的因素在风险管理中很重要。必须对参与安全工程的人进行培训，或提高其安全意识，也可以以情境练习或测试的方式进行辅助。即使是现在，培训在 OT 领域中仍然经常被忽视。培训必须能够适配每个人的任务和责任。例如，我们可以将人员分为如下类型：

——操作人员；

——管理人员；

——执行维护或开发的人员；

——新员工；

——外部服务提供商；

——访客。

培训应确保员工了解和实施这些安全政策和程序。第一步，首先要为所有相关员工制订计划重点。这种培训意识必须得到管理层的支持。必须进行定期沟通，以提醒大家需注意的风险和重点。

第二步，要执行更有针对性的培训计划。建议根据 ICS 安全的角色来确定培训计划。设计一个基于角色的培训计划，先要确定主要角色；这种身份可以从上面列出的清单（运营人员、管理人员等）中确定。然后，确定每个角色的培训需求。例如，访客培训可以侧重于定义现场授权和禁止的活动，而开发人员培训可以侧重于配置管理和网络资源的安全使用等内容。管理培训可以侧重于如何应对员工汇报上来的安全违规事件。

11.9 物理安全

对设备的物理访问是潜在的攻击向量之一。可以通过插入 USB 密钥、设置键盘记录器、直接连接到网络、窃取数据，甚至对设备进行逆向工程，或者只是简单的破坏机器。

因此，物理安全与逻辑访问控制同样非常重要。

对物理安全防御方法与逻辑访问安全防御方法类似，包括定义要保护的边界，确定各种利益相关方的角色，把工业设施划分为区域，并根据角色定义对区域的访问。连接电缆以及远程设备也必须受到保护。

可以实施多层级保护，例如工业设施的围栏，给 ICS 大楼的门上锁，以及在控制室和设备室额外增加有锁的门。

对于进出口，可以使用不同类型的技术（徽章、钥匙等）授权，可以使用摄像机监控，并将其与 SCADA 监控的日志系统连接。

新员工与合同终止员工都必须在基于角色和员工的进出口管理中考虑。

访问控制系统必须与物理风险（例如火灾、有毒物品泄漏）相关的应急管理系统兼容。可以使用一种玻璃破碎型系统。[①]

11.10 网络安全

网络安全包括建立安全架构，实施外围监控（防火墙或单向网闸）。第 10 章描述了过滤网络数据流量的方法和系统。

对网络的访问可以根据角色和用户进行授权。这需要使用 11.14 节中描述的访问控制系统。

注意，虚拟专用网络不是一个无风险的解决方案：通信源端和目的端都容易受到攻击；如果恶意软件安装在源计算机上，它甚至可以在不被检测到的情况下感染目标计算机，因为虚拟专用网的数据流是加密的。这个问题在第 10 章中讨论过。

11.11 通过移动存储介质的安全数据交换

必须定义使用此类数据交换介质的政策。至少也应该在软件层面限制移动存储介质的行为（如不能从移动存储自动运行程序）。

为提高安全性，不应该使用这类存储介质，数据应该通过一个装有防病毒软件的专用安全工作站进行交换。

---

① 译者注：原文“A glass breakage type system can be used.”，这里指玻璃出入口通过检测玻璃是否破碎判断是否非法入侵到工业设施内部。

11.12 设备安全

11.12.1 工作站与服务器安全

各种设备、计算机工作站、网络设备、服务器、PLC 控制器和特定设备必须通过减少脆弱性的措施加以保护，例如：

——停用默认账户；

——关闭开放端口并使用非标准端口(例如，对于 SSH，不要使用端口 22)；

——卸载未使用的应用程序和服务，例如测试工具、调试工具或网络功能；

——定期安装安全补丁(11.17.2 小节)；

——为应用程序配置一个“白名单”(授权列表)系统。

可以为工作站/服务器安装主机入侵检测系统(HIDS，第 10 章)，并将其连接到安全信息和事件管理(SIEM)系统中。

11.12.2 工程师站安全

工程师站是特殊的工作站。它们用于开发逻辑控制代码，并将代码发送给 PLC 设备。因此，工程师站上有很多重要信息，并且由于安装了开发环境，工程师站会有更多漏洞。攻击分析表明，工程师站经常会成为一维攻击向量，Stuxnet① 就是这种情况。

除了一般规则外，这些工作站还需要：

——系统地识别和验证用户；

——检查防病毒更新是否正常运行；

——检查操作系统和软件是否已更新；

——不得将移动工程师站连接到 OT 网络以外的网络；

——在不使用时关闭工作站。

必须配置防火墙才能更新这些工作站。

11.12.3 PLC 安全

PLC 是特别敏感和易受攻击的设备。除了适用于其他安全设备的一般措施外，还要在该类设备上采取如下基本措施：

---

① 译者注：2010 年 6 月，在伊朗核电站首次发现的震网病毒。

——通过口令保护对 PLC 的逻辑访问，口令不能是默认口令；

——禁止物理访问 PLC 设备（锁在柜中），如果有必要，通过开机发送警报信息实现开机检测；

——禁用可能存在的远程配置和/或远程编程模式；

——在处于一级维护干预模式[①]时，将 PLC 设备配置为只读访问（如果支持）；

——禁止访问源代码和 CPU 中的嵌入代码；

——禁用不必要的网络服务（例如 Web 服务）；

——禁用未使用的逻辑端口；

——限制可连接的 IP 地址。

11.12.4 IIoT 设备安全

除了类似于传统计算机设备的安全措施外，建议采用工业互联网联盟（IIC）（第 6 章）（Hanna et al.，2018）提出的最佳实践方案，包括使用具有安全元件的设备（10.7 节）（Hauet n.d.b.）。

此外，值得注意的是，基于区块链的新方法在保护 IIoT 网络方面非常有前景（附录 2）。

11.12.5 网络设备安全

路由器、网关、交换机和防火墙等网络设备，无论是否专门为工业应用制造，内部都包含计算机和操作系统的设备。因此，有必要监控与其相关的漏洞、更新固件、实施口令管理政策（不使用默认密码、定期或根据人员变动更改口令等）。

物联网网关是实现 IIoT 设备内网与互联网互联互通的特殊设备，负责数据加解密。网关必须配置成使用 TLS（传输层安全，A1.10）或其他类型的 VPN（如 IPsec），以及使用基于证书的身份验证机制，用于内部和外部通信。

云平台必须配置适当的控件，并提供正确的证书。

11.12.6 病毒防御

防病毒软件不一定能检测到所有病毒。此外，防病毒软件仅限于某些操作系统（Windows 或 Mac OS），并不存在于 PLC 和其他 OT 设备中。

防病毒软件必须保持最新版本才能确保防护效率。OT 区域的防病毒软件更新必须在不影响安全架构和周边保护措施的情况下进行。因此，没有必要将防病毒软件安装在

---

① 译者注：专用名词，first-level maintenance interventions。

OT区域内的所有工作站上。必须通过分析确定需要配备防病毒软件的站点,以及那些不需要配备防病毒软件,只需要通过强化系统配置实现安全的站点。这些不需要配置防病毒软件的站点,通常位于没有直接连接的区域,或受到与操作安全相关的特殊限制(如可用性)。

部署和更新政策必须包括:

——在所有移动工作站、工程师站、远程维护站和SCADA站上部署(如果没有兼容性问题);

——防火墙级别的防病毒扫描;

——非关键项目的自动更新;

——以固定周期手动更新的敏感项目;

——要特别注意监控DMZ区域内的工作站(可以是攻击中继);

——在DMZ区域内部署防病毒服务器。

11.13 数据安全与配置

OT设备的数据和配置(程序和参数)必须进行专门管理。有必要建立一个程序来管理这些数据的完整性,并将当前运行的版本与保存在开发站中的版本进行比较。

此外,当新版本投入使用时,需要检查旧版本和新版本之间的差异是否与所做的更改相对应。

商业配置管理软件可以使这项任务更容易。

此外,所有重要数据(固件、标准软件、SCADA软件包、PLC程序、配置等)都应通过真实性验证机制(签名)进行安全存储和交换。

11.14 逻辑访问安全

基于用户访问控制的逻辑访问,其安全或多或少都要基于一些复杂的技术手段,而这些技术手段往往需要为每个用户定义角色和权限(图11.7)。要实施的安全措施如下:

——结合最小特权和职责分离原则,在基于角色的基础上管理访问权限。根据区域,分析确定谁可以访问,以及谁可以访问哪些资源;

——必须为授权设备、用户和流程,颁发、管理、验证、撤销与审核身份和识别信息;

——必须管理远程访问;

——用户和设备必须根据风险级别通过单因子或双因子方法进行身份验证。

比较老旧的，或功能较弱的硬件并不总是具有非常先进的身份验证功能，这是一个需要考虑的问题。此外，这些硬件通常难以实现集中认证管理，例如 LDAP 管理协议（一种轻量级目录访问协议，提供目录查询服务）。

从实用的角度来看，根据适当的规则选择口令可以提供一个较好的安全级别，而默认密码，例如 admin，应该进行更改。

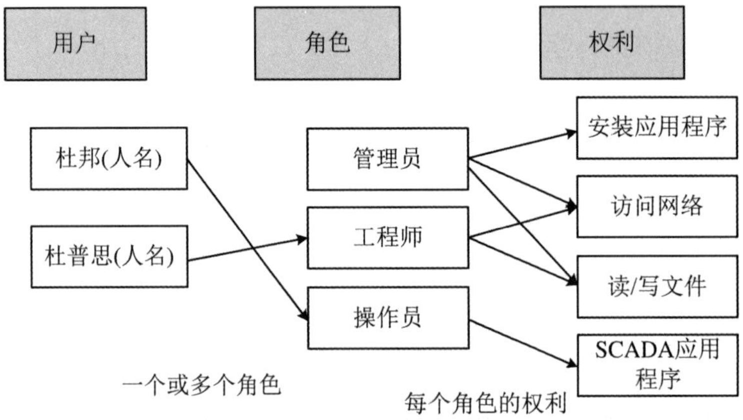

图 11.7 按角色访问控制

11.15 安全供应商与服务提供商

在生命周期的所有阶段，ICS 系统的安全性在很大程度上取决于外部供应商或服务提供商。Stuxnet 震网病毒攻击已经证明了这一点。

为了保证所需的安全级别，需要应对这些利益相关方①提出的各种特殊要求。这些要求已经标准化（IEC 62443-2-4 standard）或写入各种指南中（ANSSI，2013a）。

可以决定如下几个方面：

——组件采购：现成的组件（COTS）可能包含漏洞，无论是有意植入，例如后门，还是仅因为未考虑安全性的软件开发过程所引入。为防止这种风险，可以选择通过 CSPN、ISA Secure 和 TUV 认证的供应商或产品。

——外包和外部服务提供商：这些提供商必须经过培训。对于高风险站点或 OES，提供商必须是符合要求的（合格的可信提供商）。

① 译者注：指前面提到的外部供应商或服务提供商。

11.16 事件监测

11.16.1 日志记录与警报

为了补充保护措施,必须部署事故检测系统。大多数系统(工作站、服务器、网络设备)都具有记录不同类型的事件的能力。这些记录功能必须激活。

由此产生的一个问题是记录的事件类型和存储期限需要谨慎配置,以限制存储空间的大小。这些日志可以通过 SIEM 集中管理。

11.16.2 入侵检测系统

为了监控网络和工作站,可以设置一个 IDS 系统。第 10 章介绍了这个系统。

11.16.3 事件中心化(SIEM)

为了集中处理事件,SIEM 系统应运而生。这个系统在第 10 章中介绍。它可以与 SCADA 监控结合使用,以生成警报。

11.17 安全监控

11.17.1 更新设备映射和文档

系统可以随时升级,尤其是 IIoT 架构设备或移动设备。应该设计一个程序来保持最新的设备映射图,使用检测新设备的计算机辅助工具是一种可行的思路。

同时,文档(11.4.2 小节)必须保持最新。

11.17.2 安全补丁与管理

计算机应急响应小组(CERT)会定期发现、发布硬件和软件中的新漏洞(第 5 章)。

安全补丁的更新必须在受控过程的框架内完成,并根据更新调整组织架构。与 IT 系统相比,软件补丁的自动更新并不总是可行的,一方面是因为设备并不总是具备更新条件,另一方面是因为更新引起生产中断的风险很高。补丁管理政策必须能够适应风险和约束。补丁升级管理要能够适配不同类型的设备，例如：

——工作站的系统更新；

——定期更新或在 PLC 维护期间更新。

工作站的更新最好利用 DMZ 提供的数据交换方式完成。

监控活动是基于设备映射图的，设备映射图越详细，监控就越有效。

11.17.3 对设备的审计

可以使用第 5 章中描述的方法定期对设备进行审计，也可以考虑在维护期间定期进行渗透测试，以避免中断设备正常运行。

11.18 事故处理

前一阶段部署系统检测到的事故要得到妥善解决。事故处理的妥善与否取决于其组织方式和执行的程序，这些组织方式和程序可以确定：

——检测到事故时该怎么办；

——根据事故的重要性级别决定向谁发出警报；

——响应阶段应采取哪些措施。

在 ICS 案例中，对事故的响应必须考虑其中的物理过程：如果在任何情况下都无法阻止它，必须提供一种机制使其能够恢复到安全状态，或提供在事故发生情况下的降级运行模式。响应措施还必须考虑物理系统实时运行这一事实，响应动作要足够快。

当意外事件发生时，响应处置人员必须接受相应的培训才能正确处理，传统让计算机系统恢复正常的方法可能不适用于 ICS 系统。

需要定义一个上报管理流程，以确保事故能够上报给具有正确责任级别的负责人。

事故管理过程还必须包括事故后分析阶段。这种反馈有助于持续改进风险管理。

11.19 恢复

如果发生某些威胁事件，ICS 系统和设施可能会遭到损坏。因此，准备好快速恢复的方法是必要的。可以考虑两个层面的损坏：

——第一个层面涉及程序和数据，这种情况下可以重新启动完成恢复；

——第二个层面涉及物理损伤，在这种情况下，需要更广泛的修复工作。

11.19.1 备份

第一步，必须定义备份政策。政策包括定义需要备份的元素的范围，具体包括：

——服务器和工作站的镜像；

——配置数据库（用户、警报阈值等）；

——PLC程序（源代码）和数据；

——智能传感器和执行器的控制参数和固件；

——SCADA历史数据库；

——PLC固件、配置文件和网络设备固件（交换机、VPN、路由器、防火墙等）。

第二步，必须定义备份的周期和存储持续时间。需要考虑某些监管要求。

第三步，必须定义执行备份的方法，可以是自动备份，但某些OT设备不具备这种能力。因此，所有的修改最好具有可追溯性。

最后一步是提供定期备份测试程序的功能。

11.19.2 业务连续性计划

业务连续性计划旨在确保公司在发生灾难时能生存下来。因此，计划必须整合工业信息系统。业务连续性计划包括定义灾难恢复计划，该计划明确了在发生重大破坏事件时尽快恢复正常状态所需的手段和程序。计划还描述了如何在网络攻击、火灾、洪水或数据丢失后重建系统。

11.20 网络安全及其生命周期

前面提出的安全措施是在设备的运行和维护阶段实施的。然而，从设计阶段和集成阶段的早期就预测网络的安全问题非常重要。在委托设计和开发期间必须提供网络安全责任的移交过程和与其相关的有用信息。最后，在系统销毁阶段也必须提供网络安全管理，保存机密数据的设备的处理是一个众所周知的脆弱点。①

① 译者注：退出使用的计算机内存有与工业系统相关的重要数据，如果处理不当，可能被黑客等获取并利用。例如公司的安全组织架构、管理员等信息。

附录 1

密码学基础

A1.1 概述

密码学是保护信息系统安全的基本技术之一。通过一种方法或算法对内容进行加密，将一条消息转换成难以理解的形式。这种技术很古老，在古代就已经存在了。它的弱点是需要将加密和解密方法传递给各方。1976 年，斯坦福大学的 Whitfield Diffie 和 Martin Hellman (Diffie, Hellman, 1976)提出了一种全新的加密原理：公钥体制或非对称密码学。此技术使用分发的密钥来加密消息，但此密钥却无法解密这个消息。这一原则已被纳入 RSA 系统(Rivest-Shamir-Adleman，以三位发明者的名字命名)。

术语定义

"加密"是指以一种将信息转换成难以理解形式的过程。只有被授权人才能对加密的信息进行解密。数据加密是将一个可以用密钥 k 配置的函数 F 应用到消息 M 上，从而使消息 M 不能被解密。①

"解密"是指将加密消息还原为原始消息的过程。目标是只有被授权人才能执行这项操作。

"非授权人"旨在通过尝试"破解"加密编码或者密码算法，来重构原始消息。

"签署"文档是指创建一个文档和作者独有的电子签名。因此，签名将原始文件与作者关联起来。

"验证签名"是指为了确保原始文档没有被修改，且其作者是经过身份验证的过程。如果签名无效，那么文档就是不可信的。

---

① 译者注：在没有密钥 k 的情况下不能被解密。

A1.2 对称加密技术

对称密钥体制下,加密密钥与解密密钥相同(图 A1.1)。密钥必须是秘密的[①]:只有被授权的人员才能拥有它,否则无法保证消息的机密性。

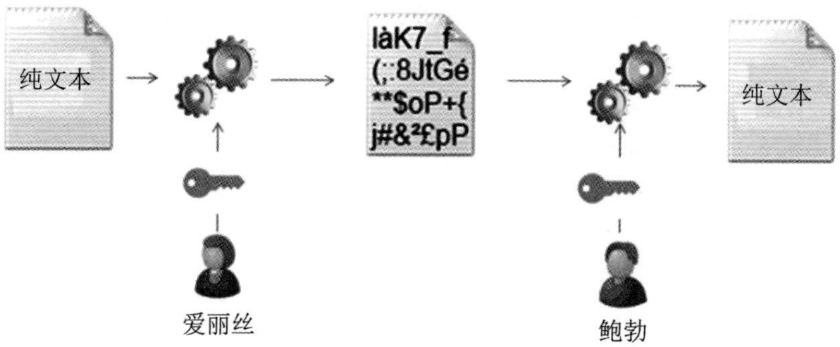

图 A1.1 对称加密

这种方法的缺点是存在密钥丢失或被盗的风险,特别是在初始化阶段将密钥传递给对应方的时候。

A1.3 非对称加密技术

加密密钥与解密密钥不同(图 A1.2)。此时要使用两个密钥:

——公钥:顾名思义,这个密钥是公开的,并且可以给任何一个人。该密钥用于加密信息。

——私钥:此私钥必须是私有的,并且只有其所有者知道。这个密钥一定不能暴露。该密钥用来解密信息。

非对称加密的原理如下:如果爱丽丝从鲍勃那里收到了消息,但是她不相信邮递员,因为他能够打开她的信件。此时她会先给鲍勃发送一个带有加密锁的"打开的盒子",密码锁的钥匙只有爱丽丝才有。鲍勃会把他的信放入盒子并用加密锁锁上,然后发送给爱丽丝。邮递员将无法打开这个盒子,因为只有爱丽丝有钥匙。因此,公钥密码系统实际

① 译者注:指不是向普通人公开的。

上基于两个密钥：

——公钥，可以自由分发，是“打开的盒子”；

——密钥[1]，只有收件人知道，是盒子的密码。

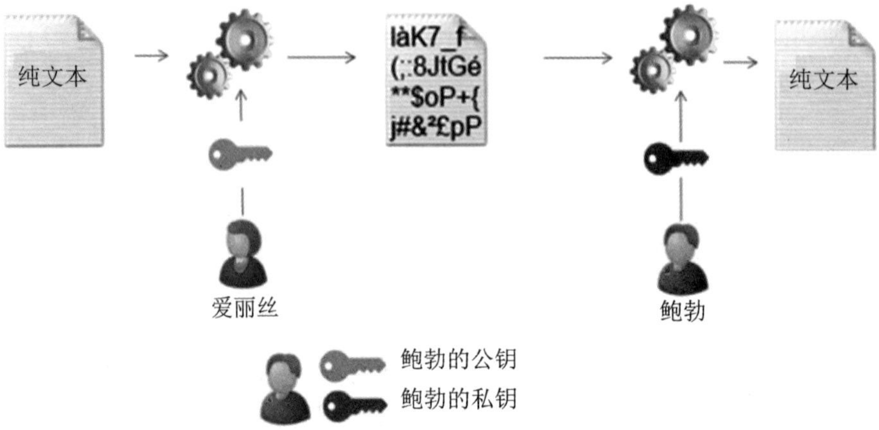

图 A1.2 非对称加密

这就是为什么我们要讨论非对称加密。

从数学的角度来看，我们有一个关于整数的函数 P，它有一个逆函数 S。假设能够构造这样的一对函数(P,S)，如果只知道 P，不可能(或者至少很难)找到 S。换句话说，函数 P 必须从数学上确保很难求逆，或者说是具有“单向”属性的函数。模幂运算就是这样一个函数，它被用在 Diffie-Hellman 方法(Diffie，Hellman，1976)中。

非对称加密通常与对称加密一起使用，通常用于初始化阶段交换对称密钥[2](表 A1.1)。

表 A1.1 两种加密标准的对比

对称加密	非对称加密
快速并且适应实时消息交换	计算成本更高，主要用于初始的对称密钥交换阶段，交换完成后采用对称密钥及解密
密钥短(目前 256 位)	密钥更长(目前最小为 2048 位)
典型算法：AES(Daemen，Rijmen，1999)	典型算法：RSA(Rivest et al.，1978)

① 译者注：也称为“私钥”。

② 译者注：对称密钥一般用于正常的数据“加解密”，其安全性低于公钥方式，故通常只用一段时间，如一次会话。

A1.4 MD5 和 SHA 密码“足纹”[1](哈希码)

MD5 和 SHA (SHA-1、SHA-2、SHA-256 等)是单向密码哈希函数。对任意长度的数据集(例如文件),应用此函数得到的结果都是一个较短的固定长度数据,代表初始数据集的特征,也称为校验和、浓缩码[2]、密码足纹、哈希码或指纹。

表 A1.2 一些典型的哈希算法

算　　法	压　缩　长　度
CRC32	32 比特(不再使用)
MD5	128 比特
SHA-1	160 比特
SHA-2:算法族(SHA-256,SHA-224,SHA-384 或 SHA-512)	从 256 比特到 512 比特

例如,使用 MD5,我们得到:

——“This is a test”:11b35a0201513381dcdd130831f702d0;

——对于本节的第一段[3]:730c7a6d6bad97c975f990aba8d329e3。

单向函数的目标是为消息构造一个独一无二的、不能逆向计算的“footprint”。早期的单向函数(如 SHA-1)会产生冲突(结果不唯一,即两个不同的数据集可以获得相同的指纹),最近使用的单向函数会生成更长的哈希码,例如 SHA-256 算法生成 256 位。

A1.5 电子签名

签名的目的是确保数据不被修改,并验证作者身份。如果签名无效,则表明作者不是被验证者,或者收到的数据不是被验证者提供的数据。

---

① 译者注:密码“足纹”原文为“cryptographic footprints”,是哈希码的一种形象表达,表示使用单向密码散列函数处理的数据一方面因加密变换丧失原有形态,另一方面仍然隐含原有数据特征。

② 译者注:condensate,译为浓缩码。

③ 译者注:是指 A1.3 这一节的第一段,英文原文为“The key used for encryption is different from the one used for decryption. It is necessary to use two keys:”。

如果要保证机密性，就必须对文件进行加密(图 A1.3)。

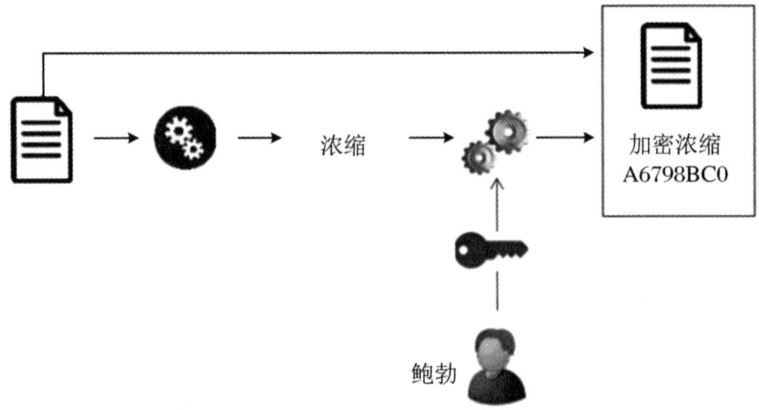

图 A1.3 签署文档

电子签名的原理如下：

——消息的发送方使用指纹生成算法为其想要签名的明文消息生成一个“浓缩码”；

——发送方使用其私钥对“浓缩码”进行加密，从而生成一个电子签名；

——发送方发送(或存储)该明文消息和电子签名。

要验证签名，接收方用明文消息计算出“浓缩码”，并与使用公钥解密电子签名得到的“浓缩码”进行比较。

A1.6 证书

证书将公钥和实体(例如人、网站)以一种可保障的方式关联起来，以确保实体调用的是他或她自己的公钥，或者确保一个网站不是欺诈网站。

X509 标准提供了一种标准的证书格式。

证书是一种电子文件，其中包括：

——个人、实体或域名的公钥。

——个人或实体的描述：姓名、名字、域名等。

——由受信任的第三方签名，负责验证公钥的所有者身份，从而确保公钥属于该所有者的真实性。签名代表了持有者的身份和公钥，以确保密钥其他信息的完整性，如密钥的使用、有效日期和撤销信息等。

受信任的第三方是一个认证机构(CA)，负责：

——验证请求创建证书者的身份；

——验证后创建证书，并使用CA的私钥对证书签名；

——维护已撤销证书的列表(例如，如果密钥已被泄露的证书)。

浏览器默认情况配置了可信第三方认证机构。证书授权采用分层授权方式(图A1.4)。

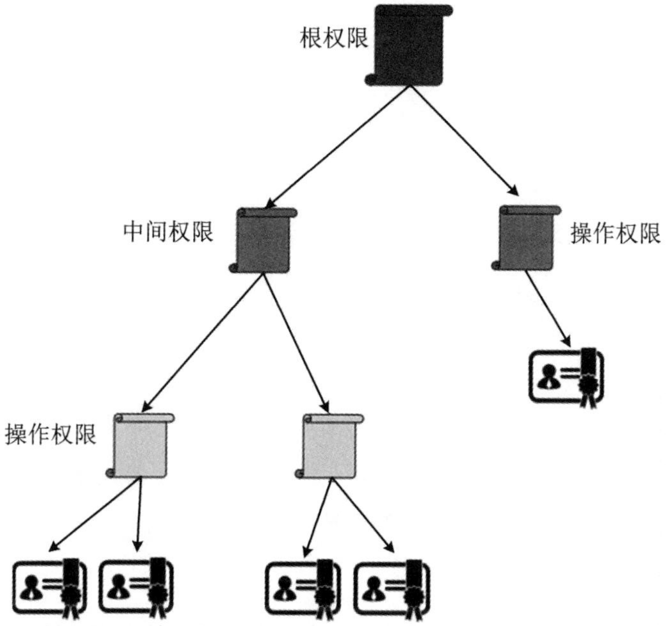

图A1.4　认证授权的层次结构

A1.7　公钥基础设施架构

公钥基础设施(Public Key Infrastructure，PKI)是一种公钥管理系统，用于管理重要的公钥列表，并保证其可靠性，通常用于网络中的实体。PKI系统将公钥链接到身份(例如用户或组织名称)。PKI系统保证通过它获得的公钥是可以被信任的，但它不是CA。

PKI系统架构可以是基于认证授权的，也可以使用区块链等其他机制。

PKI系统管理关联实体与公钥的安全证书的全生命周期。它响应证书的验证请求，也管理证书的撤销。

A1.8 公钥密码标准

公钥密码标准(PKCS)是由加州的 RSA 实验室设计的一套规范。

A1.9 安全外壳协议

安全外壳协议(Secure SHell,SSH)取代了各种基于 SHell 的协议,如 Telnet 协议,以及文件传输或复制协议,如文件传输协议(FTP)和远程拷贝协议(RCP)。SSH 协议可用于为其他应用程序创建隧道。

SSH 协议使用公钥加密技术来证明远程用户的真实性。SSH 协议可以生成密钥对。它使用个人主机的真实公钥(例如 RSA 公钥部分)的快照作为指纹。指纹通常有 128 位,用户可以使用它来验证公钥是个人的还是主机的。SSH 协议维护一个受信任主机列表。使用 AES 或 3DES、IDEA 等对称加密技术保护通信数据。

A1.10 TLS/SSL

TLS/SSL (Transport Layer Security/Secure Sockets Layer)为传输层提供安全保障。TLS/SSL 不像 SSH 协议那样属于独立应用程序,而是通过在应用程序中使用该协议来实现通信的安全性。SSL 是 Netscape 为保证 HTTP 安全而设计的。TLS 是 SSL 技术的最新版本,其连接过程如下:

——客户端浏览器向服务器发送请求以建立 TLS 保护的连接。

——服务器通过发送其证书进行响应。

——可能出现三种情况:

—使用浏览器中默认集成的 CA 证书来验证签名。客户端可以检查 CA 证书。

—使用服务器的公钥验证签名:自签名证书①。在这种情况下,服务站点有可能是欺诈站点。浏览器会告知用户风险,并由用户选择验证或不验证该证书。

—无法验证签名,连接无法继续。

---

① 译者注:"自签名证书"指本地服务器签发的证书。

——如果证书通过验证,客户端使用服务器证书中的公钥生成加密密钥,然后将会话密钥传输给服务器支持后续的数据交换。

A1.11 IPsec

IPsec 协议为 IP 层协议数据包提供安全;它在 TCP/IP 协议栈(第 2 章)的位置比 TLS/SSL 层的低。IPsec 是网络层协议,嵌入在服务器和/或客户端设备中,例如路由器、专用 VPN 集线器、防火墙或操作系统核心。

需要注意的是,SSH、TLS/SSL 和 IPsec 之间没有互操作性,因为它们都在 TCP 模型的不同层次上实现,并且是为不同的用途而设计的。

IPsec 保护的两台主机之间的通信可以采用两种不同的模式:传输模式和隧道模式。在传输模式下,只有传输的数据(IP 数据包的有效负载部分)被加密和/或验证。IP 数据包的其余部分不变,因此,数据包的路由不会改变。

隧道模式下,首先对整个 IP 数据包进行加密和/或认证,然后将该数据包封装在一个带有新报头的新 IP 数据包中。隧道模式允许 IP 报文被保护和封装在其他 IP 报文中。隧道模式的主要优点是,它可以通过安全网关来完成 IPsec 相关保护功能,而 IP 报文通过 IPsec 网关透明传输到接收方。

附录 2

区块链和工业物联网安全

A2.1 区块链原理

第一个区块链应用是为比特币加密货币开发的。由此可见，区块链的概念是相当广泛的，其应用也非常丰富。

区块链使用分布式账本技术（Distributed Ledger Technology，DLT）进行操作（图A2.1）。它是一个数据库系统，具有以下特点：

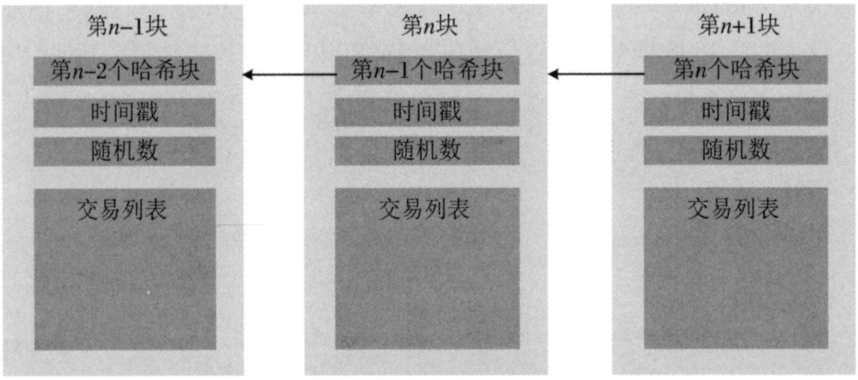

图 A2.1　区块链

——以分布式方式存储交易，并在点对点（Peer-to-Peer，P2P）网络的节点上复制交易。

——以去中心化的方式运行，即没有中心权力或控制机构。

——是安全的，以不可更改的区块存储事务。每笔交易都经过加密技术进行验证和记录，并以创建区块链表的方式来记录历史交易。

在计算机技术诞生之前，交易记录是以纸质形式存在的，尤其是在会计领域（分类账是会计中使用的术语）。一个中央机构负责保存和检查账目的有效性。

利用 DLT 技术，注册中心管理运行在没有中央授权的分布式模式下，因而提供了一些额外的能力。

区块链采用 ECC 加密算法(椭圆曲线加密算法)和 SHA-256 哈希算法,为数据认证和完整性提供可靠的加密证据。

每个块包含一个交易列表和前一个块的哈希码。区块链因此拥有所有交易的历史,并构成一个不可伪造的共享寄存器,所有人都可以使用,无须中央授权。

在比特币链中,通过确定一个参数(称为 nonce)来验证区块,这就使得区块可能得到一个以一定数量的"0"开始的哈希值(图 A2.2)。矿主相互竞争来解决区块验证问题。解决问题被称作工作量证明。"0"的数量定义了验证的难度。对于比特币的基础设施来说,"0"的数量是变化的,其平均求解(挖矿)时间约为 10 分钟。

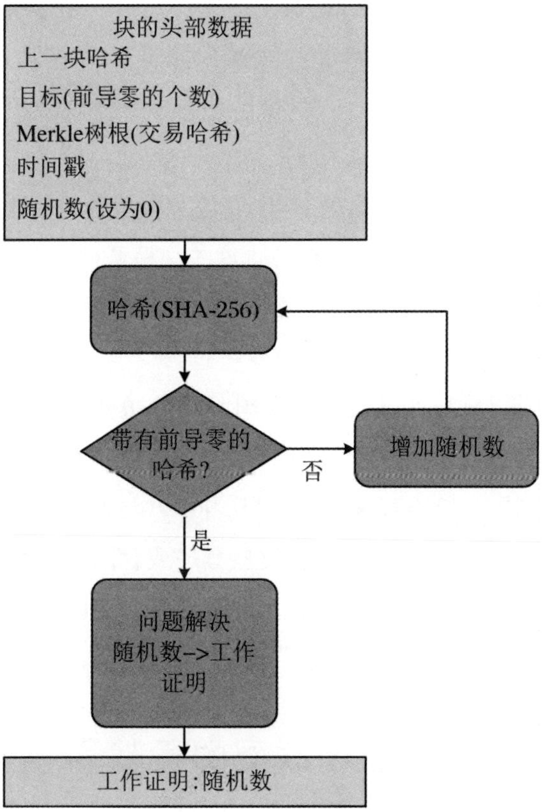

图 A2.2 区块的验证

最初由比特币区块链提出的区块链概念已经被泛化,形成不同的区块链构建方法,这些区块链的特点包括:

——具有保证信任的机制,也叫共识机制,它使验证区块并保证其完整性成为可能。除了工作量证明以外,还有其他一些机制,如权益证明。

——在网络节点之间传播区块和同步区块的机制。除了比特币方法,还有其他解决方案,如基于区块头的传播,或主动传播。

方法的选择取决于区块链的开放程度，有公有链、访问受控的区块链和私有链。不同类型区块链的节点间信任程度不同，因此要采用共识机制。应用时尽可能选择所需计算时间最少的区块链类型。

A2.2 智能合约

智能合约的概念是由以太坊区块链(Ethereum)提出的。它于2015年7月推出，此后出现了大量类似的平台，如HyperLedger等。

与主要用于数字货币交易的比特币区块链不同，以太坊区块链具有存储记录的能力，更重要的是，可以执行“智能合约”。“智能合约”一词是由尼克·萨博(Nick Szabo)在1994年发明的。

智能合约是一种IT协议，旨在促进、验证或数字应用合约的谈判或执行。智能合约允许在没有第三方的情况下进行可信的交易。这些交易是可追踪和不可逆转的。

更具体地说，智能合约是驻留在一串区块上的一段代码，由唯一地址标识。智能合约包括一组可执行函数和状态变量。

区块链网络的任何用户都可以通过向合约服务发送交易来触发合约功能。交易包括合约函数所需的输入参数。在执行函数时，合约状态变量会根据函数中实现的逻辑而变化。合约可以用不同的高级语言编写(例如Solidity，与Javascript类似)。以太坊区块链允许使用以太坊虚拟机进行挖矿，并确保这些程序或合同能够可靠、不被破坏地执行。

在网络中每个参与节点上，合约代码作为验证新(挖掘)区块的部分被执行。

A2.3 区块链对工业物联网的贡献

区块链是一个分布式的、安全的数据库系统，它不使用可信的第三方，并且能够安全地执行操作。因此，这种类型的基础设施可以为工业物联网(IIoTs)提供安全解决方案，目前正在做很多工作，以探索其可行性。

A2.3.1 PKI基础设施

由于区块链技术提供了一个分布式和不可更改的信息注册中心，因此它很适合用于公钥的存储和管理。与使用集中式服务器相比，这可以提供更好的可用性和鲁棒性。

A2.3.2 目标识别

区块链的地址空间为 160 位，比 IPv6 的地址空间(128 位)多。因此，它可以为 1.46×10^{48} 台设备(全球唯一标识符(GUID))提供地址。使用区块链的标识服务将是去中心化的，不再需要一个集中的地址分配系统。

对于资产(设备)所有权的管理，区块链也可以提供可靠的解决方案。它可以为连接的 IoT 设备注册和分配一个身份，设备的复杂属性和关系可以下载并存储在分布式区块链的注册表中。属性可以包含设备所有的历史所有者信息。

A2.3.3 通信安全

区块链完全消除了密钥的管理和分发，因为每个 IoT 设备在连接到区块链网络时都有自己的 GUID 和非对称密钥对。这还可以显著简化其他安全协议，因为在事务的初始化阶段不需要管理和交换 PKI 证书。

A2.3.4 固件更新

通过使用智能合约(因为它们在区块链中，并且由事务激活，所以它们是安全的)，可以大大简化更新合约的安全分发。

A2.3.5 操作的自动执行

通过智能合约，集成到每个 IoT 芯片中的自主执行代码可以决定在满足什么样的条件时采取什么样的行动。只有在对传入的交易完成身份验证以后，才会执行这些操作。例如，智能传感器可以启动自动操作，或者供应链系统可以激活发票操作。

A2.4 区块链的局限

区块链并不能解决所有问题，而且这项有前途的技术仍处于起步阶段。目前，存在一些限制。这种技术在网络带宽和计算时间(以及能源)方面是昂贵的。与集中式体系结构相比，它的响应时间相对较长。

此外，区块链存在漏洞(Li et al., 2017)。例如，利用该漏洞可以说服 51%的节点将一个事实判定为“对”，这在小型区块链网络中是一个问题。

附录3

NIST SP 800-82 安全措施

本附录介绍了 NIST SP 800-82r4 指南中提出的安全措施。本指南(Stouffer et al.,2015)给出了更多细节,并为工业控制系统(ICS)提供了实施这些措施的指南。这些措施与 SP 800-53 中提出的措施一致(NIST,2014)。

NIST SP 800-82 安全措施如表 A3.1 所示。

表 A3.1 NIST SP 800-82 安全措施①

访问控制				
AC-1	访问控制政策和程序	x	x	x
AC-2	账户管理	x	x	x
AC-2(1)	账户管理|自动化系统账户管理		x	x
AC-2(2)	账户管理|取消临时/紧急账户		x	x
AC-2(3)	账户管理|禁用不活跃账户		x	x
AC-2(4)	账户管理|自动审计动作		x	x
AC-2(5)	账户管理|非活动注销/典型使用监控			x
AC-2(11)	账户管理|使用情况			x
AC-2(12)	账户管理|账户监控/非典型使用			x
AC-2(13)	账户管理|账户复审			x
AC-3	访问执行	x	x	x
AC-4	信息流执行		x	x
AC-5	职责分离		x	x
AC-6	最小特权		x	x
AC-6(1)	最小特权|授权访问安全功能		x	x
AC-6(2)	最小特权|非特权访问非安全功能		x	x
AC-6(3)	最小特权|网络访问特权命令			x

① 译者注:表格最后三列表示初始控制基线,从左到右分别是低、中、高。x 代表选择,空代表未被选择,+代表增强,-代表删除。

续表

访　问　控　制				
AC-6(5)	最小特权|特权账户		x	x
AC-6(9)	最小特权|审计特权功能的使用		x	x
AC-6(10)	最小特权|禁止非特权用户使用特权功能		x	x
AC-7	失败的登录尝试	x	x	x
AC-8	系统使用通知	x	x	x
AC-10	并发会话控制			x
AC-11	会话锁		x	x
AC-11(1)	会话锁|显示模式隐藏		x	x
AC-12	会话终端		x	x
AC-14	不需要识别或验证的允许操作	x	x	x
AC-17	远程访问	x	x	x
AC-17(1)	远程访问|自动监控/控制		x	x
AC-17(2)	远程访问|使用加密技术保护机密性/完整性		x	x
AC-17(3)	远程访问|管理访问控制点		x	x
AC-17(4)	远程访问|特权命令/访问		x	x
AC-18	无线访问	x	x	x
AC-18(1)	无线访问|身份验证和加密		x	x
AC-18(4)	无线访问|限制用户配置			x
AC-18(5)	无线访问|限制无线通信			x
AC-19	移动设备访问控制	x	x	x
AC-19(5)	移动设备访问控制|基于全设备/容器的加密		x	x
AC-20	使用外部信息系统	x	x	x
AC-20(1)	使用外部信息系统|授权使用的限制		x	x
AC-20(2)	使用外部信息系统|移动存储介质		x	x
AC-21	协作和信息共享	+	x	x
AC-22	公开可获取的内容	x	x	x
意　识　和　训　练				
AT-1	安全意识和培训政策及程序	x	x	x
AT-2	安全意识	x	x	x
AT-2(2)	安全意识|内部威胁		x	x

续表

意　识　和　训　练				
AT-3	基于角色的安全培训	x	x	x
AT-4	安全培训记录	x	x	x
审　计　和　问　责　制				
AU-1	审计和追溯政策及程序	x	x	x
AU-2	可审计的事件	x	x	x
AU-2(3)	可审计的事件|审查和更新		x	x
AU-3	审核记录内容	x	x	x
AU-3(1)	审核记录内容|额外的审计信息		x	x
AU-3(2)	审核记录内容|集中管理计划审核记录内容			x
AU-4	审计存储容量	x	x	x
AU-4(1)	审计存储容量|转移到备用存储器	+	+	+
AU-5	对审计处理失败的响应	x	x	x
AU-5(1)	对审计处理失败的响应|审计存储容量			x
AU-5(2)	对审计处理失败的响应|实时报警			x
AU-6	审计复审,分析和报告	x	x	x
AU-6(1)	审计复审,分析和报告|流程集成		x	x
AU-6(3)	审计复审,分析和报告|相关审计存储库		x	x
AU-6(5)	审计复审,分析和报告|集成/扫描和监控功能			x
AU-6(6)	审计复审,分析和报告|与物理监控的相关性			x
AU-7	审计缩减和报告生成		x	x
AU-7(1)	审计缩减和报告生成|自动处理		x	x
AU-8	时间戳	x	x	x
AU-8(1)	时间戳|与权威时间源同步		x	x
AU-9	保护审计信息	x	x	x
AU-9(2)	保护审计信息|在独立的物理系统/组件上审计备份			x
AU-9(3)	保护审计信息|加密保护			x
AU-9(4)	保护审计信息|按特权用户的子集访问		x	x
AU-10	不可抵赖性			x
AU-11	审计记录保留	x	x	x

续表

审 计 和 问 责 制				
AU-12	审计生成	x	x	x
AU-12(1)	审计生成|整个系统/时间相关审计跟踪			x
AU-12(3)	审计生成|授权个人作出的改变			x
安 全 评 估 和 授 权				
CA-1	安全评估和授权政策及程序	x	x	x
CA-2	安全评估	x	x	x
CA-2(1)	安全评估|独立评估员		x	x
CA-2(2)	安全评估|评估类型			x
CA-3	信息系统连接	x	x	x
CA-3(5)	内部系统连接|限制外部系统连接		x	x
CA-5	行动计划和里程碑	x	x	x
CA-6	安全授权	x	x	x
CA-7	持续的监控	x	x	x
CA-7(1)	持续的监控|独立的评估员		x	x
CA-8	渗透测试			x
CA-9	内部系统连接	x	x	x
配 置 管 理				
CM-1	配置管理政策和程序	x	x	x
CM-2	基线配置	x	x	x
CM-2(1)	基线配置|复审和更新		x	x
CM-2(2)	基线配置|自动化供给的准确性/货币			x
CM-2(3)	基线配置|保留以前的配置		x	x
CM-2(7)	基线配置|配置高危区域的系统、部件或设备		x	x
CM-3	配置变更控制		x	x
CM-3(1)	配置变更控制|自动记录/通知/禁止变更			x
CM-3(2)	配置变更控制|测试/验证/记录变更		x	x
CM-4	安全影响分析	x	x	x
CM-4(1)	安全影响分析|独立的测试环境			x

续表

配　置　管　理				
CM-5	更改访问限制		x	x
CM-5(1)	更改访问限制|自动访问执行/审计			x
CM-5(2)	更改访问限制|审计系统变更			x
CM-5(3)	更改访问限制|签署组件			x
CM-6	配置设置	x	x	x
CM-6(1)	配置设置|自动中心管理/应用/验证			x
CM-6(2)	配置设置|响应未经授权的更改			x
CM-7	最小的功能	x	x	x
CM-7(1)	最小的功能|周期复审	+	x	x
CM-7(2)	最小的功能|阻止程序执行		x	x
CM-7(4)	最小的功能|未经授权的软件		−	
CM-7(5)	最小的功能|授权的软件		+	x
CM-8	信息系统组件清单	x	x	x
CM-8(1)	信息系统组件清单|安装/删除期间更新		x	x
CM-8(2)	信息系统组件清单|自动维护			x
CM-8(3)	信息系统组件清单|自动检测未授权组件		x	x
CM-8(4)	信息系统组件清单|财产追溯信息			x
CM-8(5)	信息系统组件清单|授权范围内的所有组件		x	x
CM-9	配置管理计划		x	x
CM-10	软件使用限制	x	x	x
CM-11	用户装机软件	x	x	x
应　急　计　划				
CP-1	应急计划政策和程序	x	x	x
CP-2	应急计划	x	x	x
CP-2(1)	应急计划|协调相关计划		x	x
CP-2(2)	应急计划|容量规划			x
CP-2(3)	应急计划|恢复必要的任务/业务功能		x	x
CP-2(4)	应急计划|恢复所有的任务/业务功能			x
CP-2(5)	应急计划|继续必要的任务/业务功能			x
CP-2(8)	应急计划|识别关键资产		x	x

续表

应　急　计　划				
CP-3	应急培训	x	x	x
CP-3(1)	应急培训 | 模拟事件			x
CP-4	应急计划测试	x	x	x
CP-4(1)	应急计划测试 | 协调相关计划		x	x
CP-4(2)	应急计划测试 | 备用处理网站			x
CP-6	备用存储网站		x	x
CP-6(1)	备用存储网站 | 从主站点中分离		x	x
CP-6(2)	备用存储网站 | 恢复时间/点目标			x
CP-6(3)	备用存储网站 | 可访问性		x	x
CP-7	备用处理网站		x	x
CP-7(1)	备用处理网站 | 从主站点中分离		x	x
CP-7(2)	备用处理网站 | 可访问性		x	x
CP-7(3)	备用处理网站 | 优先服务		x	x
CP-7(4)	备用处理网站 | 配置使用			x
CP-8	电信服务		x	x
CP-8(1)	电信服务 | 优先提供服务		x	x
CP-8(2)	电信服务 | 单点故障		x	x
CP-8(3)	电信服务 | 主站点分离/备用供应商			x
CP-8(4)	电信服务 | 供应商应急计划			x
CP-9	信息系统备份	x	x	x
CP-9(1)	信息系统备份 | 可靠性测试/完整性		x	x
CP-9(2)	信息系统备份 | 使用抽样进行测试恢复			x
CP-9(3)	信息系统备份 | 对关键信息进行单独存储			x
CP-9(5)	信息系统备份 | 转移到备选站点			x
CP-10	信息系统恢复和调整	x	x	x
CP-10(2)	信息系统恢复和调整 | 事务恢复		x	x
CP-10(4)	信息系统恢复和调整 | 在一定时间内恢复			x
CP-12	安全模式	+	+	+

续表

身份识别和验证				
IA-1	安全识别和身份验证政策及程序	x	x	x
IA-2	身份识别和验证(组织用户)	x	x	x
IA-2(1)	身份识别和验证|网络访问特权账户	x	x	x
IA-2(2)	身份识别和验证|网络访问非特权账户		x	x
IA-2(3)	身份识别和验证|本地访问特权账户		x	x
IA-2(4)	身份识别和验证|本地访问非特权账户			x
IA-2(8)	身份识别和验证|网络访问特权账户-重放抵抗		x	x
IA-2(9)	身份识别和验证|网络访问非特权账户-重放抵抗			x
IA-2(11)	身份识别和验证|远程访问-独立设备		x	x
IA-2(12)	身份识别和验证|接受 piv 证书	x	x	x
IA-3	设备识别和验证	+	x	x
IA-3(1)	设备识别和验证|加密双向认证		+	+
IA-3(4)	设备识别和验证|设备证明书		+	+
IA-4	标识管理	x	x	x
IA-5	身份验证管理	x	x	x
IA-5(1)	身份验证管理|基于密码的身份验证	x	x	x
IA-5(2)	身份验证管理|基于 PKI 的身份验证		x	x
IA-5(3)	身份验证管理|本人亲自登记		x	x
IA-5(11)	身份验证管理|硬件基于令牌的身份验证	x	x	x
IA-6	身份验证反馈	x	x	x
IA-7	加密模块的认证	x	x	x
IA-8	身份识别和验证(无组织用户)	x	x	x
IA-8(1)	身份识别和验证(无组织用户)|接受来自其他机构的 piv 证书	x	x	x
IA-8(2)	身份识别和验证(无组织用户)|接受第三方证书	x	x	x
IA-8(3)	身份识别和验证(无组织用户)| 使用 ficam 批准的产品	x	x	x
IA-8(4)	身份识别和验证(无组织用户)|使用 ficam 发布的配置文件	x	x	x

续表

	事　件　响　应			
IR-1	事件响应政策和程序	x	x	x
IR-2	事件响应训练	x	x	x
IR-2(1)	事件响应训练|模拟事件			x
IR-2(2)	事件响应训练|自动化的训练环境			x
IR-3	事件响应测试		x	x
IR-3(2)	事件响应测试|协调相关计划		x	x
IR-4	事件处理	x	x	x
IR-4(1)	事件处理|自动化事件处理流程		x	x
IR-4(4)	事件处理|信息的相关性			x
IR-5	事件监控	x	x	x
IR-5(1)	事件监控|自动跟踪/数据收集/分析			x
IR-6	事件报告	x	x	x
IR-6(1)	事件报告|自动报告		x	x
IR-7	事件响应援助	x	x	x
IR-7(1)	事件响应援助|提供信息/供给的自动化支持		x	x
IR-8	事件响应计划	x	x	x
	维　护			
MA-1	维护政策和程序	x	x	x
MA-2	控制维护	x	x	x
MA-2(2)	控制维护|自动维护活动			x
MA-3	维护工具		x	x
MA-3(1)	维护工具|检查工具		x	x
MA-3(2)	维护工具|检查介质		x	x
MA-3(3)	维护工具|阻止未授权的删除	x	x	x
MA-4	非本地维护	x	x	x
MA-4(2)	非本地维护|记录非本地维护		x	x
MA-4(3)	非本地维护|类似的安全/卫生处理	x	x	x
MA-5	维护人员	x	x	x
MA-5(1)	维护人员|没有适当接触的个体			x
MA-6	定时维护		x	x

续表

介　质　保　护				
MP-1	介质保护政策和程序	x	x	x
MP-2	介质访问	x	x	x
MP-3	介质标志		x	x
MP-4	介质存储		x	x
MP-5	介质传输		x	x
MP-5(4)	介质传输|加密保护		x	x
MP-6	介质卫生处理	x	x	x
MP-6(1)	介质卫生处理|跟踪/记录/验证			x
MP-6(2)	介质卫生处理|设备测试			x
MP-6(3)	介质卫生处理|非破坏性技术			x
MP-7	介质使用	x	x	x
MP-7(1)	介质使用|组织的限制		x	x
物 理 和 环 境 保 护				
PE-1	物理和环境保护政策和程序	x	x	x
PE-2	物理访问授权	x	x	x
PE-3	物理访问控制	x	x	x
PE-3(1)	物理访问控制|信息系统访问			x
PE-4	传输介质的访问控制		x	x
PE-5	输出设备的访问控制		x	x
PE-6	监控物理访问	x	x	x
PE-6(1)	监控物理访问|入侵警报/监视设备		x	x
PE-6(4)	监控物理访问|监控对信息系统的物理访问		+	x
PE-8	访客访问记录	x	x	x
PE-8(1)	访客访问记录|自动记录维护/复审			x
PE-9	电力设备和电缆		x	x
PE-9(1)	电力设备和电缆|冗余的电缆		+	+
PE-10	紧急关闭阀		x	x
PE-11	应急电源	+	x	x

续表

物 理 和 环 境 保 护				
PE-11(1)	应急电源|长期备用电源供应的最小操作能力	+	+	x
PE-11(2)	应急电源|长期备用电源供应/自包含			
PE-12	应急照明	x	x	x
PE-13	消防	x	x	x
PE-13(1)	消防|检查设备/系统			x
PE-13(2)	消防|控制设备/系统			x
PE-13(3)	消防|自动灭火			
PE-14	温度和湿度控制	x	x	x
PE-15	水损害保护	x	x	x
PE-15(1)	水损害保护|自动供给			x
PE-16	交付和删除	x	x	x
PE-17	备用工作站点		x	x
PE-18	信息组件的位置			x
计 划				
PL-1	安全计划政策和程序	x	x	x
PL-2	系统安全计划	x	x	x
PL-2(3)	系统安全计划|计划/协调其他组织实体	+	x	x
PL-4	行为规则	x	x	x
PL-4(1)	行为规则|社交媒体和网络的限制		x	x
PL-7	操作的安全概念		+	+
PL-8	信息安全体系结构		x	x
个 人 安 全				
PS-1	个人安全政策和程序	x	x	x
PS-2	位置指定风险	x	x	x
PS-3	个人审查	x	x	x
PS-4	人员解雇	x	x	x
PS-4(2)	人员解雇|自动通知			x
PS-5	人员调动	x	x	x
PS-6	访问协议	x	x	x
PS-7	第三方人员的安全	x	x	x
PS-8	人员处罚	x	x	x

续表

风　险　评　估				
RA-1	风险评估政策和程序	x	x	x
RA-2	安全分类	x	x	x
RA-3	风险评估	x	x	x
RA-5	漏洞扫描	x	x	x
RA-5(1)	漏洞扫描|更新工具的能力		x	x
RA-5(2)	漏洞扫描|在新扫描之前/识别时按频率更新		x	x
RA-5(4)	漏洞扫描|可发现的信息			x
RA-5(5)	漏洞扫描|特权访问		x	x
系 统 和 服 务 的 购 置				
SA-1	系统和服务的购置政策和程序	x	x	x
SA-2	资源分配	x	x	x
SA-3	系统开发生命周期	x	x	x
SA-4	购置过程	x	x	x
SA-4(1)	购置过程|安全控制的功能属性		x	x
SA-4(2)	购置过程|安全控制的设计/实施信息		x	x
SA-4(9)	购置过程|功能/端口/协议/使用服务		x	x
SA-4(10)	购置过程|使用批准的 piv 产品	x	x	x
SA-5	信息系统文档	x	x	x
SA-8	安全工程原理		x	x
SA-9	外部信息系统服务	x	x	x
SA-9(2)	外部信息系统|功能识别/端口/协议/服务		x	x
SA-10	开发人员配置管理		x	x
SA-11	开发人员安全测试和评估		x	x
SA-12	供应链保护			x
SA-15	开发步骤,标准和工具			x
SA-16	开发人员提供的培训			x
SA-17	开发人员安全体系结构及设计			x

续表

系 统 和 通 信 保 护				
SC-1	系统和通信保护政策及程序	x	x	x
SC-2	应用划分		x	x
SC-3	安全功能隔离			x
SC-4	共享资源的信息		x	x
SC-5	拒绝服务保护	x	x	x
SC-7	边界保护	x	x	x
SC-7(3)	边界保护|访问点		x	x
SC-7(4)	边界保护|外部电信服务		x	x
SC-7(5)	边界保护|默认拒绝/例外允许		x	x
SC-7(7)	边界保护|防止远端设备分裂隧道		x	x
SC-7(8)	边界保护|到达经过身份验证的代理服务器的路由流量			x
SC-7(18)	边界保护|不安全的		+	x
SC-7(21)	边界保护|隔离信息系统组件			x
SC-8	传输机密性和完整性		x	x
SC-8(1)	传输机密性和完整性|加密或备用物理保护		x	x
SC-10	断开网络连接		x	x
SC-12	密钥的建立和管理	x	x	x
SC-12(1)	密钥的建立和管理|可用性			x
SC-13	加密保护	x	x	x
SC-15	协同计算设备	x	x	x
SC-17	公钥体系结构证书		x	x
SC-18	移动代码		x	x
SC-19	互联网语音协议		x	x
SC-20	安全名称/地址解析服务(权威来源)	x	x	x
SC-21	安全名称/地址解析服务(递归或缓存解析器)	x	x	x
SC-22	名称/地址解析服务器的架构和配置	x	x	x
SC-23	会话的真实性		x	x
SC-24	在已知状态下失败		+	x
SC-28	休息时信息的保护		x	x
SC-39	处理隔离	x	x	x
SC-41	访问端口和 I/O 设备	+	+	+

续表

系统和信息的完整性				
SI-1	系统和信息的完整性政策及程序	x	x	x
SI-2	缺陷修复	x	x	x
SI-2(1)	缺陷修复|中心管理			x
SI-2(2)	缺陷修复|自动缺陷修复状态		x	x
SI-3	恶意代码保护	x	x	x
SI-3(1)	恶意代码保护|中心管理		x	x
SI-3(2)	恶意代码保护|自动更新		x	x
SI-4	信息系统监控	x	x	x
SI-4(2)	信息系统监控|实时分析的自动化工具		x	x
SI-4(4)	信息系统监控|入站和出站通信流量		x	x
SI-4(5)	信息系统监控|系统生成的警报		x	x
SI-5	安全警报、公告和指令	x	x	x
SI-5(1)	安全警报、公告和指令|自动警报和公告			x
SI-6	安全功能验证			x
SI-7	软件、防火墙和信息完整性		x	x
SI-7(1)	软件、防火墙和信息完整性|完整性检查		x	x
SI-7(2)	软件、防火墙和信息完整性|违反完整性的自动通知			x
SI-7(5)	软件、防火墙和信息完整性|违反完整性的自动响应			x
SI-7(7)	软件、防火墙和信息完整性|检测和响应的集成		x	x
SI-7(14)	软件、防火墙和信息完整性|二进制或机器可执行代码			x
SI-8	垃圾邮件保护		x	x
SI-8(1)	垃圾邮件保护|保护机制的中心管理		x	x
SI-8(2)	垃圾邮件保护|自动更新		x	x
SI-10	信息输入验证		x	x
SI-11	错误处理		x	x
SI-12	信息处理和保留	x	x	x
SI-13	可预见的故障预防			+
SI-16	存储保护		x	x
SI-17	故障安全程序	+	+	+

续表

全组织的信息安全程序和管理控制				
PM-1	信息安全程序计划政策及程序			
PM-2	高级信息安全主任			
PM-3	信息安全资源			
PM-4	行动计划和里程碑过程			
PM-5	信息系统清单			
PM-6	绩效信息安全措施			
PM-7	企业架构			
PM-8	关键基础设施计划			
PM-9	风险管理策略			
PM-10	安全授权过程			
PM-11	任务/业务流程定义			
PM-12	内部威胁程序			
PM-13	信息安全工作			
PM-14	测试、培训及监控			
PM-15	与安全组织和协会的联系			
PM-16	威胁意识程序			

附录 4

ANSSI 安全措施

本附录介绍了 ANSSI 指南(ANSSI,2013a; ANSSI,2013b)中提出的措施。它们是根据系统的类别定义的(第 6 章)。

建议以 R 开头,指令以 D 开头。

A4.1 组织措施

A4.1.1 工业系统知识

系统知识的建议和指南如表 A4.1 所示。

表 A4.1 系统知识的建议和指南

角色和职责	C1	R1——必须建立一个网络安全责任链。它应该覆盖所有系统。 R2——对于网络安全的责任,无论涉及哪个方面(开发、集成、运营、维护等),都应明确定义每个利益相关方的责任
	C2	D3——R1 是强制性的。 D4——R2 是强制性的
	C3	D5——网络安全监管链负责人的身份和联系细节必须通报给网络防御当局。 D6——责任限额必须定期审查,至少一年一次

续表

映射	C1	R7——建立一个映射： —物理的； —逻辑的(流程)； —应用程序
	C2	D8——建立一个映射： —物理的； —逻辑的(流程)； —相关应用程序； —系统管理。 R9——每年至少检查一次映射，并对每个修改进行检查
	C3	D10——R9 是强制的
风险分析	C1	R11——对网络安全进行风险分析，尽管很简单
	C2	D12——根据责任主体选择的方法进行网络安全风险分析
	C3	D13——除第二级外，还需要每年更新一次。 R14——要求由经认证的服务提供商进行分析
备份管理	C1	R15——建立备份计划，以便在发生事故时进行恢复。 R16——保存任何修改之前和之后的配置，包括当它们已经很“热”了。 R17——如果可能，定期测试备份过程很可能是在有限的但具有代表性的子集上进行的。 有关的数据是灾难后恢复系统所需的所有数据：程序、配置、固件、过程参数、用于跟踪的有用数据，等等
	C2	D18——C1 的建议是强制性的
	C3	没有额外的要求
记录管理	C1	在描述系统的文档(功能分析、变量列表、各种计划等)中，有些文档可能是敏感的。 R19——应定义文档的敏感性级别，并在必须处理的文档中显示。 R20——所有的设计、配置和操作文件都应该被认为是敏感的。 R21——以适当的敏感度将文档存储在信息系统中
	C2	R22——确保完整性和机密性。 R23——定期检查文档
	C3	D24——R19、R21 和 R22 是强制性的

A4.1.2 管理利益相关者

对于参与者的建议和指南如表 A4.2 所示。

表 A4.2 对于参与者的建议和指南

参与者管理	C1	R25——实施利益相关者管理程序(创建/销毁计算机账户,本地访问,移动终端管理,敏感文件管理)。 R26——实施能力管理流程,确保利益相关者具有适当的能力
	C2	D27——第一级建议是强制性的
	C3	R28——对于第二级建议,加上每年至少一次的定期检查
参与者的意识和培训	C1	R29——员工应该获得网络安全方面的授权和培训。 R30——如果可能,建立一份由所有利益相关者签署的良好行为章程
	C2	D21——第一级推荐是强制性的
	C3	D32——干预前必须进行网络安全培训。 R33——由认证服务提供者提供的培训。 R34——在现场安全和安保培训的同时提供培训
干预管理	C1	R35——如有可能,建立干预管理程序以识别: —干预者和主要负责人; —日期和时间; —周长; —采取的行动; —移除/替换设备的清单; —作出的改变及影响。 R36——识别和更新用于干预的硬件和软件。 R37——使干预授权得到负责实体的验证。 R38——每年审核一次流程,以验证流程是否符合要求
	C2	D39——第一级建议是强制性的。 R40——如果干预者自带工具,在特殊情况下,提供验证这些工具安全性的程序
	C3	D41——对于第二类,但禁止使用干预者带来的特殊工具

A4.1.3 将网络安全整合到生命周期中

生命周期管理的建议和指南如表 A4.3 所示。

表 A4.3 生命周期管理的建议和指南

<table>
<tr><td rowspan="3">纳入规范</td><td>C1</td><td>R42——集成在规范阶段确定的要求。
R43——定义一个联络点，负责与责任实体的责任链保持联系，确保符合政策，沟通差异。
R44——在规范中包括预期的文件：风险分析、功能分析、有机分析、操作和维护文件、映射。
R45——在验收阶段计划网络安全测试(遵循建议 R71)</td></tr>
<tr><td>C2</td><td>D46——C1 的建议是强制性的。
在规范中增加：
D47——一项保密条款。
R48——如果可能，一项修改风险分析的常规条款。
R49——在规范文件中描述技术、人员和组织手段来追踪它们并能够验证网络安全水平。
R50——承包商必须有安全保险计划，描述满足网络安全要求的所有措施。
R51——承包商使用安全的开发环境。
R52——这份合同包括一项条款，允许对承包商和供应商进行审计</td></tr>
<tr><td>C3</td><td>D53——C2 的建议是强制性的。
R54——增加一项条款，要求提供标有网络安全标签的硬件和软件。
R55——要求软件开发人员演示他们的开发过程，采用最先进的工程方法、质量控制过程和验证技术，以减少软件失败和漏洞。
R56——标签的承包商</td></tr>
<tr><td>在规范阶段集成</td><td>C1</td><td>R57——考虑下列所有技术措施。
例如，必要性：
—认证参与者；
—定义安全架构；
—确保设备安全；
—能够在安全更新后重新认证系统。
R58——提供程序和技术手段，以实现预防性和治疗性的维护操作，长期保持网络安全水平。
R59——在定义设备位置时要考虑物理安全。
R60——在规范中要求在另一个信息系统上执行对工业系统无关紧要的操作</td></tr>
</table>

续表

在规范阶段集成	C2	D61——C1 的建议是强制性的。 R62——集成到工具和机制的设计中，以管理安全和促进要求，例如： —配置控制； —配置的硬化； —漏洞管理
	C3	D63——C2 的建议是强制性的
在设计阶段集成	C1	R64——在设计期间，将接口和系统复杂性限制到最低，以限制在实现期间引入漏洞。 将设备的网络安全特性(认证机制、权利隔离等)融入设备选择过程中。 R66——在计算机账户权限的管理中，用最低特权的策略为综合利益相关方定义角色
	C2	D67——C1 的建议是强制性的
	C3	没有额外的要求
网络安全审计和测试	C1	R68——建立定期审计，可能是内部审计。 R69——审计之后必须有一个由责任实体验证和监督的行动计划
	C2	D70——C1 的建议是强制性的。 R71——审计程序必须包含： —边界测试； —业务功能的错误测试； —验证和异常处理的测试； —开发威胁场景(渗透测试和维护阶段的接管尝试)； —安全机制验证(补丁部署、事件日志分析、备份恢复等)； —系统性能的评估； —由认证服务供应商进行的审核
	C3	D73——C2 类中建议审计的元素是强制性的。 D74——每年至少进行一次审计
转移操作	C1	R75——在调试之前： —建立系统网络安全水平的全面清单； —确保可用手段将其维持在可接受的水平
	C2	D76——负责批准系统的实体的义务
	C3	D77——有义务使系统得到外部组织的批准。需要事先授权进行调试

续表

变更管理	C1	R78——对于 PLC 程序、SCADA 应用程序和设备配置，使用工具快速检查当前版本和要安装的版本之间的差异，并确保只应用了必要的和要求的更改。 R79——跟踪变更
	C2	D80——C1 的建议是强制性的。 R81——对于 PLC 程序、SCADA 应用程序，设置一个程序来检查运行的程序版本和参考版本。 R82——评估测试环境中的更改
	C3	D83——R78 是强制性的，并在投入生产前由责任实体验证其影响。 D84——C2 的建议是强制性的
监控过程	C1	R85——实现一个监控威胁和漏洞的过程
	C2	D86——R85 是强制性的。 R87——由供应商为所有使用的硬件和软件设备分发漏洞公告。 R88——建立一个监控保护技术发展的过程（可以基于可用的开放资源，如 ANSSI 网站）
	C3	D89——C2 的建议是强制性的。 D90——建立一个监控攻击技术发展的过程。如果有重大变化，将重复风险分析
废弃管理	C1	R91——在合同中包括与废弃设备和软件的管理有关的条款（包括支持终止日期）。 事实上，对于没有维护的软件或设备，漏洞是无法修复的。 R92——包括废弃设备和应用程序的更换计划
	C2	D93——C1 的建议是强制性的
	C3	没有额外的要求

A4.1.4 设施和场所的物理安全

物理安全性的建议和指南如表 A4.4 所示。

表 A4.4 物理安全性的建议和指南

访问场所	C1	R94——提供物理访问控制策略,包括: —在员工离开时取回其钥匙或徽章; —定期更换公司报警代码; —永远不要把钥匙或警报代码给外部服务提供商,除非有可能追踪访问并限制在特定的时间段。 R95——访问场所必须被记录和审核
	C2	D96——C1 的建议是强制性的。 R97——控制机制必须是鲁棒的。 R98——将访问置于视频保护之下。 R99——只有授权人员才能访问设备
	C3	D100——C2 的建议是强制性的。 D101——对重要区域,特别是那些不 24 小时占用的区域,实施入侵检测系统
访问设备和线路	C1	R102——将服务器安装在有门禁的房间。 R103——将工作站 CPU、PLC 和网络设备安装在上锁的机柜中。 R104——不要在对公众开放的区域留下工业网络接入插座
	C2	D105——C1 的建议是强制性的。 D106——切勿将工业网络接入插座留在无人值守的地区。 R107——注意保护线缆的物理完整性。 R108——关闭用于维护的桥塞,并确定移除桥塞的程序,包括事先授权。 R109——敏感设备或目视控制设备的机柜设置一个带警报的开口探测器,并定义一个开口程序,包括事先授权
	C3	D110——C2 的建议是强制性的

A4.1.5 对故障的反应

灾难恢复或业务连续性方案确保灾难发生后的恢复或服务连续性,而不管灾难的来源是什么。在网络安全方面,它基于风险分析,这使得识别影响和威胁成为可能。

对故障响应的建议和指南如表 A4.5 所示。

表 A4.5 对故障响应的建议和指南

恢复或业务连续性计划	C1	R111——为敏感数据建立备份计划，以便系统可以在之后重建。 R112——在恢复和业务连续性计划中考虑网络安全
	C2	R113——每年至少测试一次这个计划
	C3	D114——C1 和 C2 的建议是强制性的
退化模式	C1	R115——计划在干预程序中加入一种紧急模式，以便在需要时能够迅速进行干预，而不会显著降低网络安全水平，特别是不会影响干预的可追溯性。 R116——集成降级模式停止允许它们： —在不造成损害（物质或人员）的情况下停止； —或在“手动”模式下继续操作
	C2	没有额外的要求
	C3	D117——C1 的建议是强制性的
危机管理	C1	R118——实施危机管理流程，以确定： —当检测到故障时应该做什么； —提醒谁； —在发生危机时，谁应该协调行动； —第一步应该做什么。 R119——在危机管理计划中包括一个程序，在适当的责任级别上管理事件，并作出相应的决定： —是否启动容灾计划； —是否需要采取法律行动。 R120——在危机管理计划中包括事后分析阶段，以确定事件的起因
	C2	R121——每年至少测试一次这个计划
	C3	D122——C1 和 C2 的建议是强制性的

A4.2 技术措施

这些技术措施可能涉及：

——服务器、工作站；

——工程师站和编程控制台；

——移动设备：笔记本电脑、平板电脑等；

——监控与数据采集系统(SCADA)；

——CAMM、MES 软件和应用程序，如果可用；

——人机界面(触摸屏)；

——PLC 和远程单元(RTU)；

——网络设备(交换机、路由器、防火墙、无线接入点)；

——智能传感器和执行器。

等等。

A4.2.1 对利益相关者进行身份验证

计算机系统中用户的身份验证需要定义一个账户，通常将名称(标识符)和密码(身份验证)联系起来。也有其他的身份标识方式。

账户可以与操作系统(Windows、Linux 等)、使用专用系统的应用程序或设备相关联。

账户拥有不同级别的特权，为用户提供或多或少的权限选择。管理员通常区别于简单用户。

身份验证的建议和指南如表 A4.6 所示。

表 A4.6 身份验证的建议和指南

账户管理	C1	R123——以独特的方式识别每个用户。 R124——使用认证机制保护所有具有重要特权的账户，如管理员账户。分离用户账户和管理员账户。 R125——避免通用账户，特别是那些有重要特权的账户；如果无法避免，就将它们限制在非常具体的和记录在案的用途中。 R126——定义角色、记录并实现权限验证，以便用户的权限恰当地满足他们的需求。 R127——执行与使用账户相关的事件审计。 R128——删除或去激活过期用户的账户

续表

账户管理	C2	D129、R123、R124 和 R125 是强制性的。 不要使用默认或通用账户，除非有很强的操作约束。 不要使用具有高权限的通用账户。 将高权限账户(admin)和用户账户分开。 D130、R126 由用户的直线经理验证是强制性的。 D131、R128 是强制性的、完整的 D27(利益相关者管理程序)。 R132——对用户账户进行年度审查，以核实上述义务，特别注意管理账户。 R133——配置一级维护任务只读访问。 R134——如果是集中式账户管理，定期审计集中式目录的配置，至少每年审计一次
	C3	D135——R127、R132 和 R134 是强制性的
身份验证管理	C1	R136——只有通过 ID 和密码认证，才能访问各种组件(硬件和软件)。 R136——密码必须是鲁棒的，并且必须更改默认密码。 R137——在认证失败的情况下，宁愿使用抑制延迟而不是阻塞。 R138——如果通过网络传输，保护密码的完整性和机密性。 R139——如果软件身份验证由于操作上的限制而不可能实现，定义并记录缓和措施，例如： —应用物理访问控制； —限制可访问的功能； —实施智能卡识别； —对设备进行更多的分隔。 这种情况的一个例子是 SCADA 联合账户。 R140——保持密码文件，确保完整性和可用性。 R141——定义一个安全程序来重置密码，以防丢失
	C2	D142——C1 的建议是强制性的。 R143——工作站和服务器使用强认证(智能卡、一次性密码等)。对现场设备(PLC、远程 e/s 等)进行同样的操作。 R144——如果不能应用 R143，加强密码策略(保存密码历史、检查密码质量、强制更新)。 R145——记录特权账户认证失败和成功的日志
	C3	D146、R136、R144 和 R145 是强制性的。 所有暴露的设备(工作站、笔记本电脑、工程工作站、编程控制台、防火墙、VPN 等)都必须使用 D147、R143

A4.2.2 架构安全

工业信息系统的划分[①]是提高安全性的关键措施。它在 IEC 62443 标准中得到了很好的发展(第 7 章)。

对于架构的建议和指南如表 A4.7 所示。

表 A4.7 对于架构的建议和指南

系统划分	C1	R148——将系统划分为功能区域或一致的技术区域。 R149——配置域间过滤策略。 R150——对于非 IP 流,根据源和目的标识符进行过滤。 也可以根据所允许的协议类型进行过滤。 R151——尽量实现工业系统各功能区之间的物理分区。 R152——例如,在按 VLAN 进行物理分离时执行逻辑分区。 R153——在逻辑上将设备管理网络与其他网络(交换机、网关、路由器、防火墙等)分开。 R154——保持管理工作站仅用于此目的,不要将它们连接到互联网或管理网络
	C2	D155、R148 到 R151 是强制性的。 D156、R153 和 R154 是强制性的。如果由于设备不允许而无法进行分区,则研究可能的对策并评估剩余风险水平。 R157——如果可能,使 C1 和 C2 系统之间的流是单向的。可以使用防火墙。 R158——将设备管理网络与其他网络分开(物理上,至少在逻辑上,使用合格产品的 VPN 隧道)
	C3	D159——在 C3 和非 C3 系统之间进行单向流动。单向网闸在物理上保证了单向性。 R160——使用标记二极管。 D161——从物理上分离 3 级系统和较低级系统。禁止使用逻辑分区
管理信息系统互联(默认为 C1 类)	C1	R162——保护与防火墙设备的对接。 R163——限制流到严格的最小值。 R164——按照上面的方法实现流过滤策略
	C2	D165——C1 的建议是强制性的。 R166——使 C2 系统与管理系统之间的流单向。可以使用防火墙

① 译者注:即将工业信息系统划分成“区域”“管道”,进而对不同“区域”“管道”单独进行安全设计。

续表

管理信息系统互联(默认为 C1 类)	C3	D167——在 C3 类系统和管理系统之间进行单向流动。单向网闸在物理上保证了单向性。 R168——使用生物特征认证的二极管
互联网接入和远程站点	C1	R169——限制互联网接入。特别是,监督站点和设备不应接触到它们。 R170——限制网络访问系统。 R171——远端站点之间使用 IPsec VPN 互联,实现机密性、完整性和真实性。 R172——在互联网关建立防火墙。 R173——安全配置网关
	C2	D174、R169、R170、R171 和 R172 是强制性的。 R175——使用带标签的网关
	C3	D176——禁止 C3 系统与公网连接
远程访问移动工作站	C1	R177——当需要进行远程管理、远程维护或远程诊断操作时,应遵循以下规则: —应负责实体的要求建立连接; —认证远程连接设备; —定期更换登录密码; —启用日志记录; —在最长一段时间不活动后终止通信; —对设备进行分区并过滤流量; —使用安全协议,确保完整性和真实性。 R178——在调制解调器连接的情况下,使用回调系统。 R179——使用有标签的连接设备
	C2	D180——使用解决方案: —保证通信的保密性、完整性和真实性(例如:IPsec VPN); —强有力的双因素身份验证; —分隔连接设备和过滤流量; —记录安全事件。 R181——在网关上使用探测探针分析进出流量
	C3	D182——禁止远程维护(如有必要,将远程设备集成到 C3 系统中并应用 C3 级规则)。 D183——通过以下措施可实现远程诊断: —分区服务器上的远程连接; —通过标记二极管推送到服务器的数据

续表

分布式工业系统	C1	R184——使用安全协议来保护流经无保护网络的流量的机密性、完整性和真实性。 R185——在链路的两端使用 VPN 标签网关。 R186——将设备放置在防火墙后，只允许严格必要的流量通过。特别是要阻断 VPN 的外部流量。 R187——如有必要，避免使用互联网并使用租用的线路
	C2	D188、R185 和 R186 是强制性的。 R189——在网关上使用探测探针分析进出流量
	C3	D190——禁止在公共网络上链接。 D191——R189 是强制性的
无线通信	C1	R192——将无线技术的使用限制在严格必要的范围内。 R193——根据使用情况签名或加密和签名流。 R194——使用无线接入点： —认证接入点和连接到基础设施的设备； —网络访问控制功能(如 EAP)； —连接日志记录。 R195——通过将无线设备隔离在一个单独的物理或逻辑网络中，最大化地划分无线通信。 R196——如果没有安全事件的集中监督，定期检查。 R197——将排放范围降到最低
	C2	D198、R196 是强制性的。 D199——定期为无线网络设备安装保安补丁。 R200——在接入点与网络其余部分的连接处使用探测探针
	C3	D201、R200 是强制性的。 D202——尽量避免使用无线连接。 D203——如果需要关键可用性，禁止使用无线链路。 D204——集中监控安全事件。 R205——使用认证设备
协议安全	C1	R206——禁用不安全协议(HTTP、telnet、FTP 等)，支持安全协议(HTTPS、SSH、SFTP 等)，以确保流的完整性、机密性、真实性和无重放

续表

协议安全	C2	R207——如果协议由于技术和操作原因不能得到保障，如果可能，实施补偿措施，如： —外围保护(防火墙)； —VPN，保证流的完整性和真实性
	C3	D208、R206 和 R207 是强制性的
配置加固，禁用不必要的组件	C1	R209——对于设备，关闭： —默认账户； —未使用的物理端口； —可移动媒体，如果没有使用； —非必要的服务(如 Web 服务)。 R210——在工作站、笔记本电脑和服务器，禁用或删除： —生产系统的调试和开发工具； —测试数据和功能，以及关联账户； —所有非必要的项目。 R211——对于 PLC 和 SCADA 应用程序，关闭或删除： —调试功能(集成商和设备制造商)； —助记符和注释
	C2	D212、R209 是强制性的
	C3	D213、R210 和 R211 是强制性的
配置加固：加固保护	C1	R214——应用加固操作系统的建议。 R215——仅使用操作所需的权限运行应用程序
	C2	D216、R215 是强制性的。 R217——为深入的工作站防御设置工具，在设备上设置有权限运行的应用程序白名单。 R218——对于 PLC，当设备允许时，设置： —访问保护 CPU 和/或程序； —允许连接的 IP 地址限制； —禁用远程编程模式
	C3	D219、R217 和 R218 是强制性的。 R220——使用带标签的工具

请注意：

——防病毒软件并不总是适用于工业系统；

——更新签名通常需要连接到外部系统，这可能会带来漏洞；

——它可能不符合操作安全的原则和要求，特别是在周期性触发时。

A4.2.3 设备安全

在下一小节中，我们将区分：

——编程控制台，它是可移动的 PLC 编程设备；

——工程工作站，即专门从事工业系统过程工程的固定工作站；

——管理工作站，专门用于管理工业系统的基础设施设备（交换机、服务器、工作站、防火墙等）。

对于设备的建议和指南如表 A4.8 所示。

表 A4.8 对于设备的建议和指南

配置加固：完整性和真实性	C1	R221——为软件、更新和配置文件集成完整性（校验和）和真实性（签名）验证机制，例如： —固件； —标准操作系统和软件； —SCADA 软件包； —PLC 和 SCADA 程序； —网络设备配置文件
	C2	D222、R221 是强制性的。 R223——定期检查固件、软件和应用程序（PLC、SCADA 等）的完整性和真实性。理想情况下，自动每天一次
	C3	D224、D222 加强：供应商（OEM、开发者、集成商等）必须在关键元素上签名，责任实体收到后必须验证签名。 D225、R223 是强制性的
脆弱性管理	C1	R226——实现一个漏洞管理流程用来： —搜索可用补丁来修复这些漏洞； —识别已知漏洞，并衡量其对系统的影响； —从最重要的补丁开始部署； —识别无法修复的漏洞（由于缺少补丁或由于操作约束无法应用补丁）。 R227——优先在最公开的工作站（工作站、笔记本电脑、工程工作站、编程控制台、防火墙、VPN 等）上应用补丁

续表

脆弱性管理	C2	D228——明确识别未纠正的漏洞，然后实施特定的监视与缓和措施，以减少由于这些漏洞而暴露的情况。 R229——在部署前由供应商验证补丁。 R230——对安全补丁的应用进行有效的验证，并可能将其作为监控指标
	C3	D231、R226、R227、R229 和 R230 是强制性的。 R232——实现一个测试环境，以确保补丁不会导致复原
连接接口：可移动媒体	C1	R233——定义可移动媒体（USB key、软盘、硬盘等）的使用策略。 R234——尽可能将可移动介质的使用控制在严格的最低限度。 R235——在工业系统上使用所有可移动设备之前，使用一个净化站对其进行分析和净化。 R236——禁止连接未消毒的可移动设备。 R237——为利益相关者提供专用于工业系统的可移动媒体，并禁止将这些媒体用于其他用途和使用其他媒体
	C2	D238——C1 的建议是强制性的。 R239——在没有必要使用可移动媒体端口时禁用它们。如果物理阻塞不可能，从逻辑上使其失效
	C3	D240、R239 是强制性的。 D241——设置气闸与位于受控区域的工业系统交换数据。数据交换是必须由过程控制的一次性操作。 R242——使用一个带标签的气闸
连接接口：网络接入点	C1	R243——清楚地识别接入点。 R244——禁用未使用的接入点（交换机、集线器、补丁槽、现场总线上的维护插座等）
	C2	D245——C1 的建议是强制性的。 D246——在网络端口尝试连接和断开连接时，报告警报并处理它
	C3	D247——只允许在受管制的处所内访问网络接入点
连接接口：移动设备	C1	R248——禁止使用个人设备（电脑、平板电脑、U 盘、相机等）。 R249——设立移动终端使用指南和提醒漏洞的标记。 R250——识别和验证被授权连接到系统的设备。 R251——实现一个分配移动终端的过程，以便： —确认直线经理对终端的分配； —确保终端与其用户之间的可追溯性； —让用户知道有效的使用规则。 R252——当设备包含敏感数据时，加密其存储器

续表

连接接口:移动设备	C2	D253、R248 到 R252 是强制性的。 R254——使用专用于工业系统的设备,包括外部服务提供商的设备。 R255——不允许该设备离开现场
	C3	D256、R251、R254 和 R255 是强制性的
编程控制台和管理工作站的安全性	C1	R257——使用专门用于工程任务的工程站,不要将它们连接到互联网,将它们安装在具有访问控制的场所,应用上述加固规则,并在不使用时关闭它们。 R258——使用专用于维护和运行活动的编程控制台,不接入互联网,不接入工业系统以外的系统,应用移动终端规则以及加固配置和加强保护规则,存储在安全室内,添加一个清晰的标识符(例如可视标记)。 R259——使用专门用于管理基础设施设备的管理工作站,不要将它们连接到互联网,将它们安装在具有访问控制的场所,应用上述强化规则,并在不使用时将它们关闭。 R260——不要在生产机器上安装开发工具。例如,应该只在 SCADA 服务器和工作站上安装生产环境(运行时)。 R261——如果上述建议难以实现,如在使用数字控制命令系统(DCS)的情况下,则应考虑补偿解决方案,以隔离系统并减少其攻击面
	C2	D262、R257 到 R261 是强制性的
	C3	R263——不要使用管理站进行永久的系统监控
安全开发	C1	R264——定义良好编程实践的规则,然后应用它们并检查它们的实现。例如,使用一些编译器或工具的高级选项来检查良好的编程实践
	C2	R265——使用专用于工业系统的开发环境。 R266——在上面提到的良好开发实践之外,实现并应用安全编码规则。 R267——系统地使用静态分析工具和鲁棒性测试。 R268——由外部服务提供商执行代码审计
	C3	D269、R265、R266、R267 和 R268 是强制性的。 D270——开发环境的安全级别必须通过审核进行验证

请注意:安装补丁是一个棘手的操作,因为它可能危及安装的正常功能。这种更新最好是作为维护操作的一部分进行。

请注意:一些编译器、SCADA 和 PLC 开发环境有许多选项可以向用户报告额外的警告。通常,这些选项在默认情况下是不启用的。它们可以防止许多可能导致漏洞的编程错误和 bug,应该使用它们。

A4.2.4　工业系统监控

监测的建议和指南如表 A4.9 所示。

表 A4.9　监测的建议和指南

事件日志	C1	R271——定义事件管理政策： —确定应考虑哪些相关事件； —组织它们的储存(体积、保质期)； —定义分析条件(预防、事后等)； —定义应该生成警报的事件。 R272——启用硬件和软件的可追溯功能，如 syslog、SNMPv3、Windows Event。 R273——实现一个集中的、安全的事件日志管理系统，该系统考虑了备份、机密性和完整性。 R274——跟踪和记录传感器和执行器、伺服和控制功能等参数的变化，这可以通过一些 SCADA 软件来实现
	C2	D275、R271、R272 和 R273 是强制性的。 R276——定期分析报纸
	C3	D277、R276 是强制性的。 R278——实现一个 SIEM 解决方案，集中事件日志，并允许将日志关联起来检测安全事件。 SIEM 必须放置在二极管后面，以避免被认为是 3 类器件
检测手段	C1	没有额外的要求
	C2	R279——在系统外围和被识别为关键的点上实现入侵检测手段，其中特别包括： —远程系统之间的互联； —远程管理系统互联； —管理系统与工业系统互联； —与外部世界的特定连接点(例如，工业无线网络)； —气闸站； —监控与数据采集系统(SCADA)； —被认为敏感的 PLC 网络。 R280——使用标记检测手段。 R281——集中探针收集的事件。 R282——开发描述探针报告的事件考虑的流程
	C3	D283、R279、R281 和 R282 是强制性的

下面给出需要配置的审计事件的部分列表：

——尝试身份验证(成功或失败)；

——用户在系统中的操作；

——使用特权账户；

——安全机制失效；

——尝试网络连接；

——启动和停止审计功能；

——激活、去激活和修改安全机制的行为或参数(认证、审计生成等)；

——由于没有保存审计文件而采取的行动；

——任何输出信息的企图；

——使用管理功能；

——修改属于某个角色的用户组；

——检测物理违规；

——尝试建立用户会话；

——试图加载、修改或恢复程序、固件或固件[①]；

——修改系统参数(时间、IP 或非 IP 地址、周期时间、看门狗等)；

——修改或强制应用数据；

——将设备切换到停止、开机、待机、重启模式。

① 译者注：原稿中连续使用 2 个“firmware”(固件)，这里猜测可能是“software or firmware”，即“软件或固件”。

附录 5

对 IEC 62433 标准的补充

基础安全要求(FRs)的定义如表 A5.1 所示。

表 A5.1　FRs 的定义

基　本　要　求	SL1	SL2	SL3	SL4
FR 1——身份识别和验证控制(IAC)				
SR 1.1——人类用户识别和验证	x	x	x	x
SR 1.1 RE 1——唯一的识别和验证			x	x
SR 1.1 RE 2——不可信网络的多因素验证			x	x
SR 1.1 RE 3——对所有网络的多因素身份验证				x
SR 1.2——软件过程与设备的识别和验证		x	x	x
SR 1.2 RE 1——唯一的身份识别和验证			x	x
SR 1.3——账户管理	x	x	x	x
SR 1.3 RE 1——统一账户管理			x	x
SR 1.4——标识管理	x	x	x	x
SR 1.5——身份验证管理	x	x	x	x
SR 1.5 RE 1——软件进程标识凭据的硬件安全			x	x
SR 1.6——无线访问管理	x	x	x	x
SR 1.6 RE 1——唯一的身份识别和验证			x	x
SR 1.7——基于密码验证的强度	x	x	x	x
SR 1.7 RE 1——对于人类用户的密码生成和生命周期限制			x	x
SR 1.7 RE 2——对于所有用户的密码生命周期限制				x
SR 1.8——公钥基础设施证书		x	x	x
SR 1.9——公钥身份验证的强度		x	x	x
SR 1.9 RE 1——公钥身份验证的硬件安全			x	x
SR 1.10——认证者的反馈	x	x	x	x
SR 1.11——登录尝试失败	x	x	x	x
SR 1.12——系统使用通知	x	x	x	x

续表

基　　本　　要　　求	SL1	SL2	SL3	SL4
SR 1.13——通过不可信的网络访问	x	x	x	x
SR 1.13 RE 1——明确的访问请求批准		x	x	x
FR 2——使用控制(UC)				
SR 2.1——实施授权	x	x	x	x
SR 2.1 RE 1——对所有用户实施授权		x	x	x
SR 2.1 RE 2——权限到角色的映射		x	x	x
SR 2.1 RE 3——主管覆盖			x	x
SR 2.1 RE 4——双重批准				x
SR 2.2——无线使用控制	x	x	x	x
SR 2.2 RE 1——识别和报告未授权的无线设备			x	x
SR 2.3——对便携式和移动设备使用控制	x	x	x	x
SR 2.3 RE 1——加强便携式和移动设备的安全状况			x	x
SR 2.4——移动代码	x	x	x	x
SR 2.4 RE 1——移动代码完整性检查			x	x
SR 2.5——会话锁	x	x	x	x
SR 2.6——远程会话终端		x	x	x
SR 2.7——并发会话控制			x	x
SR 2.8——可审计的事件	x	x	x	x
SR 2.8 RE 1——集中管理,系统范围的审计跟踪			x	x
SR 2.9——审查存储容量	x	x	x	x
SR 2.9 RE 1——当审计记录存储容量达到阈值时发出警告			x	x
SR 2.10——对审计处理失败的响应	x	x	x	x
SR 2.11——时间戳		x	x	x
SR 2.11 RE 1——内部时间同步			x	x
SR 2.11 RE 2——保护时间源的完整性				x
SR 2.12——不可抵赖性			x	x
SR 2.12 RE 1——对所有用户的不可抵赖性				x
FR 3——系统完整性(SI)				
SR 3.1——通信完整性	x	x	x	x
SR 3.1 RE 1——加密完整性保护			x	x

续表

基 本 要 求	SL1	SL2	SL3	SL4
SR 3.2——恶意代码的保护	x	x	x	x
SR 3.2 RE 1——针对入口和出口点的恶意代码保护			x	x
SR 3.2 RE 2——集中管理和报告恶意代码保护			x	x
SR 3.3——安全功能验证	x	x	x	x
SR 3.3 RE 1——安全功能验证的自动化机制			x	x
SR 3.3 RE 2——正常运行时的安全功能验证				x
SR 3.4——软件和信息的完整性		x	x	x
SR 3.4 RE 1——违反完整性的自动通知			x	x
SR 3.5——输入验证	x	x	x	x
SR 3.6——确定的输出	x	x	x	x
SR 3.7——错误处理		x	x	x
SR 3.8——会话完整性		x	x	x
SR 3.8 RE 1——会话终止后，会话 ID 失效			x	x
SR 3.8 RE 2——产生唯一的会话 ID			x	x
SR 3.8 RE 3——会话 ID 的随机性				x
SR 3.9——保护审计信息		x	x	x
SR 3.9 RE 1——一次写媒体上的审计记录				x
FR 4——数据机密性(DC)				
SR 4.1——信息机密性	x	x	x	x
SR 4.1 RE 1——在静止或通过不可信网络传输时保护机密性			x	x
SR 4.1 RE 2——跨区域边界的机密性保护				x
SR 4.2——信息持久性		x	x	x
SR 4.2 RE 1——清除共享内存资源			x	x
SR 4.3——使用加密技术	x	x	x	x
FR 5——限制数据流(RDF)				
SR 5.1——网络分段	x	x	x	x
SR 5.1 RE 1——物理网络分段		x	x	x
SR 5.1 RE 2——独立于非控制系统网络			x	x
SR 5.1 RE 3——关键网络的逻辑和物理隔离				x
SR 5.2——区域边界保护	x	x	x	x

续表

基　本　要　求	SL1	SL2	SL3	SL4
SR 5.2 RE 1——默认否认，允许例外		x	x	x
SR 5.2 RE 2——海岛模式			x	x
SR 5.2 RE 3——关闭失败			x	x
SR 5.3——通用的人与人之间的交流限制	x	x	x	x
SR 5.3 RE 1——禁止所有通用的人对人通信			x	x
SR 5.4——应用程序分区	x	x	x	x
FR 6——及时响应事件(TRE)				
SR 6.1——审计日志可访问性	x	x	x	x
SR 6.1 RE 1——对审计日志的编程访问			x	x
SR 6.2——持续的监控		x	x	x
FR 7——资源可用性(RA)				
SR 7.1——拒绝服务保护	x	x	x	x
SR 7.1 RE 1——管理通信负载		x	x	x
SR 7.1 RE 2——限制 DoS 对其他系统或网络的影响			x	x
SR 7.2——资源管理	x	x	x	x
SR 7.3——控制系统备份	x	x	x	x
SR 7.3 RE 1——备份验证		x	x	x
SR 7.3 RE 2——备份自动化			x	x
SR 7.4——控制系统的恢复和重建	x	x	x	x
SR 7.5——应急电源	x	x	x	x
SR 7.6——网络和安全配置设置	x	x	x	x
SR 7.6 RE 1——当前安全设置的机器可读报告			x	x
SR 7.7——最小的功能	x	x	x	x
SR 7.8——控制系统部件清单		x	x	x

附录 6

一些工具

使用的工具列表可以在 http://industrialcybersecurity.io/上找到。

映射

Grassmarlin：https://github.com/nsacyber/GRASSMARLIN

Plcscan：https://github.com/meeas/plcscan

审计工具

https://github.com/InteliSecureLabs/Linux_Exploit_Suggester

https://github.com/GDSSecurity/Windows-Exploit-Suggester

漏洞

Lynis：https://cisofy.com/lynis/

Nessus：https://www.tenable.com/downloads/nessus

OpenVAS：http://www.openvas.org/

IDS 和 SIEEM

Snort：https://www.snort.org/

Suricata：https://suricata-ids.org/

Bro：https://www.bro.org/

Ossec：https://www.ossec.net/

ELK：https://www.elastic.co/elk-stack

OSSIM：https://www.alienvault.com/products/ossim

参考文献

Abdo H, Kaouk M, Flaus J-M, et al., 2018. A safety/security risk analysis approach of Industrial Control Systems: A cyber bowtie-combining new version of attack tree with bowtie analysis. Computer Security, 72: 175-195.

Abshier J, 2004. Securing your control system [Online]. Available at: https://www.controlglobal.com/articles/2004/238 [Accessed July 15, 2018]. ANSSI (2010). Expression des besoins et identification des objectifs de sécurité EBIOS [Online]. Report, Agence nationale de la sécurité des systèmes d'information, Paris.

ANSSI, 2012a. Maîtriser la SSI pour les systèmes industriels [Online]. Report, Agence nationale de la sécurité des systèmes d'information, Paris. https://www.ssi.gouv.fr/uploads/2014/01/Managing_Cybe_for_ICS_EN.pdf.

ANSSI, 2012b. Recommandations de sécurité relatives aux mots de passe [Online]. Report, Agence nationale de la sécurité des systèmes d'information, Paris. Available at: https://www.ssi.gouv.fr/uploads/IMG/pdf/NP_MDP_NoteTech.pdf.

ANSSI, 2013a. Cybersécurité pour les systèmes industriels: Mesures détaillées [Online]. Report, Agence nationale de la sécurité des systèmes d'information, Paris. Available at: https://www.ssi.gouv.fr/uploads/2014/01/ industrial_security_ WG_detailed_ measures.pdf.

ANSSI, 2013b. Cybersécurité pour les systèmes industriels: Classification et mesures principales [Online]. Report, Agence nationale de la sécurité des systèmes d'information, Paris. Available at: https://www.ssi.gouv.fr/ uploads/2014/01/ industrial _ security _ WG _ Classification _ Method.pdf.

ANSSI, 2014a. Méthode de classification et mesures principales [Online]. Report, Agence nationale de la sécurité des systèmes d'information, Paris. Available at: https://www.ssi.gouv.fr/uploads/2014/01/industrial_security_ WG_Classification_Method.pdf.

ANSSI, 2014b. Mesures détaillées [Online]. Report, Agence nationale de la sécurité des systèmes d'information, Paris. Available at: https://www.ssi.gouv.fr/uploads/ 2014/01/industrial _ security_WG_detailed_measures.pdf.

ANSSI, 2014c. Politique de sécurité des systèmes d'information de l'État [Online]. Report, Agence nationale de la sécurité des systèmes d'information, Paris. Available at: https://www.ssi.gouv.fr/uploads/IMG/pdf/pssie_anssi. pdf

ANSSI, 2018. EBIOS Risk manager [Online]. Report, Agence nationale de la sécurité des systèmes d'information, Paris. Available at: https://www.ssi.gouv.fr/guide/lamethode-ebios-risk-manager-le-guide/[Accessed October 2018].

ANSSI, n. d.. Certification CSPN [Online]. Agence nationale de la sécurité des systèmes d'information, Paris.

Armstrong R, Hunkar P, 2010. The OPC UA security model for administrators [Online]. OPC Foundation, Scottsdale, AZ 85260-1868 USA. Bar-El, H. (2010). Introduction to side channel attacks. [Online]. Discretix Technologies. Available at: http://gauss. ececs. uc. edu/Courses/c653/ lectures/SideC/intro. pdf.

Basnight Z, Butts J, Lopez J, et al., 2013. Firmware modification attacks on programmable logic controllers[J]. International Journal of Critical Infrastructure Protection, 6: 76-84.

Braband J, 2017. Towards an IT security risk assessment framework for railway automation. arXiv.

Byres E J, Franz M, Miller D, 2004. The use of attack trees in assessing vulnerabilities in SCADA systems[J]. International Infrastructure Survivability Workshop, Lisbon, Portugal.

Cárdenas A A, Amin S, Lin Z-S, et al., 2011. Attacks against process control systems: Risk assessment, detection, and response[J]. ASIACCS, 11: 355-366.

CMMI, 2010. CMMI for Services, Version 1.3. Report. Software Engineering Institute, Pittsburg.

Cole E, 2017. Defending against the wrong enemy: 2017 SANS insider threat survey[R]. Report, SANS Institute, Swansea.

Conseil européen, 2017. Conclusions [Online]. Available at: http://www. consilium. europa. eu/media/21606/19-euco-final-conclusions-fr. pdf.

Cyber-Physical Systems Public Working Group, 2017. Framework for cyberPhysical systems: Volume 1, Overview. NIST Special Publication 1500-201.

Daemen J, Rijmen V, 1999. The Rijndael block cipher: AES proposal.

Explication du système de Rijndael [Online]. Available at: http://csrc. nist. gov/CryptoToolkit/aes/rijndael/Rijndael. pdf.

Daemen, J, Rijmen V, 2002. The Design of Rijndael, AES-The Advanced Encryption Standard, Springer-Verlag, 238.

DHS, 2007. Recommended practice case study: cross-site scripting. Study, Homeland Security, National Cyber Security Division. Available at: https://icscert. us-cert. gov/sites/default/files/recommended_practices/ RP_CaseStudy_XSS_20071024_S508C. pdf.

Diffie W, Hellman M E, 1976. New directions in cryptography [J]. IEEE Transactions on Information Theory, 22: 644-654.

European Union, 2012. Directive 2012/18/EU of the European Parliament and of the Council of 4 July 2012 on the control of major-accident hazards involving dangerous substances, amending and subsequently repealing Council Directive 96/82/EC with EEA relevance. Directive, European Union.

European Union, 2016a. Regulation (EU) 2016/679 of the European Parliament and of the Council 27 April 2016 on the protection of natural persons with regard to the processing of personal data and on the free movement of such data, and repealing Directive 95/46/EC (General Data Protection Regulation) (Text with EEA relevance). Directive, European Union.

European Union, 2016b. Directive (EU) 2016/1148 of the European Parliament and of the Council of 6 July 2016 concerning measures for a high common level of security of network and information systems across the Union. Directive, European Union.

Falliere N, Murchu L O, Chien E, 2011. W32. Stuxnet Dossier. Symantecsecurity response, version 1. Report, Symantec. Available at: https://www. symantec. com/content/en/us/enterprise/media/security_response/ whitepapers/w32_stuxnet_dossier. pdf.

Federal Office for Information Security, 2016. Industrial control system security-Top 10 threats and countermeasures [Online]. Federal Office for Information Security. Available at: https://www. allianz-fuer-cybersicherheit. de/ACS/DE/_/ downloads/BSI-CS _ 005E. pdf? _ _ blob = publicationFile&v = 3

Fernandes E, Jun J, Prakash A, 2016. Security analysis of emerging smart home applications[J]. 2016 EEE Symposium on Security and Privacy: 18-37.

Flaus J-M, 1994. La régulation industrielle: régulateurs PID, prédictifs et flous. Hermès, Paris.

Flaus J-M, 2013. Risk analysis: Socio-technical and industrial systems. ISTE Ltd, London, and Wiley, New York.

Flaus J-M, Georgakis J, 2018a. Machine learning based intrusion detection approaches for industrial IoT control systems: A review. IoTsm Conference, London, UK.

Flaus J-M, Georgakis J, 2018b. Revue des approches pour la détection d'intrusion à base de machine learning pour les systèmes de commande industriels. Journées C&ESAR 2018. Rennes, France.

Fovino I N, Coletta A, Carcano A, et al., 2012. Critical state-based filtering system for securing SCADA network protocols. IEEE Transactions on Industrial Electronics, 59(10), 3943-3950.

F-Secure, n.d.. Brain virus [Online]. Available at: https://www. f-secure. com/vdescs/brain. shtml [Accessed July 15, 2018]

Goble W M, Cheddie H, 2005. Safety Instrumented Systems Verification: Practical Probabilistic Calculations. ISA, Durham, NC.

Govil N, Agrawal A, Tippenhauer N O, 2018. On ladder logic bombs in industrial control systems. In Computer Security, Katsikas S. et al. (eds). Springer.

Hadziosmanovic D, Sommer R, Zambon E, et al., 2013. Through the eye of the PLC: Towards semantic security monitoring for industrial control systems. ACSAC 14: Proceedings of the 30th Annual Computer Security Applications Conference, New Orleans, LA, 126-135.

Hanna S, Kumar S, Weber D, 2018. IIC endpoint security best practices. Guide d'usage, Industrial

Internet Consortium.

Hauet J P, 2012. ISA99/IEC 62443: A solution to cybersecurity issues? ISA Automation Conference. Doha, Qatar.

Hauet J P, n.d.a.. La norme ISA/IEC 62443 (ISA-99) et la cybersécurité des systèmes de contrôle. Course, ISA France.

Hauet J P, n. d. b.. L'Internet industriel des objets: Les futures architectures de systèmes d'automatisme et de contrôle. Course, ISA France.

Hei X, Du X, Lin S, Lee I, 2013. PIPAC: Patient infusion pattern based access control scheme for wireless insulin pump system. 2013 Proceedings IEEE INFPCOM. Turin, Italy.

High-Tech Bridge Security Research, 2016. 90% of SSL VPNs use insecure or outdated encryption, putting your data at risk [Online]. Available at: https://www.htbridge.com/blog/90-percent-of-ssl-vpns-use-insecure-or-outdated-encryption.html [Accessed November 16, 2018].

Howard M, Leblanc D E, 2002. Writing Secure Code. Microsoft Press, Redmond.

Hutchins E M, Cloppert, M J, Amin R M, 2011. Intelligence-driven computer network defense informed by analysis of adversary campaigns and intrusion kill chains. White paper, Lockheed Martin Corporation.

Idaho National Laboratory, n. d.. Aurora generator test [Online]. Available at: https://www.youtube.com/watch? v=fJyWngDco3g [Accessed July 15, 2018].

IEC, 2010. Functional safety of electrical/electronic/programmable electronic safetyrelated systems. IEC 61508:2010.

IEC, 2011. Information technology-Security techniques-Information security risk management. ISO/IEC 27005:2011.

IEC, 2016. Functional safety-Safety instrumented systems for the process industry sector. IEC 61511: 2016.

IEC, n.d.. EDSA Certification [Online]. IEC 62443. Available at: https://www.isasecure.org/en-US/Certification/IEC-62443-EDSA-Certification. [Accessed November 16, 2018].

IEEE, 2013. IEEE Standard for intelligent electronic devices cyber security capabilities. IEEE Std 1686TM-2013. IEEE Power Energy Society.

Illera A G, Vidal J V, 2014. Lights Off! The Darkness of the Smart Meters. Black Hat Europe, Amsterdam, The Netherlands.

International Atomic Energy Agency, 2011. Computer security at nuclear facilities. Report, 17, IAEA Nuclear Security Series, International Atomic Energy Agency.

International Atomic Energy Agency, 2015. Computer security of instrumentation and control systems at nuclear facilities. Report, 33-T, IAEA Nuclear Security Series, International Atomic Energy Agency.

International Atomic Energy Agency, 2016. Conducting computer security assessments at nuclear facilities, Report, IAEA Nuclear Security Series, International Atomic Energy Agency.

ISA, 2018. The 62443 series of standards, industrial automation and control systems security. Collection of standards. ISA.

ISO/IEC, 2013. Information technology-Security techniques-Code of practice for information security management. Practical manual. ISO/IEC 27002:2013.

Jenkins G, 2014. Risk methodology. Information security framework programme. Risk Assessment Document, Cardiff University, Cardiff.

Joint Task Force Transformation Initiative Interagency Working Group, 2012. Guide for conducting risk assessments. NIST SP 800-30. Guide, National Institute of Standards and Technology, Gaithersburg.

Joye M, Olivier F, 2011. Side-channel analysis. Encyclopedia of Cryptography and Security. Springer, Basel.

Kaspersky Lab ICS CERT, 2018. Threat landscape for industrial automation systems in H2 2017 [Online]. Available at: https://ics-cert. kaspersky. com/ reports/2018/03/26/ threat-landscape-for-industrial-automation-systems-in-h2-2017/ [Accessed July 15, 2018].

Knapp E D, Thomas J, 2015. Industrial Network Security: Securing Critical Infrastructure Networks for Smart Grid, SCADA, and Other Industrial Control Systems. Elsevier, Amsterdam.

Kocher P C, 1996. Timing attacks on implementations of Diffie-Hellman, RSA, DSS, and other systems. In Lecture Notes in Computer Science, Koblitz N. (ed.). 104-113, Springer.

Kordy B, Mauw S, Radomirović S, et al., 2011. Foundations of attack-defense trees. In Formal Aspects of Security and Trust, Degano P., Etalle S., Guttman J. (eds). Springer, Berlin, 80-95.

Kovacs E, 2018. Severe flaws expose Moxa industrial routers to attacks [Online]. Available at: https://www. securityweek. com/severe-flaws-expose-moxa-industrialrouters-attacks [Accessed July 2018].

Kriaa S, Pietre-Cambacedes L, Bouissou M, et al., 2015. A survey of approaches combining safety and security for industrial control systems. Reliability Engineering System Safety, 139, 156-178.

Legifrance, 2016. Annexe. JORF. 0145.

Legifrance, 2018a. (201AD) Dispositions tendant ɑ transposer la directive (UE) 2016/ 1148 du parlement européen et du conseil du 6 juillet 2016 concernant des mesures destinées ɑ assurer un niveau élevé commun de sécurité des réseaux et des systèmes d'information dans l'union. Loi. 2018-133.

Legifrance, 2018b. Chapitre IV: Dispositions relatives ɑ la protection des infrastructures vitales contre la cyber-menace. Dans Loi no. 2013-1168 du 18 décembre 2013 relative ɑ la programmation militaire pour les années 2014 ɑ 2019 et portant diverses dispositions concernant la défense et la sécurité nationale [Online]. Available at: https://www. legifrance. gouv. fr/affichTexte. do? cidTexte=JORF TEXT000028338825.

Lévy-Bencheton C, Marinos L, Mattioli R, et al., 2015. Threat landscape and good practice guide for Internet infrastructure. Study, European Union Agency for Network and Information Security.

Li X, Jiang P, Chen T, et al., 2017. A survey on the security of blockchain systems. Future generation computer systems [Online]. Available at: https://doi. org/10. 1016/j. future. 2017. 08.020.

Lin S-W, Millcr B, Durand J, et al., 2017. The industrial Internet of Things volume G1: Reference architecture. Report, Industrial Internet Consortium.

Linux-Foundation, 2017. Blockchain technologies for business [Online]. Available at: https://www. hyperledger. org/.

Liu Y, Ning P, Reiter M K, 2011. False data injection attacks against state estimation in electric power grids CCS '09. Proceedings of the 16th ACM conference on computer and communications security, Chicago, USA.

Louis M, Adrian B, Evangelos R, 2016. ENISA threat landscape 2015. Report, European Union Agency for Network and Information Security.

Macaulay T, Singer B, 2012. Cybersecurity for Industrial Control Systems. CRC Press, Boca Raton, FL.

Mahnke W, Leitner S, Damm M, 2009. OPC Unified Architecture. Springer, Berlin.

Manadhata P K, Wing J M, 2011. An attack surface metric. IEEE Transactions on Software Engineering, 37(3), 371-386.

Mangard S, Oswald E, Popp T, 2007. Power Analysis Attack. Springer, New York.

Mathew K, Tabassum M, Lu Ai Siok M V, 2014. A study of open ports as security vulnerabilities in common user computers. International Conference on Computational Science and Technology (ICCST), Kota Kinabalo, Malaysia.

Mauw S, Oostdijk M, 2006. Foundations of attack trees. In Information Security and Cryptology - ICISC 2005, Won, D.H., Kim, S. (eds). Springer, Berlin, 186-198.

May I, David J, Cohen F, Marietta M, 2018. One year after WannaCry: Assessing the aftermath. Network Security, 2018(5), 1-2.

McQueen M A, Boyer W F, Flynn M A, et al., 2005. Quantitative cyber risk reduction estimation for a SCADA control system. Proceedings of the 39th Annual Hawaii International Conference on System Sciences (HICSS'06), Kauia, USA.

Meserve J, 2007. Mouse click could plunge city into darkness [Online]. CNN. Available at: http://www. cnn. com/2007/US/09/27/power. at. risk/index. html [Accessed July15, 2018].

Miller C, Valasek C, 2015. Remote exploitation of an unaltered passenger vehicle. Research paper.

Minerva R, Biru A, Rotondi D, 2015. Towards a definition of the Internet of Things. White paper, IEEE IoT Initiative.

National Cyber Security Centre, 2017. TRITON malware targeting safety controllers. Report, National Cyber Security Centre. van Niekerk, J., von Solms, R. (2016). From information security to cyber security. Computers & Security, 38, 97-102.

Niekerk J, Solms R, 2016. From information security to cyber security. Computers & Security, 38: 97-102.

NIST, 2014. Security and privacy controls for federal information systems and organizations. Report, 800-53Ar4, National Institute of Standards and Technology, Gaithersburg.

NIST, 2018. Framework for improving critical infrastructure cybersecurity [Online]. Report, National Institute of Standards and Technology. Available at: https://nvlpubs.nist.gov/nistpubs/CSWP/NIST.CSWP.04162018.pdf.

NSA, 2017. GRASSMARLIN user guide. Guide, National Security Agency.

PA Consulting Group, 2015. Manage industrial control systems lifecycle: A good practice guide. National Cyber Security Centre.

Pettey C, 2017. When IT and operational technology converge [Online]. Smarter with Gartner. Available at: https://www.gartner.com/smarterwithgartner/when-it-and-operational-technology-converge/ [Accessed July 15, 2018].

Pollet J, 2010. Electricity for free? The dirty underbelly of SCADA and smart meters. Proceedings of Black Hat USA, Las Vegas, USA.

Raymond D R, Marchany R C, Brownfield M I, et al., 2009. Effects of denial-of-sleep attacks on wireless sensor network MAC protocols. IEEE Transactions on Vehicular Technology, 58(1), 367-380.

Rivest R L, Shamir A, Adleman L, 1978. A method for obtaining digital signatures and public-key cryptosystems. Communications of the ACM, 21(1), 120-126.

Ronen E, Shamir A, Weingarten A, et al., 2017. IoT goes nuclear: Creating a Zigbee chain reaction. 2017 IEEE Symposium on Security and Privacy (SP), San Jose, USA.

Schneier B, 1999. Attack trees. Dr. Dobb's Journal of Software Tools, 24(12), 21-29.

Schuett C, Butts J, Dunlap S, 2014. An evaluation of modification attacks on programmable logic controllers. International Journal of Critical Infrastructure Protection, 7(1), 61-68.

Security Now, 2018. Schneider electric offers additional details on Triton malware [Online]. Available at: https://www.securitynow.com/author.asp?section_id=613&doc_id=739868 [Accessed July 15, 2018].

Stouffer K, et al., 2017. Cybersecurity framework manufacturing profile [Online]. Report, National

Institute of Standards and Technology. Available at：https：//nvlpubs. nist. gov/nistpubs/ir/2017/nist. ir. 8183. pdf.

Stouffer K A，Pillitteri V Y，Lightman S，et al.，2015. Guide to industrial control systems（ICS）. SP 800-82，Guide，National Institute of Standards and Technology.

Symantec，2017. Ransom. Wannacry [Online]. Available at：https：//www. symantec. com/security-center/writeup/2017-051310-3522-99 [Accessed July15，2018].

The-Bitcoin-Foundation，2014. How does bitcoin work? [Online]. Available at：https：//bitcoin. org/en/how-it-works.

The German Federal Office for Information Security，2011. Threats catalogue [Online].

TÜV SÜD，n. d.. Certification acc. to IEC 62443 [Online]. Available at：https：//www. tuev-sued. de/topics/information-technology-it/industrial-it-security/certification-acc. -to-iec-62443.

Université Grenoble-Alpes，2018. Système de sécurisation de procédé cyber-physique. Brevet，FR18/53618.

Voas J，2016. Networks of "Things". SP. 800-183. Special edition，National Institute of Standards and Technology.

Ware B，et al.，2017. Insider attacks industry survey. Study，Haystax Technology.

Williams T J，1994. The Purdue enterprise reference architecture. Computers in Industry，24(2-3)，141-158.

Wooldridge S，2005. SCADA/business network separation：Securing an integrated SCADA system [Online]. Electric Energy Online. Available at：http：//www. electricenergyonline. com/energy/magazine/211/article/SCADA-Business. htm [Accessed 15 July，2018].

Yang K，Hicks M，Dong Q，et al.，2016. A2：Analog malicious hardware. 37th IEEE Symposium on Security and Privacy，San Jose，USA.

Zurawski R，2014. The Industrial Communication Technology Handbook. CRC Press，Boca Raton，FL.

首字母缩写词和缩略语列表

ANSSI	Agence nationale de la sécurité des systèmes dinformation	[法]国家信息系统安全局
BCP	Business Continuity Plan	业务连续性计划
Botnet	僵尸网络	
BPCS	Basic Process Control System	基本过程控制系统
BSI	Federal Office for Information Security	(德国)信息安全联邦办事处
BT	BowTie diagram	蝴蝶结图
CIM	Computer Integrated Manufacturing	计算机集成制造
COTS	Commercially available Off-The-Shelf	商用货架产品
CPS	Cyber-Physical Systems	信息物理融合系统
CRRF	Cyber Risk Reduction Factor	网络风险削减因子
CSET	Cyber Security Evaluation Tool	网络安全评估工具
DCOM	Distributed Component Object Model	分布式组件对象模型
DCS	Distributed Control Systems	分布式控制系统
DHS	Department of Homeland Security	(美国)国土安全部
DMZ	DeMilitarized Zone	非军事化区
DNP	Distributed Network Protocol	分布式网络协议
DNP3	Distributed Network Protocol 3.0	分布式网络协议 3.0 版
DDoS	Distributed Denial-of-Service attack	分布式拒绝服务攻击/分布式服务拒绝攻击
DoS	Denial-of-Service attack	拒绝服务攻击/服务拒绝攻击
DRP	Disaster Recovery Plan	灾难恢复计划
EBIOS	Expression des besoins et identification des objectifs de sécurité	[法]安全目标的需求表达与识别
ENISA	European Union Agency for Network and Information Security	欧盟网络与信息安全机构
ERP	Enterprise Resource Planning	企业资源规划
FDDI	Fiber Distributed Data Interface	光纤分布式数据接口
FMEA	Failure Modes and Effects Analysis	故障模式与影响分析

FMECA	Failure Mode, Effects, and Criticality Analysis	故障模式、影响和关键性分析
FR	Fundamental Requirement (IEC 62443)	基本要求
FTP	File Transfer Protocol	文件传输协议
HAZOP	Hazard and Operability	危险性与可操作性分析
HIDS	Host-based Intrusion Detection System	主机入侵检测系统
Historian	Database containing temporal evolutions of measures and actions	包含措施与动作时间演变的历史数据库
HMI	Human-Machine Interface	人机界面
HTTP	HyperText Transfer Protocol	超文本传输协议
ICMP	Internet Control Message Protocol	互联网控制消息协议
ICS	Industrial Control System	工业控制系统
ICS-CERT	Industrial Control Systems Cyber Emergency Response Team	工业控制系统网络应急响应小组
IDS	Intrusion Detection System	入侵检测系统
IEC	International Electrotechnical Commission	国际电工委员会
IED	Intelligent Electronic Device	智能电子设备
IETF	Internet Engineering Task Force	互联网工程任务组
IP	Internet Protocol	互联网协议
IPS	Intrusion Protection System	入侵防护系统
Ipsec	Internet Protocol Security protocol	互联网安全协议
IS	Information System	信息系统
ISMS	Information Security Management System	信息安全管理系统
ISO	International Organization for Standardization	国际标准化组织
ISS	Information System Security	信息系统安全
ISSP	Information Systems Security Policy	信息系统安全政策
IT	Information Technology	信息技术
LAN	Local Area Network	局域网
LPM	Loi de programmation militaire	[法]军事规划法
LPM	Licensing Project Manager	岗位项目经理
MAN	Metropolitan Area Network	城域网
MES	Manufacturing Execution System	生产运行系统
MitM	Man in the Middle	中间人

NIDS	Network Intrusion Detection System	网络入侵检测系统
NIST	National Institute of Standards and Technology	(美国)国家标准技术研究所
OPC	Object linking and embedding for Process Control	对象连接嵌入处理控制协议
OS	Operating System	操作系统
OSI	Open Systems Interconnection model	开放系统互联模型
OT	Operational Technology	操作技术
PAC	Programmable Automatic Controller	可编程自动化控制器
PCI	DSS Payment Card Industry Data Security Standard	支付卡行业数据安全标准
PDCA	Plan，Do，Check，Act	计划、实施、检查、改善
PHA	Preliminary Hazard Analysis	初步危害分析
PKCS	Public Key Cryptography Standards	公钥密码标准
PKI	Public Key Infrastructure	公钥基础设施
PLC	Programmable Logic Controller	可编程逻辑控制器
PRA	Preliminary Risk Analysis	初步风险分析
RTU	Remote Terminal Unit	远程终端单元
RTU	Remote Telemetry/Control Unit	远程遥测/控制单元
SCADA	Supervisory Control And Data Acquisition system	监控与数据采集系统
SIEM	Security Information and Event Management	安全信息和事件管理
SIL	Safety Integrity Level	安全完整性等级
SIS	Safety Instrumented System	安全仪表系统
SL	Security Level	安全等级
SoC	System on a Chip	片上系统
SQL	Structured Query Language	结构化查询语言
SSH	Secure SHell	安全外壳协议
TCP	Transmission Control Protocol	传输控制协议
VPN	Virtual Private Network	虚拟专用网
WAN	Wide Area Network	广域网
XSS	Cross-Site Scripting Attack	跨站脚本攻击

MINECRAFT

我的世界

MOJANG STUDIOS

官方授权